全国注册测绘师资格考试专用辅导丛书

测绘案例分析

——考点剖析与试题解析

2025 版

何宗宜　王树根　欧阳烨　戴健钊　覃伟荣　编著
全国注册测绘师资格考试命题研究专家组　审定

WUHAN UNIVERSITY PRESS
武汉大学出版社

图书在版编目(CIP)数据

测绘案例分析 : 考点剖析与试题解析 : 2025 版 / 何宗宜等编著. --武汉 : 武汉大学出版社, 2025.4. -- 全国注册测绘师资格考试专用辅导丛书.
ISBN 978-7-307-25007-9

Ⅰ. P2

中国国家版本馆 CIP 数据核字第 20250J0F62 号

责任编辑:鲍　玲　陈　军　　　责任校对:杨　欢　　　版式设计:韩闻锦

出版发行:**武汉大学出版社**　(430072　武昌　珞珈山)

(电子邮箱:cbs22@ whu.edu.cn 网址:www.wdp.com.cn)

印刷:武汉中远印务有限公司

开本:787×1092　1/16　印张:19.75　字数:475 千字　插页:1

版次:2025 年 4 月第 1 版　　2025 年 4 月第 1 次印刷

ISBN 978-7-307-25007-9　　定价:80.00 元

前　言

自 2011 年开始，注册测绘师资格考试已举行了十四次。这本辅导教材是专为提高测绘地理信息从业人员的资格考试应试水平而编写的，经过数次修订，能够全面、精准覆盖考试大纲，掌握命题动向，提高考生的复习效率。

本书编著者有丰富的注册测绘师资格考试命题和考试辅导经验，能够精准把握注册测绘师资格考试的命题方向，对测绘案例分析的考试知识点能进行透彻、全面的分析。考生遇到书中类似考题时，运用知识点，结合题目的具体要求和条件，就能作出准确的回答。

本书紧扣高频考点，应试针对性强，所列知识点都是可能要考试的内容，可以帮助广大考生节约大量的复习时间。读者可关注编者团队运营的微信公众号“走进测绘师殿堂之家”，以获取更多的考试相关资源。

书中引用了许多参考资料，在参考文献中未能一一列出，在此一并致谢。

由于作者水平所限，书中疏漏之处敬请读者批评指正。

编著者

2024 年 2 月

目　录

第一部分　考点剖析

第一部分　考 点 剖 析

第一章　大地测量与海洋测绘

第一节　GNSS 连续运行基准站案例

一、背景材料

某省区为推进地区构造环境变化规律的认识活动，兼顾大地测量、气象预报及国民经济建设等方面，组织建设了 GNSS 连续运行基准站。

该系统主要由基准网、网络通信系统、数据中心三部分组成。其中，基准网利用 GNSS、重力、水准等观测手段，采集高精度的基础观测数据。网络通信系统由 SDH 专线链路构成，采用各基准站、数据共享单位的行业专用数据传输网络。数据中心完成对观测数据的汇集、处理、存储、管理以及共享服务，并通过集成，实现与现有信息服务系统的整合。

该省区 GNSS 连续观测系统由 27 个基准站和 2 个可移动基站组成。每个基准站建设有观测室一间、GNSS 观测墩一个和重力观测墩一个，并安装 GNSS 设备、水准测量标志、气象仪、避雷针、电源避雷器、不间断平衡供电系统、远程视频监控系统。为提高数据接收质量，GNSS 设备均采用 Trimble R8 双星双频接收机和配套扼流圈天线。

全网建立统一的计算机网络系统，为各子系统提供网络通信、资源共享、统一存储和网络控制管理等基础平台。在此基础上建立统一网络共享数据库。

数据中心配备 12 台高性能服务器组成服务器群，可实现数据汇集、处理、监控等系统功能。并配备容量达 10TB 的磁盘阵列，为 GNSS 数据提供安全存储保障。数据中心的主要功能是对基准站运行状况进行监控，实时采集数据并进行分析。通过 Internet 获取 IGS 全球 GNSS 网部分观测点的数据，定期获取 GNSS 星历、极移、地球自转速度变化、日月位置等数据。利用高精度 GPS 软件对数据进行处理，通过 Internet 实现对用户后处理服务。

二、考点剖析

1. 基准站技术设计

① 基准站技术设计前应收集基准站所在地区地形图、交通图、地质构造图以及其他

相关资料（已建站点、冻土及地下水、气象等信息），在图上拟选基准站站址，标注站址地形、地质、交通等信息，确定基准站位置、名称及编号。

② 在基准站站址勘选完成后，进行建筑、结构、电气（防雷）、室外工程等内容的施工设计以及基准站设备集成、供电系统、数据传输等内容的设计。

③ 技术设计完成后，应提交基准站技术设计方案以及基准站点位设计图、站点位置信息表、基准站施工设计图等设计资料。

2. 基准站分类与布设原则

（1）国家基准站网

国家基准站网用于维持更新国家地心坐标参考框架，站间距为 100~200km；在每个省至少有 3 个分布均匀的基准站。直辖市至少有 1~2 个基准站。

（2）区域基准站网

区域基准站网用于维持更新区域地心坐标参考框架，应与国家地心坐标参考框架保持一致，厘米级站间距小于等于 70km，分米级站间距可以大于 70km。

（3）专业应用站网

专业应用站网用于专业机构开展信息服务，宜与国家地心坐标参考框架建立联系。

3. 基准站选址

（1）观测环境

① 距易产生多路径效应的地物（如高大建筑物、树林、水体、海滩和易积水地带等）的距离应大于 200m。

② 应有 10°以上地平高度角的卫星通视条件；困难环境条件下，高度角可放宽至 25°，遮挡物水平投影范围应低于 60°。

③ 距微波站和微波通道、无线电发射台、高压线穿越地带等电磁干扰区的距离大于 200m。

④ 避开采矿区、铁路、公路等易产生振动的地带。

⑤ 应顾及未来的规划和建设，选择周围环境变化较小的区域进行建设。

⑥ 进行 24h 以上实地环境测试，对于国家基准站和区域基准站，数据可用率应大于 85%，多路径影响应小于 0.5m。

（2）地质环境

国家基准站网的基准站应建立在稳定块体上，避开地质构造不稳定地区（断裂带、易发生滑坡与沉陷等局部变形地区）和易受水淹及地下水位变化较大的地区。

区域基准站网和专业应用站网的基准站参照上述要求或依据自身特殊需求选择稳定的建站环境。

（3）依托保障

① 便于接入公共或专用通信网络；

② 具有稳定、安全可靠的电源；

③ 交通便利，便于人员往来和车辆运输；

④ 便于长期保存。

（4）实施步骤

① 落实土地使用以及供电、通信、供水、站址安全保护等基础设施支撑条件，制订勘选工作计划，准备好仪器设备和资料；

② 勘选人员根据设计进行踏勘时应包括专业测量人员和专业地质人员；

③ 确认基岩、土壤类型、建筑物结构及其承重能力等，在实地按要求选定点位；

④ 实地进行观测环境测试；

⑤ 实地拍摄基准站远景（东、南、西、北方向）和近景照片；

⑥ 实地绘制点之记；

⑦ 实地绘制概略地图，供基准站设计使用；

⑧ 落实建站用地方式（租用、征用）；

⑨ 撰写勘选报告。

（5）勘选完成后应提交的成果

① 踏勘选址报告；

② 勘选站址照片（点位的远、近景照片）；

③ 选址点之记；

④ 土地使用意向书或其他用地文件；

⑤ 地质勘查资料；

⑥ 实地测试数据和结果分析；

⑦ 收集的其他资料，包括所属行政区划、自然地理、地震地质概况、交通、通信、物资、水电、治安等情况。

4. 基建

（1）观测墩

观测墩一般为钢筋混凝土结构，依据基准站建站地理、地质环境，观测墩可分为基岩观测墩、土层观测墩和屋顶观测墩，观测墩的建造要求如下：

① 国家基准站应选用基岩或土层观测墩形式建造；区域基准站和专业基准站应视建设条件和用途选用基岩、土层或屋顶观测墩形式建造。

② 观测墩应在顶端浇注安装强制对中标志，并严格整平。

③ 观测墩基础部分应埋设 4 个水准标志，便于水准观测。

④ 国家基准站的观测墩应建设在观测室内，观测墩应高出地面不少于 3m，一般不超过 5m，并且观测墩顶端宜高出观测室屋顶面不少于 0.8m，确保卫星通视条件良好；观测墩的室外部分应加装防护层，防止风雨与日照辐射对观测墩的影响。区域基准站和专业基准站可根据实际情况执行。

⑤ 室内观测墩应与观测室的主结构分离，以免影响观测墩的稳定性，观测墩与地面接合四周应做宽度不少于 5cm 与观测室地基同深的隔振槽，内填粗沙，避免振动带来的影响。室外观测墩可根据实际情况执行。

⑥ 对于基岩观测墩，内部钢筋与基岩紧密浇注，浇注深度不少于 0.5m；对于土层观测墩，钢筋混凝土墩体重心原则上应位于冻土线以下不少于 0.5m。

⑦ 屋顶观测墩所在建筑物应为钢筋混凝土框架结构。屋顶观测墩高度应高于屋顶面

不少于0.8m，钢筋混凝土墩体应位于房屋承重柱、梁上，内部钢筋应与房屋主承重结构钢筋焊接，结合部分应不少于0.1m；屋顶观测墩与屋顶面接合处应做防水处理。

（2）观测室

① 观测室面积宜不少于$20m^2$；

② 观测室应建在地基牢固的地点，设计时应考虑防水、排水、防风、防雷等因素；电力和信号管线应分开布设，预埋两种管线通道，并进行动物防护处理；

③ 观测室内的温度和相对湿度应满足仪器设备正常运行的要求；

④ 国家基准站应在观测室内埋设重力标石，该标石与地面接合四周应做不少于5cm的隔振槽，内填粗沙；

⑤ 区域和专业基准站可根据实际情况新建观测室或利用现有设施。

（3）提交成果

① 用地证明及相关建设许可证；

② 土建过程照片；

③ 防雷检测报告；

④ 竣工图；

⑤ 施工报告；

⑥ 点之记；

⑦ 测量标志保管书；

⑧ 建站工作技术总结。

5. 设备组成

基准站设备主要由GNSS接收机、GNSS天线、气象设备、不间断电源、通信设备、雷电防护设备、计算机和机柜等组成。

（1）接收机技术指标

① 具有同时跟踪不少于24颗全球导航定位卫星的能力；

② 至少具有1Hz采样数据的能力；

③ 观测数据至少应包括双频测距码、双频载波相位值、卫星广播星历；

④ 具有在-30~+55℃、湿度95%的环境下正常工作的能力；

⑤ 具备外接频标输入口，可配5MHz或10MHz的外接频标；

⑥ 可外接自动气象仪设备并存储数据；

⑦ 具备3个以上的数据通信接口，接口类型可包括LAN、RS232、USB等；

⑧ 具有输出原始观测数据、导航定位数据、差分修正数据、1PPS脉冲的能力。

（2）接收机安装与测试要求

① 安装之前应进行检定，并取得专业检测机构的检定合格证书；

② 安装或更新后需要详细填写“基准站GNSS接收机登记表”。

③ 接收机应放置于通风良好、干燥、避光的地点，一般置于集成柜内。

（3）天线技术指标

① 相位中心稳定性应优于3mm；

② 具备抗多路径效应的扼流圈或抑径板；

③ 具有抗电磁干扰能力；

④ 具有定向指北标志；

⑤ 在-40～+65℃的环境下能正常工作；

⑥ 气候条件恶劣地区一般应配有防护罩。

（4）天线安装与测试要求

① 天线应固紧于观测墩的强制对中标志上，天线定向指北标志与磁北方向差异应小于5°。

② 天线电缆应采用低损耗的射频电缆。若电缆需要延长时，根据性能指标加装相应的在线放大器。

③ 天线电缆应加装低损耗射频电缆防雷装置，并进行接地电阻测试。

④ 安装、更新后需要详细填写“基准站GNSS天线登记表”。

（5）提交成果

① 设备安装及测试报告（包括仪器检定证书、安装测试报告等）；

② 设备登记表。

6. 数据中心

（1）组成

数据中心主要由数据管理系统、数据处理分析系统和产品服务系统三部分组成。

（2）数据管理系统一般要求

① 具备规范化及自动化管理能力；

② 具备监控及自动报警能力；

③ 具备双机冗余备份能力；

④ 具备高效可靠的数据存储能力。

（3）数据分析内容

数据分析内容包括：基准站坐标时间序列分析、速度场分析和数据质量分析。

（4）数据处理分析系统一般要求

① 应采用2000国家大地坐标系；

② 宜使用精密星历；

③ 数据处理模型宜采用国际地球自转服务局的标准或其他相关标准。

（5）成果与精度要求

① 基准站网产出的成果可包括站坐标的单天解、周解、月解、年解及其法方程矩阵、站坐标速率、大气参数、精密卫星钟差和接收机钟差、精密星历、实时差分数据等；

② 国家基准站网和区域基准站网的基准站地心坐标各分量年平均中误差应不大于±0.5mm，坐标年变化率中误差水平方向应不大于±2mm，垂直方向应不大于±3mm；

③ 事后精密星历精度优于0.05m，预报精密星历精度优于0.2m；

④ 精密卫星钟差精度优于1ns；

⑤ 提供实时定位服务的基准站网的实时定位精度应满足设计要求。

（6）产品服务系统

产品服务包括位置服务、时间服务、气象服务、地球动力学服务、源数据服务等。产品内容见表 1-1。

表 1-1 **产品内容**

基准站网类型	基本产品	专业产品
国家基准站网	多采样率的 GNSS 原始数据、基准站信息、站坐标及精度、站速度、气象数据等	基准站坐标时间序列、事后及预报精密星历、精密卫星钟差、电离层及对流层模型信息等
区域基准站网	多采样率的 GNSS 原始数据、基准站信息、站坐标及精度	实时载波相位和伪距差分数据、气象数据等
专业应用站网	多采样率的 GNSS 原始数据	根据专业特性提供的数据产品

(7) 基准站网测试

① 测试基准站数据采集、数据完好性;

② 数据传输稳定性;

③ 数据中心对基准站的监控能力;

④ 实时定位的覆盖范围和有效时间;

⑤ 产品的服务内容和精度指标;

⑥ 测试其他内容。

(8) 基准站网维护

① 保障全年每天 24h 运行,必要时加报警系统;

② 定期进行设备检查,必要时设备更新;

③ 定期与国际 IGS 提供的测站进行联测,维持坐标框架更新;

④ 对水准标志按相关规范定期测定;

⑤ 对重力标石与国家重力基本网定期联测。

第二节 GNSS 大地控制网案例

一、背景材料

由某市规划局委托某测绘单位进行该市山洞一区的控制测量工作。

该区位于某市东南区域,北止歌乐山,南起放牛坪,东以石桥铺为界,西以含谷场为界,平均宽度约 5km,长约 6km,面积约 $30km^2$。其中分布着新桥、上桥等社会新农村,该区多为务工人员。气候属于中亚热带季风性湿润气候,热量和水资源丰富,最冷月平均气温 7.8℃,最热月平均气温 28.5℃,年平均气温 18.3℃,无霜期为 341.6 天,具有冬暖夏热和春秋多变的特点。降水充沛,全年降水量1 082.9mm。中部歌乐山森林区年平均气温比山下低 2℃左右。碳酸岩裂隙溶洞水的水量丰富。

测区地形复杂，地质条件良好，东端有铁路通过，高速公路横跨整个测区，交通极其方便，物资资源丰富。

已有资料情况：

（1）平面控制点资料

测区有四等控制点两个，分别位于马鞍山、寨子山，处于山洞村区，两个点的标石保存良好，点标志中心清晰可分辨，有1954北京坐标系的成果资料，可作为山洞测区GPS控制网的平面坐标起算数据。

（2）地图资料

四等GPS控制网的布设，以四等点马鞍山、寨子山作为GPS控制网平面起算数据，以同等级扩展四等GPS控制网，采用中点多边形的图形结构，用边连式的方法测量。

二、考点剖析

大地控制网的布设包括技术设计、实地选点、建造觇标、标石埋设、外业观测和数据处理、质量检查、成果提交等技术环节。

1. GNSS控制网技术设计

技术设计的目的是制定切实可行的技术方案，保证测绘产品符合相应的技术标准和要求，并获得最佳的社会效益和经济效益。一般步骤如下：

① 收集资料。收集测区有关资料，包括测区的自然地理和人文地理，交通运输，各种比例尺地形图、交通图，气象资料以及已有的大地测量成果资料，如点之记、成果表及技术总结等。对收集的资料加以分析和研究，选取可靠和有价值的部分作为设计时的参考。

② 实地踏勘。拟定布网方案和计划时，需要到测区进行必要的踏勘和调查，作为设计时的参考。

③ 图上设计。根据大地测量任务，按照有关规范和技术规定，在地形图上拟定出控制点的位置和网的图形结构，包括控制网的精度、密度设计，控制网的基准设计，控制网的网形设计。

④ 编写技术设计书。按照编写设计书的要求编制技术设计书。

2. GNSS实地选点

（1）GNSS实地点位选取基本要求

① 视野开阔，视场内障碍物的高度角不宜超过15°；

② 距大功率无线电发射源不小于200m，高压输电线路和微波无线电信号传送通道不得小于50m；

③ 附近不应有强烈反射卫星信号的物件（如高大建筑、湖泊等）；

④ 交通方便，并有利于其他测量手段扩展和联测；

⑤ 地面基础稳定，易于长期保存的地点；

⑥ 充分利用符合要求的已有控制点；

⑦ 选站时应尽可能使测站附近的小环境与周围的大环境保持一致。

（2）GNSS 选点结束后应上交的资料

① GPS 网点点之记、环视图；

② GPS 网选点图（若测区范围较小，且选点、埋石与观测同期完成时，可用展点图代替）；

③ 选点工作总结。

3. GNSS 觇标建造

点位选定后，要把它固定在地面上，需要埋设带有中心标志的标石，以便长期保存。对于 GPS 点以后的应用，有时也需要造标。觇标是一种测量标志，标架用几米到几十米高的木料或金属等制成，架设在观测点上，作为观测、瞄准的目标。

（1）觇标类型

比较常见的觇标类型有寻常标、双锥标以及屋顶观测台。

（2）觇标的建造

为了保证观测的质量，所建造的觇标要能长期保存。在大风大雨下不致变形和倾斜，外形要端正，全部结构与觇标中心轴对称。标心柱与照准圆筒应保持垂直。圆筒中，基板中心与标石中心应尽量在一条铅垂线上。

4. GNSS 标石埋设

（1）GNSS 控制网标石类型

GNSS 控制网标石类型见表 1-2。

表 1-2　**GNSS 控制网标石类型**

等 级	可用标石类型
B 级点	基岩 GPS、水准共用标石
C 级点	基岩 GPS、水准共用标石；土层 GPS、水准共用标石
E 级点	基岩 GPS、水准共用标石；土层 GPS、水准共用标石；楼顶 GPS、水准共用标石

（2）GNSS 标石稳定时限

B、C 级 GPS 网点标石埋设后，至少需经过一个雨季，冻土地区至少需经过一个冻融期；基岩或岩层标石至少需经一个月后，方可用于观测。

（3）埋石结束上交资料

① GPS 点之记；

② 测量标志委托保管书；

③ 标石建造拍摄的照片；

④ 埋石工作总结。

5. GNSS 大地控制网外业观测

（1）GNSS 大地控制网的分类和建网基本原则

① A 级网由卫星定位连续运行基准站构成，用于建立国家一等大地网，以及全球性的地球动力学研究、地壳形变测量、卫星精密定轨测量。

② B 级网用于建立国家二等大地网，建立地方或城市坐标基准框架，区域性的地球动力学研究、地壳形变测量，精密工程测量。

③ C 级用于建立国家三等大地网，以及区域、城市及工程测量控制网。

④ D 级用于建立四等大地控制网。

⑤ E 级用于测图和施工控制网。

（2）GNSS 大地控制网的精度指标

GPS 控制网的精度指标见表 1-3。

表 1-3 **GPS 控制网精度指标**

级别		坐标年变化率中误差（mm/a）		相对精度	地心坐标各分量年均中误差（mm）	相邻点间平均距离（km）	复测周期
		水平分量	垂直分量				
A	一等	2	3	10^{-8}	±0.5		实时
级别		相邻点基线分量中误差（mm）		相对精度	地心坐标各分量年均中误差（mm）	相邻点间平均距离（km）	复测周期
		水平分量	垂直分量				
B	二等	5	10	10^{-7}		50	复测：5 年 执行：2 年
C	三等	10	20	10^{-6}		20	根据需要
D	四等	20	40	10^{-5}		5	根据需要
E		20	40	10^{-5}		3	根据需要

（3）GNSS 外业观测要求

① 架设天线时要严格整平对中，天线定向线应指向正北，误差不得大于±5°。

② 在每时段的观测前后各量测一次天线高，读数精确至 1mm。

③ 观测手簿必须在观测现场填写，严禁事后补记和涂改编造数据。

④ 雷雨季节观测时，仪器、天线要注意防雷击，雷雨过境时应关闭接收机并卸下天线。

（4）GNSS 外业观测提交资料

① 原始观测手簿；

② 观测数据和观测网图；

③ 数据检核结果；

④ 观测工作技术总结。

6. GNSS 网数据处理

GNSS 网的数据处理过程主要涉及外业数据质量检查、基线处理、平差处理以及精度评定、数据处理成果整理、技术总结编写。

（1）GPS 网的特征条件计算

设 C 为观测时段数，n 为网点数，m 为每点的平均设站次数，N 为接收机数。

① 时段数：$C = n \cdot m/N$；

② 总基线数：$J_{总} = C \cdot N \cdot (N-1)/2$；

③ 必要基线数：$J_{必} = n - 1$；

④ 独立基线数：$J_{独} = C \cdot (N-1)$；

⑤ 多余基线数：$J_{多} = C \cdot (N-1) - (n-1)$；

对于由 N 台 GPS 接收机构成的同步图形中一个时段包含的 GPS 基线（或简称 GPS 边）数为

$$J = N \cdot (N-1)/2$$

但其中仅有 N-1 条是独立的 GPS 边为非独立的 GPS 边。当同步观测的 GPS 接收机数 $N \geqslant 3$ 时，同步闭合环的最少个数为：

$$T = J - (N-1) = (N-1)(N-2)/2$$

⑥ 最少同步图形数 = 1 + int$(n-N)/(N-$相邻同步图共点数)。

例：某测区工作内容包括 12 个 GPS C 级点，4 个国家 GPS B 级框架点。GPS 接收机四台套，GPS C 级网按同步环点连接式布网观测。求同步图形数、重复点数、平均重复设站数和 GPS 网特征数。

解：① 同步环计算：

设 n 为网点数；N 为接收机数。

最少同步图形数为

$$v = 1 + \text{int}\{(n-N)/(N-\text{相邻同步图共点数})\}$$

本题相邻同步图共点数为 1。所以，同步图形数为

$$v = 1 + \text{int}\{(16-4)/(4-1)\} = 5$$

② 重复点计算：

点连接是指相邻的同步图形之间有一个公共点。重复点计算式为

$$w = u \cdot (v-1)$$

式中，u 为公共点；v 为同步图形数。

重复点为

$$w = u \cdot (v-1) = 1 \times (5-1) = 4$$

得到平均重复设站数：

$$m = \frac{n+w}{n} = \frac{16+4}{16} = 1.25$$

③ GPS 网特征数计算：

时段数：$C = n \cdot m/N = 16 \times 1.25/4 = 5$

总基线数：$J_{总} = C \cdot N \cdot (N-1)/2 = 5 \times 4 \times (4-1)/2 = 30$

必要基线数：$J_{必} = n - 1 = 15$

独立基线数：$J_{独} = C \cdot (N-1) = 5 \times (4-1) = 15$

多余基线数：$J_{多} = C \cdot (N-1) - (n-1) = 15 - 15 = 0$

（2）GNSS 外业数据检查内容

数据质量检查宜采用专门的软件进行。检查内容包括：

① 观测卫星总数；

② 数据可利用率（≥80%）；

③ L1、L2 频率的多路径效应影响 MP1、MP2 应小于 0.5m；

④ GPS 接收机钟的日频稳定性不低于 10^{-8}等。

（3）GNSS 外业观测成果质量检核

① GNSS 外业数据质量检查主要有以下内容：

数据剔除率：同一时段观测值的数据剔除率，其值宜小于 10%。

复测基线的长度差：B 级基线预处理及进行 C、D、E 级基线处理后，若某基线向量被多次重复测量，则任意两个基线长度之差 d_s 应满足式（1-1）。

$$d_s \leqslant 2\sqrt{2}\sigma \tag{1-1}$$

式中，σ 为基线测量中误差，单位为 mm。

同步观测环闭合差：三边同步环闭合差应满足式（1-2）。

$$\begin{cases} W_x = \sum_{i=1}^{3} \Delta x_i \leqslant \dfrac{1}{5}\sqrt{3}\sigma \\ W_y = \sum_{i=1}^{3} \Delta y_i \leqslant \dfrac{1}{5}\sqrt{3}\sigma \\ W_z = \sum_{i=1}^{3} \Delta z_i \leqslant \dfrac{1}{5}\sqrt{3}\sigma \end{cases} \tag{1-2}$$

异步环闭合差或附合路线坐标闭合差：C、D、E 级 GNSS 及 B 级网外业基线预估计的结果应满足式（1-3）：

$$\begin{cases} W_x = \sum_{i=1}^{n} \Delta x_i \leqslant 3\sqrt{n}\sigma \\ W_y = \sum_{i=1}^{n} \Delta y_i \leqslant 3\sqrt{n}\sigma \\ W_z = \sum_{i=1}^{n} \Delta z_i \leqslant 3\sqrt{n}\sigma \\ W_s = \sqrt{w_x^2 + w_y^2 + w_z^2} \leqslant 3\sqrt{3n}\sigma \end{cases} \tag{1-3}$$

式中，n 为闭合环边数；σ 为基线测量中误差，单位为 mm。

② GPS 网基线精处理结果质量检核包括以下内容：

a. 精处理后基线分量及边长的重复性；

b. 各时间段的较差；

c. 独立环闭合差或附合路线的坐标闭合差。

（4）基线向量解算基本要求

① A、B 级网基线精处理应采用精密星历；C 级以下各级网基线处理时，可采用广播星历。

② 各级 GPS 观测值均应加入对流层延迟修正，对流层延迟修正模型中的气象元素可采用标准气象元素。

③ 基线解算，按同步观测时段为单位进行。按多基线解算时，每个时段须提供一组独立基线向量及其完全的方差-协方差阵；按单基线解算时，须提供每条基线分量及其方差-协方差阵。

④ B 级以上各级 GPS 网，基线解算可采用双差解、单差解或非差解。C 级以下各级 GPS 网，根据基线长度允许采用不同的数据处理模型。但是 15km 内的基线，须采用双差固定解。15km 以上的基线允许在双差固定解和双差浮点解中选择最优结果。

（5）GNSS 控制网平差以及网质量评定

① 基线向量提取：相对独立基线、基线应构成闭合的几何图形、质量好的基线向量、能构成边数较少的异步环、边长较短的基线向量。

② 三维无约束平差：无约束平差的目的是检验是否有粗差以及调整观测值的权，使得它们相互匹配。通俗地说，就是发现基线粗差，剔除不合格基线。

③ 约束平差和联合平差：具体步骤是指定平差基准和坐标系统、起算数据、检验约束条件的质量、进行平差解算。

④ GPS 网质量评定主要通过基线向量改正数、相邻点的中误差和相对中误差来体现。

（6）数据处理成果整理

基线解算、无约束平差和约束平差（或整体平差）的结构均要求拷贝到磁（光）盘和打印各一份文件，磁（光）盘要装盒，打印成果要装订成册，并要贴上标签，注明资料内容。

（7）技术总结编写

技术总结编写分为外业技术总结编写和内业技术总结编写。

外业技术总结内容应包括：

① 测区范围与位置、自然地理条件、气候特点、交通及电信、供电等情况；

② 任务来源、测区已有测量情况、项目名称、施测目的和基本精度要求；

③ 施测单位、施测起止时间、作业人员数量、技术状况；

④ 作业技术依据；

⑤ 作业仪器类型、精度以及检验和使用情况；

⑥ 点位观测条件的评价，埋石与重合点情况；

⑦ 联测方法、完成各级点数与补测、重测情况，以及作业中发生与存在问题的说明；

⑧ 外业观测数据质量分析与野外数据检核情况。

内业技术总结应包含以下内容：

① 数据处理方案、所采用的软件、所采用的星历、起算数据、坐标系统，以及无约束平差、约束平差情况；

② 误差检验及相关参数和平差结果的精度估计等；

③ 上交成果中尚存问题和需要说明的其他问题、建议或改进意见；

④ 各种附表与附图。

7. 质量检查与验收

质量控制执行“两级检查、一级验收”制度。检查验收的重点包括：

① 实施方案是否符合规范和技术设计要求；

② 补测、重测和数据剔除是否合理；
③ 数据处理的软件是否符合要求，处理的项目是否齐全，起算数据是否正确；
④ 各项技术指标是否达到要求。

8. 成果资料提交

① 测量任务书或合同书、技术设计书；
② 点之记、环视图、测量标志委托保管书、选点和埋石资料；
③ 接收设备、气象及其他仪器的检验资料；
④ 外业观测记录（含软盘）、测量手簿及其他记录资料；
⑤ 数据处理生成的文件、资料和成果表；
⑥ GPS 网展点图；
⑦ 技术总结报告和成果验收报告。

第三节　高程控制网案例

一、背景材料

为了在某市燕郊管辖区范围内开发建设，需测绘 1∶1 000 地形图。应委托方要求，某测绘单位计划在燕郊开发区布设三等水准控制网。

该市地处北纬 39°48′37″至 40°05′04″之间，东西 36km，南北 28.5km，总面积 643km^2。测区内地势北高南低，自北向南倾斜，按地形地貌特点可分为低山丘陵、平原和洼地。其中平原面积最大，主要由潮白河、蓟运河冲积扇构成，平均海拔高程为 5.9~31.9m，地面自然纵坡为 1/1 500 左右，低山丘陵主要分布在东北部的蒋福山地区。该区域周边为海拔 335.2~458.5m 的龙门山和青龙山，中间为海拔 200~212m 的蒋福山盆地，此外在市区西北部还有一海拔 90.4m 的孤山挺立于倾斜平原上，洼地主要分布在该市东南部的引泃入潮与鲍丘河、潮白河两岸，地势低洼，多积水洼地。

1. 已有资料情况

开发区提供 1∶10 000 地形图 1 份以及已有控制点成果一套。

2. 主要技术依据

①《工程测量标准》（GB 50026—2020）；
②《测量技术设计规定》（CH/T 1004—2005）；
③《国家三、四等水准测量规范》（GB/T 12898—2009）。

主要任务和目标是在燕郊约 20km^{2}的测区范围内建立高程控制网，采用三等水准测量方式。从满足测图工作需要（密度、精度、经费等多方面）角度出发，完成一份三等水准网技术设计图和技术设计书。

二、考点剖析

建立高程控制网的方法主要有水准测量、三角高程测量。水准测量的等级依次分为一、二、三、四等。其中，光电测距三角高程测量可代替四等水准测量。

高程控制网的布设主要包括技术设计书编制、水准点的选定埋石、水准测量外业观测、外业计算、质量检查与验收、成果整理归档等技术环节。

1. 技术设计书编制

充分利用测区内已有的测绘资料，在此基础上进行初步设计；实地踏勘并对初步设计进行修正完善，形成布网方案；根据测量任务，按照规范要求制定作业方法、精度等级等，并按照要求编制技术设计书。

（1）水准网的布设原则及其精度

各等级水准网的布设原则及其精度见表 1-4。

表 1-4 **水准网的布设原则及其精度**

等级	作用及目的	布设原则	水准路线形状及长度	复测周期	复测执行时间
一等	① 国家高程控制网的骨干； ② 高程基准高精度传递； ③ 地壳地面垂直移动依据	沿地质构造稳定，路面坡度平缓的交通路线	① 闭合环，网状结构； ② 西部周长≤1 600km； ③ 东部周长≤2 000km	15 年	不超过 5 年
二等	① 国家高程控制网的全面基础； ② 一等水准网加密	① 在一等水准环内布设； ② 沿省、县级公路布设； ③ 可跨铁路、公路、河流	① 附合路线或环形； ② 平原丘陵≤750km； ③ 山区可适当放宽	不超过 20 年	
三等	① 一、二等水准网的基础上进一步加密； ② 直接提供地形测图、工程建设高程控制点	① 附合路线、环形、闭合于高等级水准路线； ② 长度≤150km；环线周长≤200km； ③ 同级网中节点间距离≤70km； ④ 山地等特殊困难地区可适当放宽，但不宜大于上述各指标的 1.5 倍	根据需要	根据需要	
四等	① 一、二等水准网的基础上进一步加密； ② 直接提供地形测图、工程建设高程控制点	① 闭合于高等级水准路线或形成支线； ② 长度≤80km；环线周长≤100km； ③ 同级网中节点间距离≤30km； ④ 山地等特殊困难地区可适当放宽，但不宜大于上述各指标的 1.5 倍	根据需要	根据需要	

（2）水准点的布设密度

各类型水准点的布设密度见表1-5。注意：在城镇和建筑区还有墙脚水准标志，一般露出墙面40mm；支线长度在15km以内可不埋石。

表1-5　**水准点的布设密度**

类型	间距	布设要求
基岩水准点	400km左右	只设于一等水准路线上，在大城市和断裂带附近应增设每省（自治区、直辖市）不少于4座
基本水准点	40km左右；经济发达地区20～30km；荒漠地区60km左右	设于一、二等水准路线上及交叉处，大、中城市两侧及县城附近，尽量设置在坚固岩层上
普通水准点	4～8km；经济发达地区2～4km；荒漠地区10km左右	设于各级水准路线上，山区水准路线高程变换点附近，长度超过300m的隧道，跨河水准测量的两岸标尺附近

2. 水准点的选定与埋石

（1）水准点位选定

水准点应选在地基稳定，具有地面高程代表性的地点，并且利于标石长期保存和高程联测，便于卫星定位技术测定坐标的地点。

水准点宜选在路线附近的政府机关、学校、公园内。设在路肩的道路水准点宜选在里程碑或道路固定方位物（2m以内）处。

下列地点不宜选定水准点：

① 易受水淹或地下水位较高的地点；

② 易发生土崩、滑坡、沉陷、隆起等地面局部变形的地点；

③ 路堤、河流、冲积层河岸及地下水位变化较大（如油井、机井附近）的地点；

④ 距铁路50m、距公路30m（普通水准点除外）以内或其他受剧烈震动的地点；

⑤ 不坚固或准备拆修的建筑物上；

⑥ 短期内将因修建而可能毁掉标石或不便观测的地点；

⑦ 道路上填方的地段。

（2）水准路线选定

① 应尽量沿坡度较小的公路、大路进行；

② 应避开土质松软的地段和磁场较强的地段；

③ 应避开高速公路；

④ 应尽量避免通过行人车辆行道、大的河流、湖泊、沼泽与峡谷等障碍物；

⑤ 当一等水准路线通过大的岩层断裂带或地质构造不稳定的地区时，应会同地质、地震有关部门共同研究。

（3）水准点标石类型及适用范围

① 水准点标石类型：水准点标石根据其埋设地点、制作测量和埋石规格的不同，共

分为基岩水准点、基本水准点和普通水准点三大类。如表 1-6 所示，分为 14 种标石类型，其中道路水准标石是埋石在道路肩部的普通水准标石。

表 1-6　**标石类型**

水准点类型	标石类型
基岩水准点	深层基岩水准标石 浅层基岩水准标石
基本水准点	岩层基本水准标石 混凝土柱基本水准标石 钢管基本水准标石 永冻地区钢管基本水准标石 沙漠地区混凝土柱基本水准标石
普通水准点	岩层普通水准标石 混凝土柱普通水准标石 钢管普通水准标石 永冻地区钢管普通水准标石 沙漠地区混凝土柱普通水准标石 道路水准标石 墙脚水准标志

② 水准点标石适用范围如下：

a. 有岩层露头或在地面下不深于 1.5m 的地点，优先选择埋设岩层水准标石；

b. 沙漠地区或冻土深度小于 0.8m 的地区，埋设混凝土柱水准标石；

c. 冻土深度大于 0.8m 或永久冻土地区，埋设钢管水准标石；

d. 有坚固建筑物（房屋、纪念碑、塔、桥基等）和坚固石崖处，可埋设墙脚水准标志；

e. 水网地区或经济发达地区的普通水准点，埋设道路水准标石。

③ 水准标石稳定时限：水准标石埋设后，一般地区应经过一个雨季，冻土深度大于 0.8m 的冻土地区还要经过一个冰冻期和一个解冻期，岩层上埋设的标石应经过一个月方可进行水准观测。

④ 埋石结束后应上交的资料：测量标志委托保管书，埋石后的水准点之记及路线图、标石建造关键工序照片或数据文件，埋石工作技术总结。

3. 水准测量外业观测

（1）水准观测仪器

用于水准测量的仪器和标尺应送法定计量单位进行检定和校准，并在检定和校准的有效期内使用。在作业期间，自动安平光学水准仪每天检校一次 i 角，气泡式水准仪每天上午、下午各检校一次 i 角；作业开始后的 7 个工作日内，若 i 角较为稳定，以后每隔 15 天检校一次。

数字水准仪，整个作业期间应在每天开测前进行 i 角测定。

（2）观测方式

一、二等水准测量采用单路线往返观测。同一区段的往返测，应使用同一类型的仪器和转点尺承沿同一道路进行。

三等水准测量采用中丝法进行往返测。当使用有光学测微器的水准仪和线条因瓦水准标尺观测时，也可进行单程双转点观测。

四等水准测量采用中丝法进行单程观测。支线应往返测或单程双转点观测。

（3）水准观测时间和气象条件

水准观测应在标尺分划线成像清晰面稳定时进行，下列情况下不应进行观测：

① 日出后与日落前 30min 内；

② 太阳中天前后各 2h 内（可根据地区、季节和气象情况适当增减，最短间歇时间不少于 2h）；

③ 标石分划线的影像跳动剧烈时；

④ 气温突变时；

⑤ 风力过大而使标尺与仪器不稳定时。

（4）水准观测过程中应注意的事项

① 观测前 30min，应将仪器置于露天阴影下，使仪器与外界气温趋于一致；设站时，应用测伞遮蔽阳光；迁站时，应罩以仪器罩。使用数字水准仪前，还应进行预热，预热时间不少于 20 次单次测量所用时间。

② 对气泡式水准仪，观测前应测出倾斜螺旋的置平零点，并做标记，随着气温变化，应随时调整零点位置。对于自动安平水准仪的圆水准器，应严格置平。

③ 三脚架两脚与水准路线的方向平行，第三脚轮换置于路线方向的左侧或右侧。

④ 除路线转弯处，每一测站上仪器与前后视标尺的 3 个位置应接近于一条直线。

⑤ 不应为了增加标尺读数，而把尺桩（台）安置在壕坑中。

⑥ 转动仪器的倾斜螺旋和测微鼓时，其最后旋转方向均应为旋进。

⑦ 每一测段的往测与返测，其测站数均为偶数。由往测转向返测时，两支标尺应互换位置，并应重新整置仪器。

⑧ 在高差较大地区，应选用长度稳定、标尺名义米长度偏差和分划偶然误差较小的水准标尺作业。

⑨ 对于数字水准仪，应避免望远镜直接对准太阳；尽量避免视线被遮挡，遮挡不要超过标尺在望远镜中截长的 20%；仪器只能在厂方规定的温度范围内工作；确信震动源造成的震动消失后，才能启动测量键。

4. 水准测量外业计算

（1）一、二等水准测量外业高差和概略高程表的编算

在国家一、二等水准测量外业高差和概略高程表编算时所用的高差应加入：

① 水准标尺长度改正；

② 水准标尺温度改正；

③ 正常水准面不平行的改正；

④ 重力异常改正；
⑤ 固体潮改正；
⑥ 环线闭合差改正。
（2）三、四等水准测量外业高差和概略高程表的编算
在国家三、四等水准测量外业高差和概略高程表编算时，所用的高差只加入：
① 水准标尺长度改正；
② 正常水准面不平行改正；
③ 路（环）线闭合差改正。

5. 水准测量成果质量验收

项目生产过程中，严格按 ISO 9001 标准和质量管理体系文件对项目进行质量管理与控制。质量控制执行“两级检查、一级验收”制度。

6. 水准测量成果提交

① 技术设计书；
② 水准点之记的纸质文本及其数字化后的电子文本；
③ 水准路线图、节点接测图及其数字化后的电子文本；
④ 测量标志委托保管书（2 份）；
⑤ 水准仪、水准标尺检验资料及标尺长度改正数综合表；
⑥ 观测手簿，磁带、磁盘、光盘能长期保存的其他介质；
⑦ 外业高差及概略高程表（2 份）；
⑧ 外业高差改正数计算资料；
⑨ 外业技术总结、验收报告。

第四节　区域似大地水准面精化案例

一、背景材料

某市为了使基础测绘更好地满足国民经济发展的需求，利用 GPS 测量技术和水准测量技术，在已有加密重力资料、数字高程模型的基础上，通过对重力、地形数据以及 GPS 水准测量数据的处理，精化该市似大地水准面，控制面积 2 000km^2。

已有资料情况：

① 平面控制资料：测区内现有的 GPS C 级网共由 38 个点组成，在 C 级网的基础上，加密 D 级网点 89 个。网内有国家 Ⅰ 等三角点 2 个，Ⅲ 等三角点 3 个，可作为起算数据使用。

② 高程控制资料：测区有国家二期复测的一等水准路线，其中有 13 个基岩水准点，4 个一等水准点，可作为本次平差的起算点。

③ 重力资料：测区内有重力点成果，可作为本项目的重力数据使用。

④ 地形资料：测区 1∶50 000地形图、1∶10 000地形图和 1∶50 000 DEM 数据。

⑤ 重力场模型：武汉大学的高阶重力场模型（WDM94，360 阶次）；美国最新的高阶重力场模型（EGM96，360 阶次）。

为满足精化似大地水准面的要求，控制网内至少 80%的 GPS 点应具有二等水准测量成果。

二、考点剖析

区域似大地水准面精化的目的是综合利用重力资料、地形资料、重力场模型与 GPS/水准成果，采用物理大地测量理论与方法，应用移去-恢复技术确定区域性精密似大地水准面。简要地说，就是为求得高程异常，以实现大地高和正常高的相互换算。

1. 区域似大地水准面精化误差源

区域似大地水准面精化误差源主要有：

① GPS 测定大地高的误差；

② 水准测量误差；

③ 重力测量误差；

④ 地形数据 DEM 的误差。

2. 高程异常控制点布设原则

① 高程异常控制点应均匀分布于似大地水准面精化区域。

② 高程异常控制点应具有代表性，点位分布应顾及平原、丘陵和山地等不同的地形类别区域，点位在不同地形类别中均应占有一定的比例；在可能的情况下，对丘陵和山地等地形变化剧烈地区应适当加大高程异常控制点分布密度。

③ 各级似大地水准面的高程异常控制点宜利用不低于《区域似大地水准面精化基本技术规定》（GB/T 23709—2009）中 4.5 规定精度的大地控制网点和水准网点。

④ 相邻高程异常控制点最大间距不宜大于

$$d=\frac{7.19m_{\zeta}}{c\lambda^{2}}$$

式中，d 为相邻高程异常控制网点的最大间距，单位为 km；m_{ζ} 为似大地水准面的精度，单位为 cm；c 为平均重力异常代表误差系数；λ 为平均重力异常格网分辨率，单位为（′）。

3. 似大地水准面计算流程

似大地水准面计算流程如图 1-1 所示。

① 按照《全球导航卫星系统（GNSS）测量规范》（GB/T 18314—2024），完成高程异常控制点 GPS 测量数据处理。

② 按照《国家三、四等水准测量规范》（GB/T 12898—2009）完成高程异常控制点

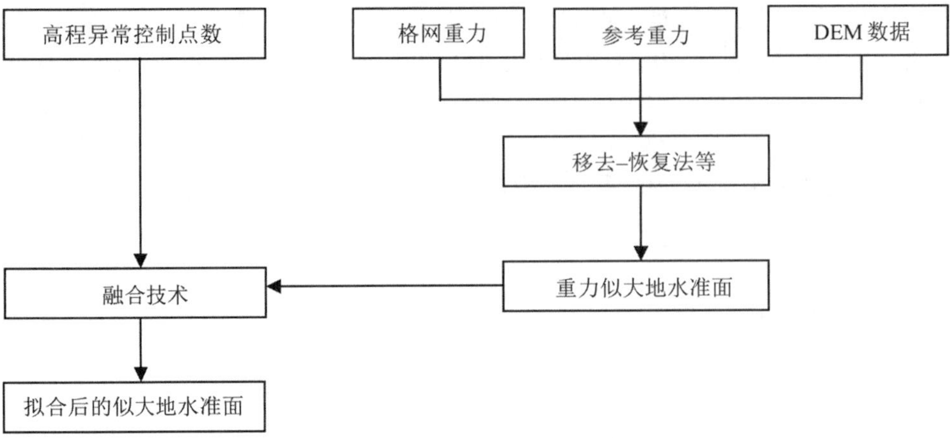

图 1-1　似大地水准面计算流程图

的水准测量数据处理；其次按下列公式计算高程异常控制点的高程异常：

$$\zeta_{GPS} = H - h$$

式中，ζ 为高程异常；H 为大地高，由 GPS 测量方法获得；h 为正常高，由水准测量方法获得。

③ 收集似大地水准面精化区域的重力资料与数字高程模型资料，并按格网平均重力异常计算要求对数据进行整理。可采用地形均衡重力归算等方法完成重力点归算与格网平均重力异常计算。

④ 根据不同情况选择适当的参考重力场模型，采用移去-恢复技术完成重力似大地水准面计算。最后，采用融合技术消除或削弱高程异常控制点与对应的重力似大地水准面的不符值，完成与国家高程系统一致的似大地水准面计算。

4. 似大地水准面精度检验方法

① 检验点的点位应分布均匀，在平原、丘陵和山区等不同的地形类别以及有效区域边缘均应布设检验点；应采用未参加似大地水准面计算的实地高程异常点作为检验点。

② 国家似大地水准面相邻检验点的间距不宜超过 300km，检验点总数不应少于 200 个；省级似大地水准面相邻检验点的间距不宜超过 100km，检验点总数不应少于 50 个；城市似大地水准面相邻检验点的间距不宜超过 30km，检验点总数不应少于 20 个。

③ 检验点与用于区域似大地水准面精化的高程异常控制点的间距不应小于似大地水准面格网间距。

④ 检验点应满足 GPS 观测与水准联测条件。

⑤ 在利用旧点作为检验点时，应检查旧点的稳定性、可靠性和完好性以及是否满足 GPS 与水准观测的要求，符合要求方可利用。

5. 似大地水准面精化成果提交

① 技术设计书；

② 数据处理方案；
③ GPS 观测数据成果；
④ 水准观测数据成果；
⑤ 高程异常控制点成果；
⑥ 区域似大地水准面模型成果；
⑦ 技术总结、精度检验报告、检查验收报告。

第五节　坐标系转换案例

一、背景材料

××××年初，某市规划局与原国家测绘局签署了《国家地理信息公共服务平台共建工作目标责任书》，承诺××××年底前向国家地理信息公共服务平台提供该市最新的基础地理信息数据，提供方式可以从在线连接方式、服务器托管方式和数据集提供三类方式中任选一种。

该市决定以服务器托管的方式向原国家测绘局提供电子地图数据，共分为两期进行加工，已于 9 月 30 日提交全市域（15、16、17 级）、××月××日提交“数字城市”试点（18、19、20 级）电子线划地图和影像电子地图数据。

在 ArcGIS 中进行二次开发数据转换功能模块，利用××××年完成的“2000 国家大地坐标系的应用研究”项目成果，将数据由地方坐标系转换到 2000 国家大地坐标系。目前，工作已经顺利完成，精度满足要求，具体数据内容见表 1-7。

表 1-7　**地图数据内容**

序号	数据	覆盖范围	图幅数	图层
1	1∶10 000地形图数据	全市	933	20
2	1∶2 000地形图数据	新西区、新东区、新通区	1 433	16
3	1∶500 地形图数据	新西区、新东区	2 066	16

二、考点剖析

1. 大地控制点分类

① 国家级 CORS 站点；
② 2000 国家 GPS 大地控制网点；
③ 国家一、二、三、四等天文大地点；

④ 省级 CORS 站点；
⑤ 省市级卫星大地控制网 C 级、D 级点；
⑥ 其他 1954 北京坐标系、1980 西安坐标系及相对独立的平面坐标系下的控制点。

2. 各类控制点的用途

高等级控制点可用于低等级控制网的外部控制，可用于 1954 北京坐标系、1980 西安坐标系坐标成果转换为 2000 国家大地坐标系坐标成果时计算坐标转换参数。

① 国家级 CORS 站点：可作为省级 CORS 网建设的控制点。
② 省级 CORS 站点：可作为省级、市、县城市基础建设控制网点。
③ 2000 国家 GPS 大地控制网点：可作为天文大地点控制点及相对独立坐标系建立控制点。
④ 省、市级卫星大地控制网 C 级、D 级点：相对独立坐标系建立控制点。
⑤ 国家一、二等天文大地点：可作为三、四等天文大地点的控制点使用。
⑥ 国家三、四等天文大地点：可作为测图控制点使用；三等及以上天文大地点坐标成果可作为像控点的起算点。

3. 各种坐标系及参数

各种坐标系及参数见表 1-8。

表 1-8 **各种坐标系及参数**

坐标系	1954 北京坐标系	1980 西安坐标系	WGS-84 坐标系	2000 国家 大地坐标系
椭球名称	克拉索夫斯基	1975 国际椭球	WGS-84 椭球	CGCS2000 椭球
建成年代	20 世纪 50 年代	1982 年	1984 年	2008 年
椭球类型	参考椭球	参考椭球	总地球椭球	总地球椭球
a（m）	6 378 245	6 378 140	6 378 137	6 378 137
f	1∶298.3	1∶298.257	1∶298.257 223 563	1∶298.257 222 101

4. 控制点坐标转换模型

（1）不同空间直角大地坐标系间的变换

不同地球椭球基准下的空间直角大地坐标系统间点位坐标转换，换算公式为布尔莎模型。涉及七个参数，即三个平移参数、三个旋转参数和一个尺度变化参数。

（2）不同大地坐标系间变换

① 三维七参数坐标转换模型：用于不同地球椭球基准下的大地坐标系统间点位坐标转换，涉及三个平移参数、三个旋转参数和一个尺度变化参数，同时需顾及两种大地坐标系所对应的两个地球椭球长半轴和扁率差。

② 二维七参数转换模型：用于不同地球椭球基准下的椭球面上的点位坐标转换，涉

及三个平移参数、三个旋转参数和一个尺度变化参数。

③ 三维四参数转换模型：用于局部坐标系间的坐标转换，涉及三个平移参数和一个旋转参数。

④ 二维四参数转换模型：用于范围较小的不同高斯投影平面坐标转换，涉及两个平移参数、一个旋转参数和一个尺度参数。对于三维坐标，需将坐标通过高斯投影变换得到平面坐标，再计算转换参数。

⑤ 多项式拟合模型：用于全国/全省或相对独立的平面坐标系统转换。

5. 模型选取

① 模型选取：根据区域范围选择转换到2000国家大地坐标系的坐标转换模型（表1-9）。

表1-9　　**转换到2000国家大地坐标系的坐标转换模型及适用区域范围**

<table>
<tr><th colspan="2">控制点</th><th rowspan="2">转换模型</th><th rowspan="2">适用区域范围</th></tr>
<tr><th>所属坐标系</th><th>坐标类型</th></tr>
<tr><td rowspan="6">1980西安坐标系</td><td rowspan="3">大地坐标</td><td>三维七参数</td><td rowspan="3">椭球面3°及以上的省级及全国范围</td></tr>
<tr><td>二维七参数</td></tr>
<tr><td>椭球面多项式拟合</td></tr>
<tr><td rowspan="2">空间直角坐标</td><td>布尔莎</td><td>全国及省级范围</td></tr>
<tr><td>三维四参数</td><td>2°以内局部区域</td></tr>
<tr><td>平面坐标</td><td>二维四参数</td><td>局部区域</td></tr>
<tr><td rowspan="6">1954北京坐标系</td><td rowspan="3">大地坐标</td><td>三维七参数</td><td rowspan="3">椭球面3°及以上的省级及全国范围</td></tr>
<tr><td>二维七参数</td></tr>
<tr><td>椭球面多项式拟合</td></tr>
<tr><td rowspan="2">空间直角坐标</td><td>布尔莎</td><td>全国及省级范围</td></tr>
<tr><td>三维四参数</td><td>2°以内局部区域</td></tr>
<tr><td>平面坐标</td><td>二维四参数</td><td>局部区域</td></tr>
<tr><td rowspan="2">相对独立的平面坐标系</td><td rowspan="2">平面坐标</td><td>二维四参数</td><td>局部区域</td></tr>
<tr><td>平面多项式拟合</td><td>局部区域</td></tr>
</table>

② 选取重合点：选用两个坐标系下均有坐标成果的控制点。选取的基本原则为等级高、精度高、局部变形小、分布均匀、覆盖整个转换区域。

③ 将重合点代入转换模型，利用最小二乘法计算转换参数。

④ 用得到的转换参数计算重合点坐标残差。

⑤ 剔除残差大于3倍点位中误差的重合点。

⑥ 重复上述步骤② 到步骤⑤ 的计算过程，直至重合点坐标残差均小于3倍点位中

误差。

⑦ 最终用于计算转换参数的重合点数量与转换区域大小有关，但不得少于 6 个。

⑧ 根据最终确定的重合点，利用最小二乘法计算转换参数。

6. 坐标转换

选择适当（具有一定密度且分布均匀）且同时拥有两种坐标系坐标的重合点，采用适当的坐标转换模型计算两坐标系之间的坐标转换参数，再通过坐标回代求得所求坐标系的坐标成果。

坐标转换通常有以下两种方法：

① 整体转换法：整个转换区域只计算一套转换参数。

② 分区转换法：各分区之间重叠一部分重合点并重复使用以求取转换参数。

7. 外部检核点数量要求

利用未参与计算转换参数的重合点作为外部检核点，其点数不少于 6 个且均匀分布。

8. 精度评定

省级 GNSS 连续运行基准站点坐标归算精度评定：省级 GNSS 连续运行基准站点坐标归算后坐标精度在平面 3cm 以内。

第六节　水下地形测量案例

一、背景材料

为满足某港区 10×10^4t 级进港航道工程初步设计需要，计划开展 1∶2 000 水下地形测量工作。根据委托方要求，采用单波束测深仪进行水下地形测量，同时选择典型区段用多波束测深系统进行同步水下地形测量。

该港区位于某市近岸沿海，作业区在 A 港口以南、入海口以北，区内有 B、C、D 港口。港区总规划面积为 210km^2，其中陆上面积为 150km^2。区内交通便捷，内连运河，外接深水航道，海上运输极为方便。陆上交通也十分便捷，多个交通要道穿境而过。

测区沿海滩涂属于自然沉积地貌，潮间带宽度达 5～8km，浅滩面积大。海滩盛产文蛤、紫菜、对虾、泥螺等，养殖渔业发达。测区为北亚热带湿润气候，四季分明，光照充足，雨水充沛，年均降水量为 1 031mm，年均温为 14.9℃。测区风力具有很强的季节性，夏季盛吹东南风，冬季则强冷空气频发。该项目在岸边设立水尺进行验潮，水尺零点在深度基准面下 2m 处。测量时间正值严冬季节，冷空气是造成恶劣海况的主要原因，也将影响外业测量的工作进度。

现已收集的资料情况主要有：

（1）已有地形图资料

2010 年 11 月绘制的 1∶10 000《××港区建港条件与规划方案研究水下地形测量图》，可供本次测量踏勘、布置计划线和作水下地形对比分析检查用。

（2）控制成果资料

测区附近的 4 个江苏省 C 级 GPS 控制网点，属 1954 北京坐标系，作为首级平面控制的起算点。××港区沿海 4 个二等高程控制点作为首级高程控制的起算点。

测区附近还有 4 个高程校核点，属 1985 国家高程基准，可作为临时潮位站的校核水准点。

二、考点剖析

水下地形测量主要包括准备工作、测量过程、水位改正方法、数据处理、质量控制、图形绘制、成果提交，以及资料整理、汇编和提交等技术环节。

1. 准备工作

测量前准备工作应注意以下几点：

（1）仪器测试

仪器测试包括 GNSS 稳定性试验、测深仪稳定性试验、系统安装校准和其他仪器测试。

（2）测线布设

测线布设包括单波束测线、多波束主测线、单波束检查线等布设间距和方向，如图 1-2 所示。

1）测线和测深线分类

测线分为计划测线和实际测线，测深线分为主测深线和检查线。

2）测深线布置

主测深线方向应垂直等深线的总方向；对狭窄航道，测深线方向可与等深线成 45°角。在下列情况下，布设测深线的要求为：

① 沙嘴、岬角、石坡延伸处，一般应布设辐射线，如布设辐射线还难以查明其延伸范围时，则应适当布设平行其轮廓线的测深线；

② 重要海区的礁石与小岛周围应布设螺旋形测深线；

③ 锯齿形海岸，测深线应与岸线总方向成 45°角；

④ 用于导航的叠标，一般应在叠标线上及其左右各布设一条测深线，间隔为图上 3～5mm；

⑤ 应从码头壁外 1～2m 开始，每隔图上 2mm 平行码头壁布设 2～3 条测深线；

⑥ 在测深过程中，应根据海底地貌的实际情况，对计划测深线进行适当调整；

⑦ 使用多波束测深仪时，测深线的布设宜平行于等深线的走向；

⑧ 测深线间隔的确定应顾及海区的重要性、海底地貌特征和水深等因素；原则上主测深线间隔为图上 1cm；对于需要详细探测的重要海区和海底地貌复杂的海区，测深线间隔应适当缩小或放大比例尺进行测量；

⑨ 多波束主测线一般要求至少有 20%的重叠。

3）测深线、检查线布置要求

① 检查线的方向应尽量与主测深线垂直；

② 分布均匀；

③ 布设在较平坦处；

④ 能普遍检查主测深线；

⑤ 检查线总长应不少于主测深线总长的 5%。

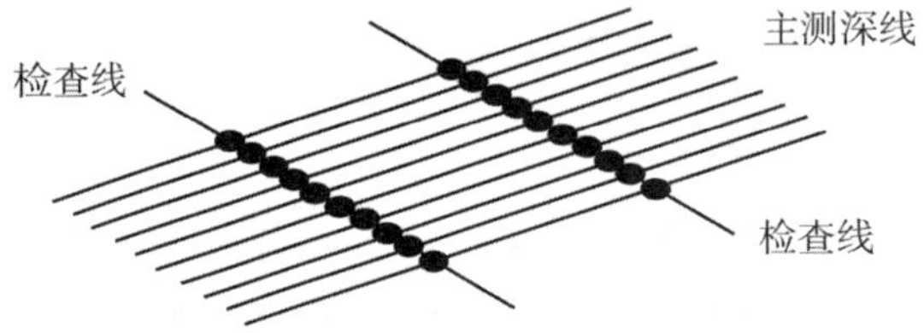

图 1-2　主测深线与检查线布置

（3）导航延时测定

通过对各断面往返测量数据的处理，测定导航延时量。采用多波束测深时，多波束参数校正顺序通常是导航延时、横摇、纵摇和艏偏校正。

① 导航延迟校准测试：根据特征地物，往返测量距离、速度，计算延迟。

② 横摇校准测试：根据平坦地形，往返测量，地形相交，计算交叉角。

③ 纵摇校准测试：根据斜坡海床，往返测量同一地物偏移量，根据偏移量和水深计算偏角。

④ 艏偏校正：选择孤立点，两侧布设平行测线，50%公共覆盖区，根据两次测量的孤立点位移及孤立点到测线距离计算艏偏角。

（4）动吃水测量

动吃水测量采用水准仪施测或 GNSS-RTK 施测。

2. 测量过程

（1）潮位站布设

根据测区情况，本项目应布置 4 个临时潮位站。

潮位站布设密度应能控制全部测区的水位变化。相邻潮位站之间的距离应满足最大潮高差不大于 1m，最大潮时差不大于 2h，潮汐性质基本相同。对于潮高差、潮时差变化较大的水域，可在湾顶、河口外、水道口和无潮点附近增设临时水位站。

其中，潮位站站址选择应遵循下列原则：

① 水尺前方应无沙滩阻隔，海水可自由流通，低潮不干出，能充分反映当地海区潮汐情况的地方；

② 水尺能牢固设立，受风浪、急流冲击和船只碰撞等影响较小的地方，如有可能尽量在固定码头壁上安装水尺；

③ 水尺应设在岸滩坡度较大的地方；

④ 适当考虑验潮人员的安全、生活和交通方便，在保证水位观测精度的前提下，尽

可能把验潮站选在居民点附近；

⑤ 海上定点验潮站的站址，要求海底平坦、泥沙底质、风浪和海流较小的地方；

⑥ 对于水准标石已被破坏的旧验潮站，需重新设站时应尽量与旧站地址重合。

（2）潮位观测

临时潮位站的潮位观测采用人工结合潮位自记仪的方式。

潮位观测间隔应至少 30min 观测一次（于整点和半点记录），高、低潮平潮及前后 1h 和水位异常变化时，每隔 10min 观测一次，并读至厘米，时间读到整分；水位观测误差不应大于 2cm；顾及测区潮时差影响，当采用双站或多站改正水位时，潮位观测时间长度应比水深测量作业时间提前并推后各 1h。

若本项目在测区 A 地到 B 地的海岸带设立验潮站，验潮站 A 与 B 间距 10km，经同步验潮资料分析，其最高潮差为 0.3m，假设测区水深不大于 10m，测深精度为±10cm，请问 A 与 B 站间需要分带改正吗？若需要分带，需要分几带？

根据《海道测量规范》（GB 12327—2022）规定两个验潮站之间的分带数，应按下式计算

$$k = \frac{2\Delta h}{\sigma}$$

式中，k 为分带数；Δh 为两验潮站深度基准面重叠时，由水位曲线图上量得的或统计比较计算得到的同一瞬时两验潮站间的最大水位差，单位为 m；σ 为测深精度，单位为 m。

将已知数据代入上式，得

$$k = \frac{2\Delta h}{\sigma} = 2 \times \frac{0.3}{0.1} = 6(\text{带})$$

所以，A 与 B 站间需要分带改正，需要分 6 带。

（3）声速测量

声速测量采用声速剖面仪施测。

（4）定位与深度测量

采用 GNSS-RTK 定位，多波束进行水深测量。

① 海洋定位：利用两条以上的位置线，通过图上交会或解析计算的方法确定海上某点位置。其中海上位置线分为方位、角度、距离、距离差位置线。

② 海洋定位常用的方法有：

a. 光学定位（前方交会、后方交会、侧方交会、极坐标法）；

b. 无线电定位（测距法〈圆-圆定位〉、测距差（双曲线法））；

c. 卫星定位（码相位和载波相位观测法）；

d. 水声定位（船台设备和水下声学应答器基阵）。

③ 水深测量方法主要有：单波束测深（单频、双频）——点测量、多波束测深——面测量、机载激光测深——面测量。

单波束测深是通过安装在测量船下的发射机换能器，垂直向水下发射一定频率的声波脉冲，以声速 C 在水中传播到水底，经反射或散射返回，被接收机换能器所接收测定水深深度的一种方法。

设经历时间为 t，换能器的吃水深度为 D，则换能器表面至水底的距离（水深）H：

$$H = \frac{1}{2}Ct + D$$

为了求得实际正确的水深而对回声测深仪实测的深度数据施加的改正数称为回声测深仪总改正数。回声测深仪总改正数的求取方法主要有校对法和水文资料法。

校对法适用于小于 20m 的水深测量，为综合改正。水文资料法适用于水深大于 20m 的水深测量，包括：吃水改正、换能器基线改正、转速改正、声速改正。

多波束测深系统（面扫侧系统）是在单波束系统的基础上发展起来的全覆盖、面扫侧系统，是由多个子系统（多波束声学系统、多波束数据采集系统、数据处理系统和外围辅助传感器）组成的综合系统。

其中，换能器为多波束的声学系统，负责波束的发射和接收；而多波束数据采集系统，负责波束的形成，将接收到的声波信号转换为数字信号，反算其测量距离或记录其往返程时间等。数据处理系统，以工作站为代表，综合实现测量船瞬时位置、姿态、航向的测定以及海水中声速传播特性的测定，计算波束脚印的坐标和深度，并绘制海底平面或三维图。

④ 深度基准的确定。潮位站的水位应归化到深度基准面（理论最低潮面）上。长期站深度基准面可沿用已有的深度基准，由相邻的高程控制点进行水准引测，也可以利用连续 1 年以上水位观测资料通过调和分析取 13 个主分潮采用弗拉基米尔法计算。短潮验潮站和临时验潮站深度基准可以采用几何水准测量法、潮差比法、最小二乘曲线拟合法、4 个主分潮与 L 比值法，由临近长期验潮站或具有深度基准面数值的短期验潮站传算。当测区有 2 个或 2 个以上长期验潮站时取距离加权平均结果。

⑤ 基于深度基准面的海底深度计算公式：

$$D(x,\ y) = h(x,\ y,\ t) - T(x,\ y,\ t) + \text{改正数}$$

即

海底深度=瞬时测深−瞬时海面高+改正数

本项目假设在测量船上安装单波束测深仪，若经过测试，测深仪的总改正数为 3m。航道某点 E 处，测深仪的瞬时读数为 18.6m，验潮站的水尺读数为 5.3m，此时航道 E 点的水深值为

$$D_E = 18.6 - (5.3 - 2) + 3 = 18.3\text{m}$$

（5）质量控制

各工序、各环节、各步骤均实施质量控制。

1）测量成果检验

采用分级检查进行，主要有自查和三级检查（过程检查、最终检查、验收）。

2）海洋测量成果质量检验

检验内容主要有：仪器设备检校、平面控制检查、高程和潮位控制（岸边水位站观测误差±2cm，海上定点站误差±5cm）、定位（定位中心与测深中心应一致，对大于 1∶1 万测图，两者水平距离最大不得超过 2m；小于 1∶1 万不得超过 5m，否则应将定位中心归算到测深中心）、测深（单波速测深线漏测超图上 3mm 需补测、水深改正−吃水/姿态/声速/水位改正等质检）。

3）水深测量成图比对检查

主、检测深线比对（检查线总长度不少于主测深线的 5%）、图幅拼接对比、成图比

对质量问题处理。

3. 水位改正方法

（1）单站水位改正法

当测区处于一个验潮站的有效控制范围内时，可用该站的水位资料来进行改正。

（2）线性内插法

当测区位于两验潮站之间，且超出两个单站的有效控制范围时，对测区内各点的任意时刻水位改正方法一般有两种：一是在测区设计时增加验潮站的数量；二是在一定条件下根据两站的观测资料对控制不到的区域进行线性内插。线性内插的假设前提是两站之间的瞬时海面为直线形态，其也适用于三站的情况。

（3）水位分带改正法（分带法）

分带条件是当测区有潮波图时，可以通过判断主要分潮的潮波传播是否均匀来确定分带与否。当测区无潮波图时，可根据测区自然地理条件，以及潮流等因素加以分析。一般而言，潮波经过岛屿、海角等地区，变形较大，分带应特别注意。如无把握，则应设立潮位站。当然，实际潮波在沿岸地区很难达到真正传播均匀，只是相对而言。当两站距离较近，当地的地理条件对潮波自由传播影响不大时，可以认为潮波传播均匀；否则，应设站检验。

分带的基本原则为分带的界线方向与潮波传播方向垂直；分带数根据测深期间两站之间的最大潮差和测深精度确定。

（4）时差法

时差法是水位分带改正法的合理化改进和补充，所依赖的假设条件与水位分带改正法假设条件相同，即两验潮站之间的潮波传播均匀，潮高和潮时的变化与其距离成比例。

时差法利用数字信号处理技术中相关函数的变化特性，将两个潮位站的水位视作信号，这样就将研究水位站的曲线问题转化为研究信号的波形问题，通过对两信号波形的研究求得两信号之间的时差，进而求得两验潮站的潮时差，以及待求点相对于验潮站的时差，并通过时间归化，最后求出待求点的水位改正值。

（5）最小二乘法

设为 A、B 两站从各自基准面起算的水位，则两站在同步观测时段内的水位站信息之间的关系可以描述为

$$T_B(t) = \gamma T_A(T + \delta) + \tau$$

式中，γ 为潮差比（或潮高比）；δ 为潮时差；τ 为垂直基准面偏差；三者统称为潮汐比较参数。

水位改正中，水位改正值的空间内插是由潮差比、潮时差与基准面偏差的空间内插而实现的。

4. 数据处理

① 定位、姿态、航向、潮位、声速等原始数据检查和粗差剔除。

② 水深校对。水深计算前需将单波束计算机记录水深与测深仪记录纸模拟记录水深值进行 100%对比检查。

③ 潮位数据整理。将各站潮位绘制相应的潮位过程线，比较分析它们的合理性。

④ 多波束测深滤波、虚假信号剔除。

⑤ 多波束数据编辑定位、姿态、航向、潮位、声速等各项合并和改正。

a. 定位数据合并：将 GPS 接收机获得的 WGS-84 坐标系定位数据实时转换为 CGCS2000 坐标，再合并到每一个水深点上。

b. 姿态改正：将姿态传感器实测的船舶姿态和航向进行船姿改正。船体纵摇角、横摇角采用惯性测量系统测定，船艏向方位角采用 GPS 或电罗经测定。

c. 吃水改正：对实测水深进行动态、静态吃水改正。

静态吃水改正——按几何关系求解；

动态吃水改正——因航行造成的船体吃水变化，受船只负载、船型、航速、航向、海况及水深综合影响。

d. 声速改正：对实测水深进行剖面改正，可根据声速剖面进行分带改正。

单波束测深——利用已知水深比对实际声速进行改正；

多波束测深——进行声速后处理；

e. 潮位改正：利于实测或推算潮位数据，采用单站、多站分带推算潮位等方法对水深数据改正。

f. 安装校准参数改正：根据安装和测试的结果配置船坐标文件，进行实测数据改正。

5. 质量控制

（1）地形测量定位精度检核

水下测点定位 GPS 设置需要的七参数由 C 级网点计算取得，并进行检核。

在测量软件参数设置完毕后，在已知控制点上进行检验和比对，比测时间不少于 20min。比对精度应满足要求后方能进行测量，否则应检查原因并进行改进，直至精度满足要求。

（2）测深仪比测

水深测量除了满足每天的仪器校验、回声仪设置检查与比测板检查、现场记录表检查等以外，还要求做到以下内容：

第一，测量精度应满足：

① 深点点位中误差应不大于图上±1.0mm；

② 测深点深度误差：当水深（H）小于 20m 时，不应大于±0.2m；当水深（H）超过 20m 时，不应大于±1%H。

③ 深度比对互差：当水深（H）在 20m 以下时，其互差应小于 0.4m，当水深（H）大于 20m 时，其互差应小于 2%H。

第二，施测检查线，总长度为主测线总长度的 5%，以检查水深测量及数据改算处理的综合精度。

（3）水尺比测

在每天不同观测时段进行相邻水尺间的比测，以确定水尺零点高程是否发生变动，一旦发现变动，要求及时重新接测，以便进行改正。

（4）地形外业测量质量控制

每次测深前量取水温查表求得声速，正确设置测深仪的声速、吃水深，调整测深仪的走纸速度、灵敏度和转动增益，测深仪记录纸的走纸速度应与测量船的船速相宜，记录纸的回波信号应清晰地反映水底的地貌变化，水深变化时及时换挡；测深应在风浪比较小的情况下进行，一般情况下，当风浪达到 0. 6m 时应停止作业。

综合考虑 GPS 时延影响等因素，船速应保持在 9 节以下。

保证各仪器电源可靠、工作电压在正常范围内。在通电前做相应的检查，并做好野外手簿的观测记录，包括比测记录。

（5）内业质量控制

对定位点数据进行检查，对同一条测线上的粗差点予以删除或改正。

理论最低潮面推求、潮位分带计算，根据相应的规范及系统要求进行。

6. 图形绘制

（1）地形图绘制

对测点平面坐标、水深进行转换，获得图形绘制要求的坐标系和垂直基准下的成果，用于水下地形图绘制；根据比例尺设计图幅，进行水下地形图绘制。

（2）资料检查

① 数学基础，包括纵图廓长、横图廓长、对角线长、经纬网直线比例尺是否正确；

② 坐标系基准面是否合理、资料整理是否完善正确；

③ 综合取舍是否适当，相互关系是否合理、有无错漏；

④ 各种注记包括英文、汉语拼音注记、汉字是否正确，说明文及图面配置内容是否合理、正确；

⑤ 地理调查报告的系统性、完整性、准确性和整体水平。

7. 成果提交

资料归档和提交成果包括：

① 测量任务书、技术设计书；

② 仪器设备检定和检验资料；

③ 外业观测记录手簿、数据采集原始资料；

④ 内业数据处理、计算校核、质量统计分析资料；

⑤ 所测绘的各类图纸及成果表；

⑥ 技术总结、检查报告；

⑦ 测量过程记录；

⑧ 其他测量资料。

第七节　海图制图案例

一、背景材料

由于某区填海造地工程所在海域缺少详细的海图资料，为了给该工程提供可靠的测量数据，以满足围海造地的设计需求，需要制作一幅 1∶1 万海图。本工程所在位置为某市某新区跨海大桥两侧，制图区域为东经 121°34′00″～122°09′00″，北纬 40°04′45″～40°23′30″，面积约 41km^2，工期约 30 个工作日。

测区位于该市区东北方向，濒临黄海，属具有海洋性特点的暖温带大陆性季风气候。冬无严寒，夏无酷暑，四季分明，年平均气温 10.5 ℃。测区潮水属不正规半日潮，涨潮流向北，落潮流向南，流速 2 节左右。近岸有滩涂，落潮时可干出水线。

1. 主要技术指标及规格

（1）编图依据

①《中国航海图编绘规范》（GB 12320—2022）；

②《中国海图图式》（GB 12319—2022）。

（2）设计要求

① 投影设计要求：采用墨卡托投影，基准纬线选取本图中纬，取至整分。

② 图幅尺寸要求：全开图，内图廓尺寸一般要求为 980mm×680mm 左右，最大不超过 1 020mm×700mm。

2. 已有资料情况

测区附近最新的 1∶1 万、1∶5 000 地形图资料、航空摄影测量资料、水深资料、海底底质资料、助航标志资料、测区基准面资料以及相关文字资料。

二、考点剖析

海图制图主要包括海图编辑设计、制图综合、制作流程、质量检查及成果提交等技术环节。

1. 海图总体设计

总体设计主要包括确定海图的基本规格、内容及表示方法等内容。

（1）海图图幅设计

以海洋及其毗邻的陆地为描绘对象的地图称为海图。

根据制图区域范围，确定海图图幅规格、图幅数量和对海图的分幅，以及每一幅海图的标题、图号及图面配置；海图一般根据制图区域情况采取自由分幅，陆域面积不宜大于图幅总面积的 1/3；图面配置一般包括标题内容和位置、各种图表、说明文字以及方位圈配置的位置等。

（2）确定海图的数学基础

数学基础主要包括海图比例尺、投影、坐标系统及深度、高程基准；海图一般除比例尺不同以外，其他数学基础都有明确的规定。

① 坐标系：我国 CGCS2000，世界大地坐标系 WGS-84。

② 地图投影：采用墨卡托投影，大于 1∶20 000比例尺可使用高斯投影。制图区域 60%的纬度高于 75°时采用球心投影。

③ 海图的基准纬度：海图的基准纬度取制图区域的中纬并四舍五入至整分。本项目的制图区域为东经 121°34′00″~122°09′00″，北纬 40°04′45″~40°23′30″，海图的基准纬度为

$$\frac{40°04'45''+40°23'30''}{2}=40°14'$$

(3) 确定海图内容及表示方法

具体包括海图内容的选择，确定地理要素的制图综合原则和指标、设计和选择表示方法，确定地名的采用原则。

2. 海图制图资料收集

① 控制测量资料：各类控制点的成果。

② 海测资料：各种实测水深、海岸地形成果及障碍物探测资料等。

③ 成图资料：各种地图、海图、地图集、海图集等。

④ 遥感图像资料：航空摄影测量资料数据和卫星遥感资料数据。

⑤ 其他资料：与海图有关的各种文字、数字资料和图片资料等。

资料分析的重点是资料的完备性、地理适应性、现势性、精确性和复制可能性等。根据使用情况和作用分为基本资料、补充资料和参考资料。

3. 海图制图综合

海图内容的压缩、化简和图形关系处理的制图技术，称为制图综合，其任务是在海图用途比例尺、制图资料和制图区域地理特点等条件下按照特定的原则和方法解决海图内容的详细性与清晰性、几何精确性与地理适应性的对立统一问题，实现海图符号和图形的有效建立。制图综合的基本原则是表示主要的、典型的、本质的信息，舍去、缩小或不突出表示次要的信息。

制图综合的方法，主要有选取、化简、概括和移位，而对于实地制图现象向图形转换，还包括对实地物标的分类分级、建立符号系统。

(1) 内容的选取

海图内容的选取，就是根据海图的用途、比例尺和区域特点，选取主要的要素，舍弃次要的要素。

为了正确地选取海图内容，编图时一般都规定各类要素的选取标准，即确定要素的数量指标及质量指标。确定数量和质量指标的方法，主要有资格法、定额法以及平方根定律法等。

① 资格法：资格法是根据所规定应达到的数量或质量标准来选取海图内容。如在编制 1：5 万比例尺的港湾图时，规定图上长于 10cm 的树木岸、芦苇岸、丛草岸应表示，长期固定的验潮站应表示。前者是数量标准，后者是质量标准，据此选取海图内容，均属资格法。

② 定额法：定额法是以适当的海图载负量为基础，规定一定面积内海图内容的选取指标。海图的载负量即海图的容量，相当于海图图廓内所有符号和注记的总和。当符号和注记的大小确定后，海图载负量的大小同海图内容的多少成正比。

③ 平方根定律法：海图内容按平方根定律选取。

（2）海图要素综合原则

① 海岸线：海岸线形状的化简应遵循“扩大陆地、缩小海域”的原则。

② 等深线：等深线的综合一般遵循“扩浅缩深”的原则。

③ 水深：水深注记的选取一般遵循“舍深取浅”的原则。

④ 干出滩：干出滩的制图综合包括干出滩的取舍、轮廓形状的化简、质量特征的概括以及干出水深的选取四个方面。孤立的干出滩不得舍去，成群分布的可以相互合并。干出滩形状的化简遵循扩大干出滩的原则。

⑤ 海底底质：海底底质的综合包括底质的取舍和质量的概括。海底底质的选取，首先要保障航行安全和便于选择锚地，其次反映底质的分布特点和规律。一般采取“取硬舍软”与“软硬兼顾”的原则，“取异舍同”，优先选取海底地貌特征点处的底质。

⑥ 航行障碍物：孤立的障碍物必须选取，成片的障碍物根据其危险程度选取，取高舍低、取外围舍中间、取近航道舍近岸、取稀疏处舍密集处。

⑦ 助航标志：航标的选取按照其重要程度、地理位置等由高级向低级、由重要向次要的顺序选取。

4. 海图制作流程

制作海图一般都采用计算机辅助制图，其制作流程主要分为四个阶段：编辑准备阶段、数据输入阶段、数据处理阶段和图形输出阶段。

（1）编辑准备阶段

海图的编图资料数据收集和总体设计。

（2）数据输入阶段

将编图时所用的图形资料、数字数据资料、文字资料输入计算机的过程。

（3）数据处理阶段

对地图数据的加工，得到新编海图的过程。包括两个方面，一是数据预处理，包括投影、制图坐标系与比例尺的变换，高程基准面和深度基准面的改算，以及不同数据资料的格式转换；二是获取新编海图的数据处理，包括新编海图数学基础的建立、对编图数据的制图综合、图形处理与符号化以及拓扑关系的处理等。

（4）图形输出阶段

① 直接在计算机屏幕上显示海图；

② 将海图数据传输给打印机，喷绘彩色海图；

③ 海图数据传输到激光照排机，输出供制版印刷用的四色（CYMK）菲林片；

④ 海图数据传送到数字式直接制版机（computer-to-plate，CTP），制成直接上机印刷的印刷版；

⑤ 海图数据输入数字式直接印刷机可直接输出彩色海图。

5. 海底地形图制作

（1）海底地形图类型

按制图区域可分为海岸带地形图、大陆架地形图和大洋地形图。

（2）海底地形图数学基础

① 坐标系采用 2000 国家大地坐标系或世界大地坐标系（WGS-84）。

② 比例尺：海底地形图的基本比例尺为 1∶5 万、1∶25 万、1∶100 万。

③ 地图投影：1∶25 万及更小比例尺图采用墨卡托投影；大于 1∶25 万比例尺图采用兰勃特等角圆锥投影。

④ 深度基准：中国沿海地区采用理论最低潮面，远海及外国海区均采用原资料的深度基准。

⑤ 高程基准：中国沿海一般采用 1985 国家高程基准。

（3）海底地形图分幅

各种比例尺的海底地形图均采用经纬线分幅，基本比例尺图以 1∶100 万图为基础分幅。

6. 海图质量检查

海图质量检查过程有编辑检查、自检、三级审校（作业部门审校、制图单位审校、上级主管部门验收）、印刷成图检验。

验收主要参考依据：《测绘成果质量检查与验收》（GB/T 24356—2023）；《中国航海图编绘规范》（GB 12320—2022）；《中国海图图式》（GB 12319—2022）。

其中，印刷成图检验即是海图制印结束后，印制部门对印制的成图进行逐张检验的工作。检验的主要内容有：

① 印刷色彩是否符合规定的色标，色彩是否均匀，印迹是否清晰实在，图面是否清洁，成套挂图各幅图之间色调是否一致。

② 同线划有无印双色或漏印现象，各种颜色线划要素同向套合差是否超限（0.4mm），普染要素套合差是否超限（0.6mm）。

③ 各种注记和图廓外整饰有无未印上的内容。

第二章 工程测量

第一节 工程控制测量案例

一、背景材料

某开发区发展势头迅猛，为了创造良好的招商引资环境，促进开发区的经济腾飞，计划在开发区内修建三条道路，需对项目实施区域进行施工控制测量。

某测绘单位承接了该项目，测区呈带状区域且为东西走向，东部区域地势低，平均海拔为9.2m，西部地势高，平均海拔为31.8m。施工任务紧，难度大，为了确保施工质量，为工程施工提供准确可靠的测量保障，在施工现场布设了GPS平面控制网。

测区东西向跨度约6km，南北向跨度约2.3km，控制网共包含平面控制点10个（含两个控制点），考虑到施工时采用全站仪测量，需要后视点定向，新增加的6个施工控制点成对布设，一对控制点之间距离为300~500m，每对控制点之间均可通视，所有控制点全部采用GPS静态相对定位的方式，获得高精度的定位结果。

投入设备：天宝三频大地型GPS接收机6台套、S3光学水准仪5台套、天宝DINI03数字水准仪2台套（每千米往返水准观测精度达0.3mm，最小显示0.01mm），Leica 2″全站仪4台套。

投入软件：GPS数据处理软件、水准平差软件、作图软件。

投入人员：可根据项目的需要，配备测量技术人员。

提交成果：

① 技术设计书。

② 仪器检验校正资料。

③ 控制网展点图。

④ 控制测量外业资料。

⑤ 控制测量计算及成果资料。

⑥ 所有测量成果及图件电子文件。

二、考点剖析

1. 工程控制网的分类

工程控制网按其用途不同可分为测图控制网、施工控制网、变形监测网、安装测量控制网。

（1）测图控制网

测图控制网是在工程规划阶段，以服务地形图测绘为目的而建立的工程控制网。

① 测图控制网作用：控制测量误差的累积，保证图上内容的精度均匀，相邻图幅正确拼接。

② 测图控制网特点：控制范围较大，点位分布尽量均匀，点位选择取决于地形条件，精度取决于测图比例尺。

（2）施工控制网

施工控制网是在工程建设阶段，以服务施工放样为目的而建立的工程控制网。

① 施工控制网的作用：为施工放样、施工期的变形测量、施工监理测量和竣工测量等提供统一的坐标系和基准。

② 施工控制网的特点：与测图控制网相比，具有控制范围小，控制点的密度大，精度要求高，点位使用频繁、受施工干扰大等特点。施工控制网主要特点如下：

a. 控制网大小、形状、点位分布应与工程范围、建筑形状相适应，点位布设便于施工放样。

b. 控制网坐标系与施工坐标系一致，平面坐标系可采用独立坐标系，其坐标轴与建筑物的主轴线平行或垂直。

c. 投影面与工程的平均高程面一致，如隧道控制网的投影面一般选在贯通平面上或选取在放样精度要求最高的平面上。

d. 与国家或城市控制网相比，在精度上不遵循“由高级到低级”的原则。所以有时分两级布网，次级网可能比首级网的精度高。控制网精度不要求均匀，但要保证某方向或某几点的相对精度较高。

（3）变形监测网

变形监测网是在工程建设和运营阶段，以服务工程对象变形监测为目的而建立的工程控制网。

① 变形监测网的作用：保证工程施工期和运营期的安全。

② 变形监测网的特点：除具有施工控制网的特点外，还具有精度高、重复观测的特点。对于平面变形监测网来说，其特点主要有：

a. 变形监测网由参考点、工作基点和目标点组成。参考点位于变形体外，是网的基准，应保持稳定不变；工作基点离变形体较近（甚至在变形体上），用于对目标点的观测；目标点位于变形体上，变形体的变形由目标点的运动描述。

b. 变形监测网必须进行周期性观测。各周期应采用相同的观测方案，包括相同的网型、网点，相同的观测仪器和方法，相同的数据处理软件和方法。如果中间要改变观测方法（如仪器、网型、精度等），则须在该观测周期同时采用两种方案进行，以确定两种方案间的差别，便于进行周期观测数据处理。

c. 变形监测网的精度要求很高，应选择当时技术条件所能达到的最高精度。除精度、可靠性外，还要兼顾变形监测的灵敏度。

d. 变形监测网一般采用基于监测体的坐标系统，该坐标系统的坐标轴与监测体的主轴线平行（或垂直），变形可通过目标点的坐标变化来反映。

（4）安装测量控制网

安装测量控制网是为大型设备构件的安装定位而布设的控制网。

① 安装测量控制网作用：一般在土建工程施工后期布设，多在室内，作为工程竣工后设备变形监测及调整的依据。

② 安装测量控制网特点：控制范围小，精度高，点位选择要考虑设备的位置、数量、建筑物的形状、特定方向的精度，点的密度和位置满足设备构件的安装定位。设备安装的高程定位由高程控制点大多采用水准测量方法进行。

2. 工程控制网坐标系选择

在工程控制测量时，根据施工所在的位置、施工范围及施工各阶段对投影误差的要求，选择以下几种平面直角坐标系：

（1）国家统一的3°带高斯平面直角坐标系

当测区平均高程在50m以下，且 y_m 值不大于20km时，其投影变形值 ΔS_1 和 ΔS_2 均小于1.0cm，可以满足大部分线路工程和工程放样的精度要求。因此，在偏离中央子午线不远和地面平均高程不大的地区，无须考虑投影变形问题，直接采用国家统一的3°带高斯正形投影平面直角坐标系作为工程测量的坐标系，使两者相一致。

（2）抵偿投影面的3°带高斯平面直角坐标系

在这种坐标系中，仍采用3°带高斯投影，但投影的高程面不是参考椭球面而是依据补偿高斯投影长度变形而选择的高程参考面。在这个高程参考面上，长度变形为零。当采用第一种坐标系时，有 $S_1+S_2=S$，当 S 超过允许的精度要求（1.0~2.5cm）时，可令 $S=0$，顾及 $S^0\approx S$，则有

$$S\left(\frac{y_m^2}{2R_m^2}-\frac{H_m}{R}\right)=\Delta S_1+\Delta S_2=\Delta S=0$$

于是，顾及 $R_m\approx R$，由上式可求得

$$H_m=\frac{y_m^2}{2R}$$

（3）任意带高斯平面直角坐标系

在这种坐标系中，仍把地面观测结果归算到参考椭球面上，但投影带的中央子午线不按国家3°带的划分方法，而是依据补偿高程面归算长度变形而选择的某一条子午线作为中央子午线。于是

$$y_m=\sqrt{2RH_m}$$

假设某测区相对于参考椭球面的高程 $H_m=500$m，为使边长的高程投影及高斯投影引

起的长度变形能基本互相抵消，依式算得

$$y_m = \sqrt{2 \times 6\,370 \times 0.5} \approx 80\text{km}$$

即选择与该测区相距80km处的子午线作为中央子午线。这样，在测区，边长的高程投影和高斯投影引起的长度变形能基本互相抵消。

（4）具有高程抵偿面的任意高斯平面直角坐标系

在这种坐标系中，投影的中央子午线选在测区的中央，地面观测值归算到测区平均高程面上，按高斯正形投影计算平面直角坐标。通俗地说，抵偿高程面就是为了使地面上边长的高斯投影长度改正与归算到基准面上的改正互相抵偿而确定的高程面。

（5）独立平面直角坐标系

当测区控制面积小于100km^{2}时，可不进行方向和距离改正，直接把局部地球表面作为平面建立独立的平面直角坐标系，只限于某种工程建筑施工之用。

本项目为了减少两种长度变形误差，投影的中央子午线选在测区的中央，地面观测值归算到测区平均高程面上。平均高程面$=\dfrac{9.2+31.8}{2}=20.5$m，所以应选择测区平均高程面20.5m作为抵偿坐标系的投影面。

3. 工程控制网布设

（1）工程控制网布设步骤

① 根据精度确定控制网的等级。

② 确定布网图形和测量仪器。高程网采用几何水准或电磁波三角高程技术布网，平面网主要布设成GNSS网或地面边角网。

③ 图上选点、实地踏勘、构网和作方案设计，进行网的模拟计算。

④ 埋石造标，应达到稳定后方可开始观测。

⑤ 外业观测，严格遵循有关规范，包括检查验收和质量控制。

⑥ 内业数据处理和提交成果，包括数据预处理、网平差、质量评定和技术资料与成果汇总。

（2）工程平面控制网等级

① 卫星定位测量：二、三、四等和一、二级。

② 导线测量：三、四等和一、二、三级。

③ 三角形测量：二、三、四等和一、二级。

（3）工程平面控制网布设原则

① 首级控制网因地制宜，且适当考虑发展；当与国家坐标系统联测时，应同时考虑联测方案。

② 首级控制网的等级，应根据工程规模、控制网的用途和精度要求合理确定。

③ 加密控制网可越级布设或同等级扩展。

（4）工程平面控制网布设方法

布设方法主要有GPS测量方法、导线测量、三角形网测量等常规方法。

① GPS测量方法工程控制网的布设：

a. 应根据测区的实际情况、精度要求、卫星状况、接收机的类型和数量以及测区已有的测量资料进行综合设计。

b. 首级网布设时，宜联测 2 个以上高等级国家控制点或地方坐标系的高等级控制点；对控制网内的长边，宜构成大地四边形或中点多边形。

c. 控制网应由独立观测边构成一个或若干个闭合环或附合路线；各等级控制网中构成闭合环或附合路线的边数不宜多于 6 条。

d. 各等级控制网中独立基线的观测总数，不宜少于必要观测基线数的 1.5 倍。

e. 加密网应根据工程需要，在满足本规范精度要求的前提下可采用比较灵活的布网方式。

f. 对于采用 GPS-RTK 测图的测区，在控制网的布设中应顾及基准站点的分布及位置。

② 导线网的布设：

a. 用作测区的首级控制时，应布设成环形网，且点位分布应联测 2 个已知方向。

b. 加密网可采用单一附合导线或节点导线网形式。

c. 节点间或节点与已知点间的导线段宜布设成直伸形状；相邻边长不宜相差过大，网内不同环节上的点也不宜相距过近。

③ 三角形网的布设：

a. 各等级的三角形控制网，宜布设成近似等边三角形的网，且其三角形的内角最大不应大于 100°，最小不应小于 30°；因受地形、地物的限制，个别的角可适当放宽，但也不应小于 25°。

b. 三角形控制网的加密方法及一、二级小三角的布设，应符合《工程测量标准》（GB 50026—2020）的规定。

4. 工程控制网数据处理

（1）平面控制测量数据处理

平面控制测量数据处理工作内容包括求定坐标未知数的最佳估值、评定总体精度、点位精度、相对点位精度及未知函数精度等。

（2）高程控制测量数据处理

高程控制测量数据处理工作内容包括检查并消除观测数据系统误差、平差计算、评定观测值和平差结果精度。

5. 工程控制网质量检查

（1）成果质量检查内容

① 精度：是指描述误差分布离散程度；

② 可靠性：是指发现和抵抗模型误差的能力；

③ 灵敏度：是指监测网发现某一变形的能力；

④ 经济：是指建网费用。

（2）成果质量检查的基本要求

① 平面控制测量以点为单位成果；高程控制测量一般以测段为单位成果，不便以测段为单位成果时，可以点为单位成果。

② 成果质量检验的抽样方式采用简单随机抽样或分层随机抽样。

③ 成果质量元素包括数据质量、点位质量、资料质量。其中，数据质量包括数学精度、观测质量、计算质量；点位质量包括选点质量、埋石质量；资料质量包括整饰质量、资料完整性。

④ 成果检验方法包括比对分析、核查分析、实地检查、实地检测等方法。

6. 工程控制测量成果提交

工程控制测量应提交如下成果：

① 技术设计书，技术总结；

② 观测记录及数据；

③ 概算或数据预处理资料，平差计算资料；

④ 控制网展点图、成果表、点之记；

⑤ 仪器检定和检校资料；

⑥ 检查报告，验收报告。

第二节　工程地形图测绘案例

一、背景材料

为了经济建设需要，某测绘单位对某工作区进行了 1∶500 数字化地形图测绘工作。该工作区位于某市西北约 27km 处，北起冷水大田，南至老黑山高程为 1 635.1m 的半山腰，总长 1.61km。测区范围大约 5km^2，工作区属峰丛地貌，山脊走向北东，海拔高程 1 282~1 588m，相对高差 306m。测区东部至东北部为碳酸盐岩分布区，沟谷深切，发育悬崖峭壁，高差在 20~60m；测区中部地形切割小，地形相对较缓，坡度一般在 15°~40°。地势呈东高西低，北部高差一般为 100m 左右。测区内属亚热带季风湿润性气候区，气候温和，四季分明。年平均降水量为 1 192.5mm，年最大降水量1 601.8mm，最大日降水量为 221.2mm。年最高日气温为 34.5℃，最低日气温-8.6℃，相对湿度 83%。每年 4—9 月为雨季，6—7 月雨量较集中，多雷暴雨，偶有冰雹。12 月至次年 2 月有间断性凌冻。村落分布零散，区内交通以汽车运载为主，至该市区有县级公路相通，交通较便利。本测区测绘困难类别程度属于较难。

1. 已有资料情况

① 国家二等点×××、D 级 GPS 点×××、可作为本工程平面控制起算点。

② 2 个国家一等水准点×××和×××，系 1956 黄海高程系成果，可作为本工程高程控制起算点。

2. 坐标系统、高程系统和基本等高距、图幅分幅

① 平面采用 2000 国家大地坐标系，高程采用 1985 国家高程系。

② 基本等高距 1.0m。

③ 图幅采用 50cm×50cm 正规分幅；图幅号采用图幅西南角坐标 X，Y 的千米数表示，X 坐标在前，Y 坐标在后，中间以短线相连；图号由东往西、由南往北用阿拉伯数字按顺序编号，即 1，2，…图幅内有明显地形、地物名的应标注图名。

3. 作业依据

①《全球导航卫星系统（GNSS）测量规范》（GB/T 18314—2024）；
②《城市测量规范》（CJJ/T 8—2011）；
③《全球定位系统实时动态测量（RTK）技术规范》（CH/T 2009—2010）；
④《1∶500　1∶1 000　1∶2 000 外业数字测图技术规程》（GB/T 14912—2005）；
⑤《国家基本比例尺地图图式　第 1 部分：1∶500　1∶1 000　1∶2 000 地形图图式》（GB/T 20257.1—2017）。

4. 投入设备和软件

投入设备：3 台 KOLIDA 双频 GPS 接收机；Lenovo 笔记本电脑 2 台，绘图仪 1 台，打印机 1 台，复印机 1 台，车辆 2 辆。

投入软件：KOLIDA GPS 数据处理软件包，成图软件为南方 CASS7.0 以及配套的文字处理软件。

二、考点剖析

1. 地形图的基本内容

（1）数学要素

地形图的数学要素包括坐标格网（地图投影）、地图比例尺和测量控制点坐标等。

（2）地形要素

图幅内的各种地物、地貌要素是地形图要表示的主要内容。地形要素包括测量控制点、水系、居民地及设施、交通、管线、境界、地貌、植被与土质、注记等九类。

① 地物：地面的各类建筑物、构筑物，道路，水系及植被等称为地物。表示这些地物的符号，就是地物符号。地物符号又根据其表示地物的形状和描绘方法的不同，分为以下几类：

比例符号：轮廓较大的地物，如房屋、运动场、湖泊、森林、田地等，凡能按比例尺把它们的形状、大小和位置缩绘在图上的，称为比例符号。这类符号表示出地物的轮廓特征。

非比例符号：轮廓较小的地物或无法将其形状和大小按比例画到图上的地物，如三角点、水准点、独立树、里程碑、水井和钻孔等，采用一种统一规格、概括形象特征的象征性符号表示，称为非比例符号。这种符号只表示地物的中心位置，不表示地物的形状和大小。

半比例符号：对于一些带状延伸地物，如河流、道路、通信线、管道、垣栅等，其长度可按测图比例尺缩绘，而宽度无法按比例表示的符号称为半比例符号。这种符号一般表示地物的中心位置，但是城墙和垣栅等，其准确位置在其符号的底线上。

地物注记：对地物加以说明的文字、数字或特定符号，称为地物注记，如地区、城镇、河流、道路名称，江河的流向、道路去向以及林木、田地类别等说明。

② 地貌：地表的高低起伏状态称为地貌，用等高线表示。用等高线表示地貌，既能表示地面高低起伏的形态，又能表示地面的坡度和地面点的高程。

（3）图内注记要素

图内注记要素包括地形图内的各种注记、说明。

（4）图内整饰要素

图内整饰要素是指地形图的各种装饰，如图名、图号、比例尺、外图廓、坐标系统、高程系统、测图方法、测图日期、测绘单位、三北关系图、图幅接合表等。

2. 地形图测绘精度

（1）平面精度

地形图图上地物点相对于邻近图根点的点位中误差，不应超过表 2-1 的规定。隐蔽或施测困难的地区测图，点位中误差可放宽 50%。1∶500 比例尺水域测图、其他比例尺的大面积平坦水域或水深超出 20m 的开阔水域测图，根据具体情况，可放宽至 2. 0mm。

表 2-1　　**图上地物点的点位中误差**

区域类型	点位中误差（mm）
一般地区	0. 8
城镇建筑区、工矿区	0. 6
水域	1. 5

（2）高程精度

等高（深）线的插求点或数字高程模型格网点相对于邻近图根点的高程中误差，不应超过表 2-2 的规定，表中 h_d 为地形图的基本等高距。对于数字高程模型，h_d 的取值应以模型比例尺和地形类别取用。隐蔽或施测困难的地区测图，可放宽 50%。当作业困难、水深大于 20m 或工程精度要求不高时，水域测图可放宽 1 倍。

表 2-2　　**等高（深）线插求点或数字高程模型格网点的高程中误差**

一般地区	地形类别	平坦地	丘陵地	山地	高山地
	高程中误差（m）	$\frac{1}{3}h_d$	$\frac{1}{2}h_d$	$\frac{2}{3}h_d$	$1h_d$
水域	水底地形倾角 α	$\alpha < 3°$	$3° \leqslant \alpha < 10°$	$10° \leqslant \alpha < 25°$	$\alpha \geqslant 25°$
	高程中误差（m）	$\frac{1}{2}h_d$	$\frac{2}{3}h_d$	$1h_d$	$\frac{3}{2}h_d$

3. 工程地形图的作业流程

① 接收任务。明确任务的来源、性质，开工及完成期限，测区位置及范围，成果坐标系和高程系统，比例尺及等高距，提交成果的内容及要求。

② 资料收集。收集已有的控制成果和地形图。

③ 技术设计。主要根据任务要求、测区条件和本单位设备技术力量情况，确定作业方案、人员安排和主要技术依据。

④ 基本控制测量。在已有控制点的基础上，加密控制点，以满足图根控制测量对已知点密度和精度的要求。一般平面控制采用导线测量或 GPS 网测量，高程控制测量采用水准测量或三角高程测量。

⑤ 图根控制测量。主要在基本控制点的基础上，布设直接供野外数据采集所需的控制点。一般采用导线测量或 GPS-RTK 测量，其密度和精度以满足测图需要为原则。图根导线的作业流程如下：收集测区的控制点资料；野外踏勘、布点；导线测量；平差计算。GPS-RTK 确定图根点坐标作业流程如下：收集测区的控制点资料；求定测区转换参数；野外踏勘、布点；架设基准站；流动站测量图根点坐标。

⑥ 碎部点采集，采用全站仪极坐标和 GPS-RTK。

⑦ 地形图数据编辑编绘。

⑧ 资料的检查与验收。主要对全部控制资料和地形资料的正确性、准确性、合理性等进行概查、详查和抽查。检查验收的主要依据是技术设计书和地形图规范。遵循“两级检查一级验收”的要求；作业组 100%的过程检查，项目部检查和单位质检人员检查，验收由用户或其委托单位组织，包括概查和详查（5%~10%）。

⑨ 技术总结。主要是对任务的完成情况、设计书的执行情况等做总结，对施工中遇到的问题及处理办法等加以说明，应包括控制布点图、精度统计表和工作量统计表等。

⑩ 提交成果数据。

4. 地形图的测绘方法

常见的有全站仪测绘地形图和 GPS-RTK 测绘地形图两种方法。

（1）全站仪测绘地形图

可采用编码法、草图法或内外业一体化的实时成图法等方法。当采用草图法作业时，应按测站绘制草图，并对测点进行编号。测点编号应与仪器的记录点号相一致。草图的绘制，宜简化标示地形要素的位置、属性和相互关系等。当采用编码法作业时，宜采用通用编码格式，也可使用软件的自定义功能和扩展功能建立用户的编码系统进行作业。当采用内外业一体化的实时成图法作业时，应实时确立测点的属性、连接关系和逻辑关系等。一般情况如下：

① 宜使用 6″级全站仪，其测距标称精度固定误差不应大于 10mm，比例误差系数不应大于 5ppm。

② 当布设的图根点不能满足测图需要时，可用极坐标法（半测回）增设少量测站点。

③ 仪器的对中偏差不应大于 5mm，仪器高和反光镜高应量至 1mm。

④ 应选择较远的图根点作为测站定向点，并施测另一图根点的坐标和高程，作为测

站检核。检核点的平面位置较差不应大于图上 0. 2mm，高程较差不应大于 0. $2h_d$。

⑤ 作业过程中和作业结束前，应对定向方位进行检查。

⑥ 当采用手工记录时，观测的水平角和垂直角宜读记至秒，距离宜读记至厘米，坐标和高程的计算（或读记）宜精确至 1cm。

⑦ 全站仪测图，可按图幅施测，也可分区施测。按图幅施测时，每幅图应测出图廓线外 5mm；分区施测时，应测出区域界线外图 5mm。

（2）GPS-RTK 测绘地形图

① 作业前，应搜集以下资料：

a. 测区的控制点成果及 GPS 测量资料。

b. 测区的坐标系统和高程基准的参数，包括参考椭球参数，中央子午线经度，纵、横坐标的加常数，投影面正常高，平均高程异常等。

c. WGS-84 坐标系与测区地方坐标系的转换参数及 WGS-84 坐标系的大地高基准与测区的地方高程基准的转换参数。

② 转换关系的建立，应符合下列规定：

a. 基准转换，可采用重合点求定参数（七参数或三参数）的方法进行。

b. 坐标转换参数和高程转换参数的确定宜分别进行；坐标转换位置基准应一致，重合点的个数不少于 4 个，且应分布在测区的周边和中部；高程转换可采用拟合高程测量的方法。

c. 坐标转换参数也可直接应用测区 GPS 网二维约束平差所计算的参数。

d. 对于面积较大的测区，需要分区求解转换参数时，相邻分区应不少于 2 个重合点。

③ 转换参数的应用，应符合下列规定：

a. 转换参数的应用，不应超越原转换参数的计算所覆盖的范围，且输入参考站点的空间直角坐标，应与求取平面和高程转换参数（或似大地水准面）时所使用的原 GPS 网的空间直角坐标成果相同，否则，应重新求取转换参数。

b. 使用前，应对转换参数的精度、可靠性进行分析和实测检查。检查点应分布在测区的中部和边缘。检测结果平面较差不应大于 5cm，高程较差不应大于 $30\sqrt{D}$ mm（D 为参考站到检查点的距离，单位为 km）；超限时，应分析原因并重新建立转换关系。

c. 对于地形趋势变化明显的大面积测区，应绘制高程异常等值线图，分析高程异常的变化趋势是否同测区的地形变化相一致。当局部差异较大时，应加强检查；超限时，应进一步精确求定高程拟合方程。

④ 参考站点位的选择，应符合下列规定：

a. 应根据测区面积、地形地貌和数据链的通信覆盖范围，均匀布设参考站。

b. 参考站站点的地势应相对较高，周围无高度角超过 15°的障碍物和强烈干扰接收卫星信号或反射卫星信号的物体。

c. 参考站的有效作业半径不应超过 10km。

⑤ 参考站的设置，应符合下列规定：

a. 接收机天线应精确对中、整平。对中误差不应大于 5mm；天线高的量取应精确至 1mm。

b. 正确连接天线电缆、电源电缆和通信电缆等；接收机天线与电台天线之间的距离不宜小于 3m。

c. 正确输入参考站的相关数据，包括点名、坐标、高程、天线高、基准参数、坐标高程转换参数等。

d. 电台频率的选择，不应与作业区其他无线电通信频率相冲突。

⑥ 流动站作业，应符合下列规定：

a. 流动站作业的有效卫星数不宜少于 5 个，PDOP 值应小于 6，并应采用固定解成果。

b. 正确地设置和选择测量模式、基准参数、转换参数和数据链的通信频率等，其设置应与参考站相一致。

c. 流动站的初始化，应在比较开阔的地点进行。

d. 作业前，宜检测两个以上不低于图根精度的已知点。检测结果与已知成果的平面较差不应大于图上 0.2mm，高程较差不应大于 $0.2h_d$。

e. 作业中，如出现卫星信号失锁，应重新初始化，并经重合点测量检查合格后，方能继续作业。

f. 结束前，应进行已知点检查。

g. 每日观测结束，应及时转存测量数据至计算机并做好数据备份。

h. 分区作业时，应各测出界线外图上 5mm。

i. 不同参考站作业时，流动站应检测一定数量的地物重合点。点位较差不应大于图上 0.6mm，高程较差不应大于 $1/3h_d$。

5. 地形图质量检查

① 以幅为单位成果，采用简单随机抽样或分层随机抽样；

② 成果质量元素：数学精度（数学基础、平面精度、高程精度）、数据结构正确性、地理精度、整饰质量、附件质量；

③ 检验方法：比对分析、核查分析、实地检查、实地检测等；

④ 数学精度检验：实地检验形式一般每幅图各选取 20~50 个点，采用散点法按测站点精度实地检测点位中误差和高程中误差，每幅图不少于 20 条边，采用量距法实地检测相邻地物间的相对误差。

6. 工程地形图成果提交

① 技术设计书、技术总结；

② 图根观测数据、计算资料、成果表；

③ 地形图成果、图幅拼接表；

④ 仪器检定和检核资料；

⑤ 检查报告、验收报告。

第三节　隧道贯通测量案例

一、背景材料

某铁路扩展改造工程是某省环状高速铁路网的重要组成部分，也是某高铁和东部沿海客运专线在该省内的重要连接线。新铁路为Ⅰ级双线铁路，正线铺轨约370km。全线桥隧比为83%左右，旅客列车速度目标值为200km/h。工程于2010年12月开工建设。其中，位于某县和某市交界的盘龙寺隧道全长9 413m，是整个项目控制性工程之一，同时也是该线上难点工程之一。由于隧道所在地区山多地少，有利施工的条件受限，为确保隧道顺利贯通，某施工单位采用了一个斜井，四个工作面的施工方案进行掘进。洞外控制测量采用GPS控制网，洞内控制测量采用导线控制测量方法，高程控制测量采用精密水准测量方法进行。

主要技术依据：

①《高速铁路工程测量规范》（TB 10601—2009）；

②《工程测量标准》（GB 50026—2020）；

③《国家一、二等水准测量规范》（GB/T 12897—2006）；

④《全球定位系统（GPS）铁路测量规程》（TB 10054—97）；

投入设备：天宝GPS接收机4台套；Leica全站仪4台套；标称精度：5mm+1ppm；天宝DINI03数字水准仪3台套，所有仪器均已检定。

二、考点剖析

隧道施工测量一般包括洞外控制测量、进洞测量、洞内控制测量、洞内施工测量、贯通误差调整与竣工测量等。

1. 洞外控制测量

在洞外建立平面和高程控制网，测定各洞口控制点的位置。

（1）洞外平面控制测量

① 控制网宜布设成自由网，并根据线路测量的控制点进行定位和定向；

② 控制网可以采用GPS网、三角形网或导线网等形式，并沿隧道两洞口的连线方向布设；

③ 隧道的各个洞口（包括辅助坑道口）均应布设2个以上相互通视的控制点。

（2）洞外高程控制测量

① 采用水准测量进行控制；

② 隧道两端的洞口水准点、相关洞口水准点和必要的洞外水准点，应组成闭合或往返水准路线。

2. 进洞测量（联系测量）

将洞外的坐标、方向和高程传递到隧道内，建立洞内、洞外统一坐标系统。

① 通过平峒、斜井进洞，平面坐标采用导线测量方法；高程采用水准测量、三角高程测量方法测定。

② 通过竖井进洞测量，按照联系方式不同平面进洞测量可分为：一井定向、二井定向、横洞（平坑）与斜井的定向、应用陀螺经纬仪定向四种。

③ 陀螺经纬仪是一种将陀螺仪和经纬仪结合在一起的仪器。它利用陀螺仪本身的物理特性及地球自转的影响，实现自动寻找真北方向从而测定地面和地下工程中任意测站的大地方位角。定向测量可分为陀螺经纬仪定向和陀螺方位角测定两个作业过程。

④ 陀螺经纬仪定向：

a. 在已知边上测定仪器常数；

b. 在待定边上测定陀螺方位角；

c. 在已知边上重新测定仪器常数，求算仪器常数最或是值，评定一次测定中误差；

d. 求算子午线收敛角；

e. 求算待定边的坐标方位角。

⑤ 陀螺方位角一次测定：

a. 在测站上整平对中陀螺经纬仪，以一个测回测定待定边或已知边的方向值，然后将仪器大致对正北方；

b. 粗略定向，测定近似陀螺北方向；

c. 测前悬带零位观测；

d. 精密定向，测定精密陀螺北方向；

e. 测后悬带零位观测；

f. 以一个测回测定待定边或已知边的方向值，当测前测后两次观测的方向值的互差小于规定的数值时，取其平均值作为测线方向值。

⑥ 高程联系测量（导入高程）主要有：长钢尺法导入高程、钢丝法导入高程、光电测距仪导入高程。

3. 洞内控制测量

洞内控制测量包括隧道内的平面和高程控制测量。

（1）隧道内平面控制测量

隧道内平面控制测量通常有两种形式，即中线形式和导线形式。

① 中线形式就是以定测精度或稍高于定测精度，在洞内按中线测量的方法测设隧道中线。这种方法只适用于短隧道。

② 导线形式有单导线、导线环、主副导线环、交叉导线、旁点导线。

洞内导线应注意的问题：导线点应尽量布设在施工干扰小、通视良好、地层稳固的地方。点间视线应离开洞内设施 0.2m 以上。导线的边长在直线地段不宜短于 200m，在曲线地段不宜短于 70m，并尽量选择长边和接近等边。导线点应埋于坑道底板面以下 10～20cm，上面盖铁板以保护桩面及标志中心不受损坏，为方便寻找，应在边墙上用红油漆予以标注。采用双照准法测角，测回间要重新对中仪器和觇标，以减小对中误差和对点误差的影响。由洞外引向洞内的测角工作，宜在夜晚或阴天进行，以减小折光差的影响。设立新点前必须检查与之相关的既有导线点，在对既有导线点确认的基础上测量新点。应构成多边形闭合导线或主副导线环。当有平行导坑时，应利用横向通道，使平行导坑的单导线与正洞的导线联测，以此检核。

（2）洞内高程控制测量

① 洞内高程控制测量的目的，是由洞口高程控制点向洞内传递高程，即测定洞内各高程控制点的高程，作为洞内施工高程放样的依据。

② 洞内应每隔 200~500m 设立一对高程控制点。高程控制点可选在导线点上，也可根据情况埋设在隧道的顶板、底板或边墙上。

③ 三等及以上的高程控制测量应采用水准测量，四、五等可采用水准测量或光电测距三角高程测量。

④ 当采用水准测量时，应进行往返观测；采用光电测距三角高程测量时，应进行对向观测。

⑤ 高程导线宜构成闭合环。

4. 洞内施工测量和竣工测量

（1）洞内施工测量

① 根据隧道设计要求进行施工放样、指导开挖；在隧道施工过程中，确定平面及竖直面内的掘进方向，还要定期检查工程进度（进尺）及计算完成的土石方数量；在隧道竣工后，要进行竣工测量。

② 洞内施工测量的工作内容主要包括洞口定线放样、洞内中线测量、洞内腰线测设、开挖断面测量、衬砌放样等。

（2）竣工测量

测定隧道竣工后的实际中线位置和断面净空及各建（构）筑物的位置尺寸。

5. 隧道贯通误差分析

在隧道施工中，由于地面控制测量、联系测量、地下控制测量以及细部放样的误差，使两个相向开挖的工作面的施工中线，不能理想地衔接，而产生的错开现象，即所谓贯通误差。

（1）贯通误差分类

贯通误差在线路中线方向的投影长度称为纵向贯通误差（简称纵向误差），在垂直于中线方向的投影长度称为横向贯通误差（简称横向误差），在高程方向的投影长度称为高程贯通误差（简称高程误差）。贯通限差规定见表 2-3。直线隧道长度大于1 000m，曲线隧道长度大于 500m，均应根据横向贯通精度要求进行隧道平面控制测量设计。两相邻开挖洞口（含横洞口、斜井口）高程路线长度大于 5 000m，应根据高程贯通精度要求进行隧道高程控制测量设计。

本项目隧道全长 9 413m，所以横向贯通误差应控制在 200mm 以内。

表 2-3　　**贯 通 限 差**

类别	两开挖洞口间长度（km）	贯通误差限差（mm）
横向	$L<4$	100
	$4\leqslant L<8$	150
	$8\leqslant L<10$	200
高程	不限	70

（2）贯通误差来源及分配

① 将地面控制测量的误差作为影响隧道贯通误差的一个独立因素，将地面两相向开挖洞内导线测量误差各为一个独立因素，共 3 个因素。

② 对于通过竖井开挖的隧道，横向贯通误差受竖井联系测量的影响也较大，通常将竖井联系测量也作为一个独立因素，且按等影响原则分配，共 4 或 5 个因素。

（3）横向贯通中误差分析

设隧道总的横向贯通中误差的允许值为 M_q，按照等影响原则，则得地面控制测量的误差所引起的横向贯通中误差的允许值 m_q。

3 因素：$m_q=\dfrac{M_q}{\sqrt{3}}=\pm 0.58M_q$（无竖井）；

4 因素：$m_q=\pm\dfrac{M_q}{\sqrt{4}}=\pm 0.50M_q$（一个竖井）；

5 因素：$m_q=\pm\dfrac{M_q}{\sqrt{5}}=\pm 0.45M_q$（两个竖井）。

（4）高程贯通中误差分析

① 对于高程控制测量而言，一方面洞内的水准路线短，高差变化小，这些条件比地面的好；另一方面，洞内有烟尘、水汽、光亮度差以及施工干扰等不利因素。

② 地面与地下水准测量的误差，对于高程贯通误差的影响，依照相等的原则分配。设隧道总的高程贯通中误差的允许值为 M_h，则它们的影响值为

$$m_h=\pm\sqrt{\frac{1}{2}}M_h=\pm 0.71M_h$$

隧道控制测量对贯通中误差影响值限差见表 2-4。

表 2-4　　**隧道控制测量对贯通中误差影响值限差**

<table>
<tr><th rowspan="3">两开挖洞口间长度（km）</th><th colspan="4">横向贯通误差（mm）</th><th colspan="2">高程贯通误差（mm）</th></tr>
<tr><th rowspan="2">洞外控制测量</th><th colspan="2">洞内控制测量</th><th rowspan="2">竖井联系测量</th><th rowspan="2">洞外</th><th rowspan="2">洞内</th></tr>
<tr><th>无竖井的</th><th>有竖井的</th></tr>
<tr><td><4</td><td>25</td><td>45</td><td>35</td><td>25</td><td rowspan="3">25</td><td rowspan="3">25</td></tr>
<tr><td>4~8</td><td>35</td><td>65</td><td>55</td><td>35</td></tr>
<tr><td>8~10</td><td>50</td><td>85</td><td>70</td><td>50</td></tr>
</table>

为保证地下工程的施工质量，在工程施工前，应进行工程测量误差预计。预计中应将容许的竣工误差加以适当分配。一般来说，地面上的测量条件比地下好，故对地面控制测量的精度应要求高一点，而将地下测量的精度要求适当降低。

第四节 建筑施工测量案例

一、背景材料

某施工单位承担某大厦的施工测量任务，该大厦位于城区长江路东侧，红旗路西侧，东莱街南侧，立新街北侧。为地上 20 层，地下 3 层的商住楼，呈矩形，建筑面积 60 000m^2。钻孔压灌超流态混凝土桩基础，桩顶设承台基础，主体为现浇砼剪力墙结构，基础埋深-5. 8m，建筑最大高度 96. 60m，±0. 000 绝对高程为 171. 452m。

施工单位首先在该施工区域布设了施工控制网，平面控制网采用建筑方格网形式，共布设了 4 个控制点，坐标分别为 A 点 $x = 395.050$m，$y = 497.250$m；B 点 $x = 395.050$m，$y = 577.250$m；C 点 $x = 465.050$m，$y = 497.250$m；D 点 $x = 465.050$m，$y = 577.250$m。

控制点分布如图 2-1 所示。

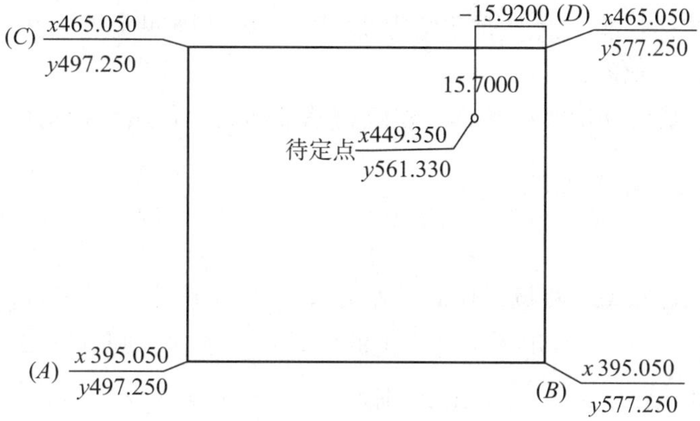

图 2-1 施工控制网控制点分布图

基坑开挖前应根据建筑物角点坐标进行放样开挖边线。

建筑物上部结构施工过程中，采用激光铅垂仪进行轴线传递，并采用悬挂钢尺法进行高程传递。高程控制采用四等水准测量的方法。

该公司以项目总承包模式承包了该小区的土建和安装工程。为了确保建筑功能正常发挥作用，公司测量部门制定了一整套高层建筑施工测量放线方案。

收集资料如下：

① 某住宅小区施工平面控制资料；

② 某住宅小区施工高程控制资料；

③ 某住宅小区施工图纸；

④ 某住宅小区施工组织总设计。

投入设备：全站仪 1 台套、光学经纬仪 2 台套、自动安平水准仪 1 台套、激光投点仪 1 台套、红外线测距仪 1 台套、钢卷尺若干、塔尺 1 根。

二、考点剖析

1. 建筑施工放样内容

（1）基础施工放样

平面位置和孔桩的放样。

（2）基础施工测量

放样基槽开挖边线（基础放线）。

（3）上部结构施工放样

检校、测设建筑物主轴线控制桩；将±0 标高放样到地下结构顶部的侧面上；随着楼层结构的升高，将首层轴线逐层往上投测，作为各层施工放样的依据。

（4）高层建筑施工放样

建筑物位置放样、基础放样、轴线投测、高程传递。

本项目施工放样内容主要有：

① 平面位置放样：基坑上、下开挖边线，建筑物基础四角点，凸凹处拐角点，建筑物轴线，地上各层平面位置。

② 高程放样：基坑开挖坑底高程、建筑物基础标高、各层楼板高度及平整度。

2. 建筑施工放样误差处理

（1）等影响原则

设允许的总误差为 Δ，测量工作的误差为 Δ_1，施工产生的误差为 Δ_2，加工制造产生的误差为 Δ_3, Δ_4, …, Δ_n。假定各工种产生的误差相互独立，则 $\Delta^2 = \Delta_1^2 + \Delta_2^2 + \cdots + \Delta_n^2$。按“等影响”原则，$\Delta_1 = \Delta_2 = \cdots = \Delta_n$，则 $\Delta_1 = \Delta_2 = \cdots = \Delta_n = \Delta/\sqrt{n}$。

（2）忽略不计原则

若某项误差由 m_1 和 m_2 两部分组成，其中 m_2 影响较小，当 m_2 小到一定程度时可以忽略不计，即认为 $M = m_1$。设 $m_2 = \frac{m_1}{k}$，则 $M = m_1\sqrt{1+1/k^2}$，通常取 k=3 时，M=1.05m_1≈m_1，因而可认为 $M = m_1$。在实际工作中通常把 $m_2 \approx (1/3)\, m_1$ 作为可将 m_2 忽略不计的标准。

3. 建筑施工放样方法

建筑施工放样有直接放样和归化法放样两种方法。

（1）直接放样方法

① 高程放样：一般用水准仪，采用水准视线高法放样，也可用三角高程法放样。当

待放样的高程高于仪器视线时，可用“倒尺”法放样。高差很大时（如向深基坑或高楼传递高程），可以用悬挂钢尺代替水准尺。

② 角度放样：采用全站仪测设角度，一般要求用盘左盘右两次测设取平均值。

③ 距离放样：用测距仪或钢尺放样。

④ 点位放样：

a. 极坐标法，适用于任何情况。

b. 交会法，包括角度交会和距离交会。

c. 直接坐标法，利用全站仪或 GPS-RTK 直接进行点位放样。

d. 直角坐标法，适用于方格控制网。在本项目中，若拟建建筑物的某角点坐标为 $x=449.350\text{m}$，$y=561.330\text{m}$，其具体放样步骤如下：

第一，经分析，D 点为离待定点最近的控制点，可作为测站点；

第二，在 D 点安置全站仪，盘左瞄准控制点 C（选择最远的作为方向点，同时检查距离是否为 80.000m），并使水平度盘为零；

第三，转动仪器照准控制点 B，检查水平度盘读数应是 270°，（同时检查距离是否为 70.000m），无误后，在此视线方向准确丈量 15.700m，得垂足点；

第四，将仪器搬至该垂足点，盘左瞄准控制点 B，并使水平度盘为零；

第五，转动仪器照准控制点 D，检查水平度盘读数应是 180°，距离是否为 15.700m；在限差内，转动仪器使水平度盘为 90°，在此视线方向准确丈量 15.920m，放样出该角点。

⑤ 铅垂线放样包括经纬仪（全站仪）+弯管目镜法、光学铅垂仪法、激光铅垂仪法。

（2）归化法放样

首先采用直接放样法确定实地标志，再对放样出的实地标志进行精确测量，求出实地标志位置与设计位置的偏差，然后根据偏差将其归化到设计位置。

归化法放样点位误差分析：

如图 2-2 所示，若不考虑起算点误差的影响，则放样点的误差为

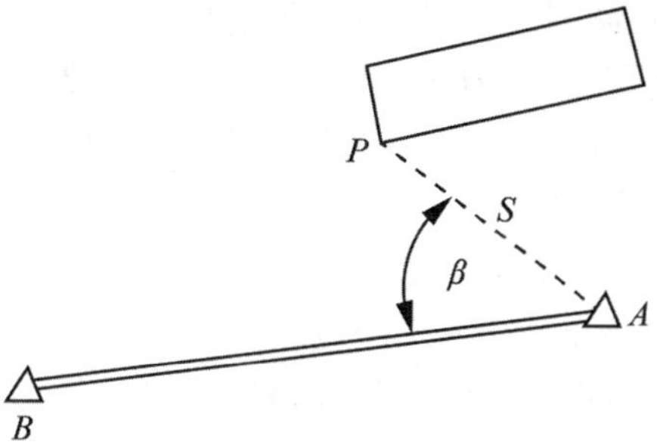

图 2-2　归化法放样点 P 点

$$m_p = \pm\sqrt{m_s{}^2 + \left(\frac{m_\beta}{\rho}\right)^2 \cdot S^2}$$

若用极坐标法放样 P 点时（图 2-3），设控制点 A、B 无误差。请推导 P 点的点位中误

差。若 $m_s = \pm 5\text{mm}$，要求 $m_p \leqslant \pm 10\text{mm}$，则测角中误差 m_β 应为多少（仅考虑测角、量距误差）？

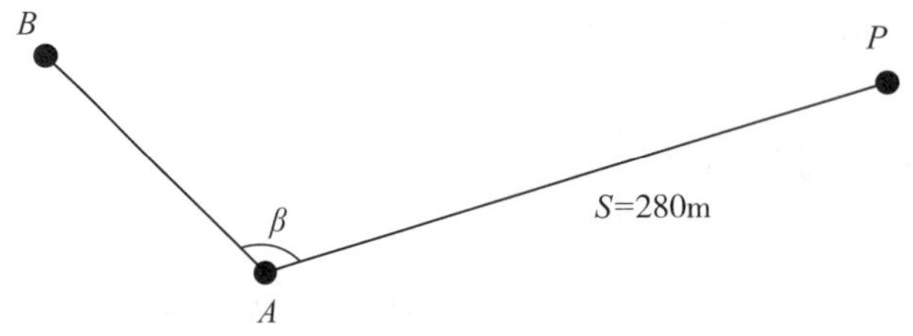

图 2-3　极坐标法放样 P 点

解：

$$m_p = \sqrt{m_s^2 + \left(\frac{m_\beta}{\rho}\right)^2 \cdot S^2 + m_{中}^2 + m_{偏}^2 + m_{标}^2}$$

$$10^2 = 5^2 + \frac{280\ 000^2}{206\ 265^2} \times m_\beta^2$$

$$m_\beta \leqslant 6.4''$$

① 放样点点位中误差与边长中误差 m_s，角度中误差 m_β 和测站点至放样点的距离 S 有关。

② 当放样距离较短时，点位误差主要受测距误差影响。

③ 当放样距离较长时，点位误差不仅受测距误差影响，而且受测角误差影响。

4. 超高层建筑物施工测量

超高层建筑物施工测量中的主要问题是控制竖向偏差，也就是各层轴线如何精确地向上引测的问题，还要进行各层面的细部放样、倾斜度确定、高程控制和变形监测。

（1）垂直度控制

为了保证高层建筑物竖直度、几何形状和截面尺寸达到设计要求，必须根据工程实际情况，建立高精度的施工测量控制网。目前，普遍采用的控制形式主要是内控制，就是在建筑物的±0.00 面内建立控制网，在控制点竖向相应位置预留竖向传递孔，用仪器在±0.00面控制点上，通过传递孔将控制点传递到不同高度的楼层。为了提高功效、防止误差累积，应实施分段投测和分段控制。

在内控制中每一个投测段的施工测量步骤如下：

① 顾及建筑物的形状，在底层布置矩形或"+"字控制网，并转测至建筑物的±0.00层，经复测检核后，作为建筑物垂直度控制和施工测量的依据。

② 用铅垂仪或经纬仪（全站仪）+弯管目镜或激光铅垂仪（投点仪）在±0.00层（或相应的转层）控制点上做竖向传递，将控制点随施工进度传递到相应楼层。

③ 接收靶通常采用透明的刻有"+"字线的有机玻璃，在玻璃上做上投点标记。

④ 为了消除仪器的轴系误差，则可以在 0°、90°、180°、270°共 4 个方位投点中取其中点作为最终结果。

⑤ 当全部投测完成后，再用钢尺或全站仪测量投点间的水平距离。若投点间的水平

距离与相应控制点间的距离之差在测量误差范围内，完成投点，否则重投。

（2）内控法投测轴线

当用内控法投测轴线时，为了保证投测质量，应注意以下要点：

① 由于内控法投测的边长较短，最好与外控法相互结合。

② 使用的经纬仪必须经过严格的检验校正，尤其是照准部水准管轴应严格垂直仪器竖轴。

③ 尽量选用望远镜放大倍率大于 25 倍、有光学投点器的经纬仪，以 T2 级经纬仪投测为好。

④ 仪器操作时应仔细对中整平，必须使照准部水准管气泡严格居中，以减少仪器竖轴误差的影响。

⑤ 由于超高层建筑物受日照、地球自转、风力、温差等多种动态因素的影响，建筑物处于偏摆运动状态。为了很好地控制垂直度，投点时间的选择非常重要，一般选择在夜间、风力小的时段进行投点工作，以减少外界环境因素的影响。

（3）高程传递

高层建筑物的高程传递通常采用悬挂钢尺法和全站仪天顶测距法。

当高程传递精度要求较高时，应对钢尺传递的高度值进行尺长改正、温度改正、倾斜改正。

当向地下高程传递较深时，使用钢丝代替钢尺，当高程传递精度要求较高时，应对钢丝传递的高度值进行尺长改正、温度改正、拉力改正。

全站仪天顶测距法如图 2-4 所示。

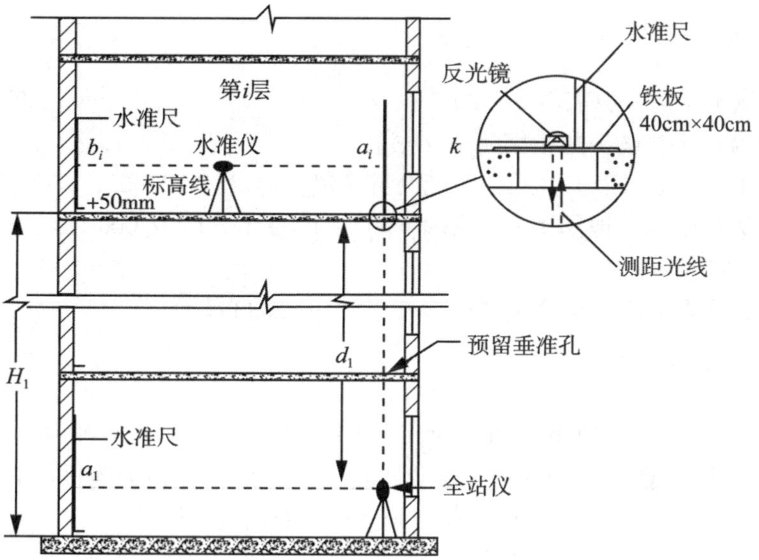

图 2-4 全站仪天顶测距法

（4）内控网与首级控制网的联测

在±0. 00 层采用全站仪布设导线或导线网，但当建筑物施工到一定的高度以后，往往采用静态 GPS 测量，对内控网进行检测。

(5) 建筑物主体工程日周期摆动的测量方法

建筑物主体工程日周期摆动的测量方法主要有：测量机器人自动测量、数字正垂仪自动测量或 GPS 测量。

第五节 工程竣工测量案例

一、背景材料

受某房地产开发有限公司委托，根据该市城乡规划管理局对建设工程规划竣工测量的要求，某测绘单位对该公司开发的某大厦进行竣工测量。该大厦地形类别属于平坦地，东临酒都路中段，北临叙府路西段，南侧建筑边线与加固护墙陡坎边线一致，西临绿化园地。测区面积约为 $2.2\times10^4 km^2$。

竣工测量的成果主要包括已竣工的建（构）筑物的平面位置及形状；建（构）筑物部分拐角点（房角点）的坐标；建筑物最突出部分的拐角点（房角点）至用地红线或其他指定位置的退让距离；房屋地面以上部分的层数及地下室层数；建筑工程竣工后具有代表性层面的标高；建筑物层高；房屋分栋分类竣工建筑面积；根据特殊要求进行的其他测量。竣工测量所提供的资料为竣工测量数据表、建设工程竣工现状图和测量技术说明。

1. 作业依据

①《城市测量规范》(CJJ/T 8—2011)。

②《建（构）筑物竣工测量作业指导书》。

③《房产测量规范 第 1 单元：房产测量规定》(GB/T 17986.1—2000)。

④《国家基本比例尺地图图式 第 1 部分：1∶500 1∶1 000 1∶2 000 地形图图式》(GB/T 20257.1—2017)。

⑤《测绘成果质量检查与验收》(GB/T 24356—2023)。

2. 已有资料情况

① 该市住建局提供的 G049，G046 两个 GPS 控制点，可作为基础控制点。

② 在测区利用华测 X20 GPS 静态接收机建立 3 个 GPS 点作为图根控制点。

③ 委托方提供的宗地图、建设工程规划许可证及附图、附件。

竣工图编绘说明，采用全站仪测图及数字标记成图的方法，比例尺为 1∶500。范围包括竣工建（构）筑物及其周边 30～50m 范围内的地形。建筑区的街道中心线、街道交叉中心、建筑物墙基脚和相应的地面、管道检查井井口、桥面、广场、较大的庭院内或空地上以及其他地面倾斜变换处，分别注记高程点至 0.01m。南侧建筑物边线与陡坎上沿线重合时，应用建筑物边线代替坡坎上沿线。

3. 提交成果

成果包括测区 1∶500 竣工地形图、建筑物各层平面图和各层尺寸校核图、建筑物的平面位置校核图、建筑物的剖面图、竣工测量成果汇总表、各种计算资料以及相关说明等资料。

二、考点剖析

竣工测量主要是实测建设工程的现状地形图，建筑物的长度、宽度、高度、建筑面积，在现状地形图上标注建筑物与规划控制条件地物的距离，标注建筑物与道路红线、规划红线、用地界线等的关系。

1. 竣工测量的内容

竣工测量工作内容主要包括控制测量、细部测量、竣工图编绘等。以建筑竣工测量为例，竣工测量的内容主要有：

① 实测 1∶500 地形图。详细测绘出与竣工建筑物相关的地物、地貌，竣工建筑物的相对位置关系及与周边建筑物“四至”关系，建筑物层数、材质，竣工建筑物的阳台、雨篷、挑檐、飘窗及地下车库的准确位置，以及一层地坪高和地下车库的地坪高，并应在 1∶500 地形图上将以上内容都表示出来。

② 根据规划许可证规定的内容完成公建配套设施测量、公建配套设施的面积测量、小区绿地面积测量。

③ 校核建筑物的平面位置、平面尺寸，测量建筑物之间的间距与设计的差值，以及建筑物与道路红线、用地界线等的距离与审批图纸相关尺寸的差值。

④ 测量建筑物的占地面积、建筑面积、层数、室内外标高、层高、总高度，核实地下室的面积及相关尺寸、层高和停车泊位信息。

⑤ 核实建筑立面造型、外墙材料、色彩信息，主要以拍照为主。

该案例规划竣工验收测量的工作内容主要包括建（构）筑物高度测量、建设工程竣工地形图测绘、地下管线探测和建筑面积测量。

2. 竣工测量精度

竣工测量中，将地物根据其重要性进行分类，可分成三类，即主要建（构）筑物、次要建（构）筑物、其他地形与地物。

竣工总图中建（构）筑物细部点的点位和高程中误差，应满足表 2-5。

表 2-5　**细部坐标点的点位和高程中误差**

地物类别	点位中误差（cm）	高程中误差（cm）
主要建（构）筑物	5	2
一般建（构）筑物	7	3

3. 竣工总图编绘

(1) 编绘前的资料收集

① 总平面布置图;

② 施工设计图;

③ 设计变更文件;

④ 施工检测记录;

⑤ 竣工测量资料;

⑥ 其他相关资料。

(2) 竣工总图的编制

① 地面建（构）筑物，应按实际竣工位置和形状进行编制。

② 地下管道及隐蔽工程，应根据回填前的实测坐标和高程记录进行编制。

③ 施工中，应根据施工情况和设计变更文件及时编制。

④ 对实测的变更部分，应按实测资料编制。

⑤ 当平面布置改变超过图上面积 1/3 时，不宜在原施工图上修改和补充，应重新编制。

(3) 竣工总图的绘制

① 应绘出地面的建（构）筑物、道路、铁路、地面排水沟渠、树木及绿化地等。

② 矩形建（构）筑物的外墙角应注明两个以上点的坐标。

③ 圆形建（构）筑物应注明中心坐标及接地处半径。

④ 主要建筑物应注明室内地坪高程。

⑤ 道路的起终点、交叉点应注明中心点的坐标和高程；弯道处，应注明交角、半径及交点坐标；路面应注明宽度及铺装材料。

⑥ 铁路中心线的起终点、曲线交点应注明坐标；曲线上应注明曲线的半径、切线长、曲线长、外矢矩、偏角等曲线元素；铁路的起终点、变坡点及曲线的内轨轨面应注明高程。

⑦ 当不绘制分类专业图时，给水管道、排水管道、动力管道、工艺管道、电力及通信线路等应在总图上绘制。

4. 成果整理与提交

竣工测量成果应提交的资料包括：① 技术设计书、技术总结；② 竣工测量观测、计算资料；③ 竣工总图、专业分图、断面图；④ 细部点成果表；⑤ 仪器检定和检校资料；⑥ 检查报告、验收报告。

第六节　变形监测案例

一、背景材料

某地质灾害整治工程二期位于前进路南西侧，面积约为 0.02km^2，该地段楼房、厂房较多，建筑物多依山傍水而建，地质活动较强烈，山坡、河岸边坡较陡且植被较茂盛。2016 年 7 月，由于持续降雨导致山坡坡体浅层土体饱水，该地区某厂宿舍区出现了不同程度的滑坡，危及坡脚宿舍的安全。根据现场调查，目前地质灾害的危害程度为中等，如不及时进行治理，则会影响正常的生活。

某建筑设计院对该区 2016 年暴雨灾害恢复重建项目（宿舍区地质灾害整治工程二期）进行设计，由市建联建筑有限公司进行地质灾害治理施工。地质灾害治理分 *A*、*B* 两个治理点，*A* 治理点主要是对边坡采用锚杆格构护坡进行防护，对坡顶的挡土墙进行加固，*B* 治理点主要是对边坡采用锚杆格构护坡进行防护，其中 B0+00～B0+25 段要拆除现有产生裂缝的挡土墙再设高 6m 的挡墙。

边坡治理施工完成后，为保证边坡在运行过程中的安全，须对边坡进行监测，以分析其变形趋势，判断运行状态的稳定性与危险性，做出实时预警预报。受建设单位委托，测绘单位对边坡进行变形监测，以检验边坡治理的效果。监测的具体内容为挡墙顶的水平位移及垂直位移、边坡变形及坡面裂缝。

1. 监测依据

①《崩塌、滑坡、泥石流监测规范》（DZ/T 0221—2006）；
②《工程测量标准》（GB 50026—2020）；
③《建筑变形测量规程》（JGJ 8—2016）；
④《城市测量规范》（CJJ/T 8—2011）；
⑤《建筑工程设计手册》；
⑥ 某厂“6·8”地质灾害整治工程设计施工图；
⑦ 业主的有关要求与建议。

2. 监测项目

监测项目包括挡墙顶的水平位移及垂直位移、边坡变形及坡面裂缝。

3. 提交成果

① 技术设计书和测量方案；
② 监测网和监测点布置图；
③ 标石、标志规格及埋设图；
④ 仪器的检校资料；
⑤ 原始观测记录；
⑥ 平差计算、成果质量评定资料；
⑦ 变形观测数据处理分析和预报成果资料；
⑧ 变形过程和变形分布图表；
⑨ 变形监测、分析和预报的技术报告。

二、考点剖析

变形监测是对监视对象或物体（简称“变形体”）进行测量，以确定其空间位置随时间的变化特征。

1. 变形监测的基本概念和内容

对于工程的变形监测来讲，变形体一般包括工程建（构）筑物及其设备，以及其他与工程建设有关的自然或人工对象，如大坝、船闸、桥梁、隧道、高层建筑、古建筑、高边坡、采矿区等都可称为变形体。

变形又分为两类：变形体自身的变形和变形体的刚体位移。变形体自身的变形包括伸缩、错动、弯曲和扭转四种变形，而刚体位移则包括整体平移、整体转动、整体升降和整体倾斜四种变形。

变形监测分为静态变形和动态变形监测，静态变形通过周期性测量得到，动态变形通过连续监测得到。

变形监测的内容包括水平位移、垂直位移监测，倾斜、挠度、弯曲、扭转、震动、裂缝等的测量，还包括与变形有关的物理量的监测，如应力、应变、温度、气压、水位、渗流、渗压、扬压力等的监测。

2. 变形监测的特点

① 周期性观测。
② 精度要求高，对不同的任务，变形监测所要求的精度不同。
③ 综合应用各种观测方法。
④ 数据处理要求严密。
⑤ 需要多学科知识的配合。

3. 变形监测等级划分及精度

（1）变形监测等级划分

一等：变形特别敏感的高层建筑、高耸构筑物、工业建筑、重要古建筑、大型坝体、精密工程设施、特大型桥梁、大型直立岩体、大型坝区地壳变形监测等。

二等：变形比较敏感的高层建筑、工业建筑、古建筑、特大型和大型桥梁、大中型坝体、直立岩体、高边坡、重要工程设施、重大地下工程、危害性较大的滑坡监测等。

三等：一般性的高层建筑、多层建筑、工业建筑、高耸构筑物、直立岩体、高边坡、深基坑、一般地下工程、危害性一般的滑坡监测、大型桥梁等。

四等：观测精度要求较低的建（构）筑物、普通滑坡监测、中小型桥梁。

（2）变形监测等级精度

变形监测等级精度见表 2-6。

表 2-6　　**变形监测等级精度**

监测类别	精度指标	一等	二等	三等	四等
垂直位移监测	变形观测点的高程中误差	0.3	0.5	1.0	2.0
	相邻变形观测点的高差中误差	0.1	0.3	0.5	1.0
水平位移监测	变形观测点的点位中误差	1.5	3.0	6.0	12.0

4. 变形监测方法及选择

（1）变形监测的方法

① 常规的大地测量方法：如精密高程测量、精密距离测量、角度测量等。

② 专门测量手段和技术：如液体静力水准、准直测量、应变测量、倾斜测量等。

③ 空间测量技术：GNSS 测量、InSAR 技术。

④ 摄影测量和激光扫描技术。

（2）变形监测方法的选择

变形监测方法的选择见表 2-7。

表 2-7　　**变形监测方法的选择**

监测类别	监 测 方 法
水平位移监测	三角形网、极坐标法、交会法、GNSS 测量、精密测（量）距、正倒垂线法、视准线法、引张线法、激光准直法、伸缩仪法、多点位移计、倾斜仪等
垂直位移监测	水准测量、液体静力水准测量、电磁波测距三角高程测量等
三维位移监测	全站仪自动跟踪测量法（测量机器人）、卫星实时定位测量（GNSS-RTK）法、三维激光扫描、摄影测量法等
主体倾斜	经纬仪投点法、差异沉降法、激光准直法、垂线法、倾斜仪、电垂直梁等
挠度观测	垂线法、差异沉降法、位移计、挠度计等
监测体裂缝	精密测（量）距、伸缩仪法、位移计、测缝计、摄影测量等
应力应变监测	应力计、应变计

5. 变形监测网布设

变形监测网一般布设为基准网（首级网）、监测网（次级网）两级。基准网由基准点和工作基点构成；监测网由部分基准点、工作基点和变形观测点构成。

变形监测网一般是小型的、专用的和高精度。

（1）基准点

变形监测的基准点应布设在变形影响区域外稳固可靠的位置。一般每个变形监测工程需布设 3 个基准点，特殊工程需要 4 个。大型工程的变形监测，水平位移基准点应采用观测墩，垂直位移基准点应采用双金属标或钢管标。

（2）工作基点

工作基点应选在比较稳定且方便使用的位置。设立在大型工程施工区域内的水平位移监测工作基点宜采用带有强制归心装置的观测墩，垂直位移监测工作基点可采用钢管标。对通视条件较好的小型工程，可不设立工作基点，在基准点上直接测定变形观测点。

（3）变形观测点

变形观测点应布设在变形体的地基、基础、场地及上部结构等能反映变形特征的敏感位置或监测断面上，监测断面一般分为：关键断面、重要断面和一般断面。需要时，还应埋设一定数量的应力、应变传感器。

点位宜选设在下列位置：

① 建筑的四角、核心筒四角、大转角处及沿外墙每 10~20m 处或每隔 2~3 根柱基上；

② 高低层建筑、新旧建筑、纵横墙等交接处的两侧；

③ 建筑裂缝、后浇带和沉降缝两侧、基础埋深相差悬殊处、人工地基与天然地基接壤处、不同结构的分界处及填挖方分界处；

④ 对于宽度大于等于 15m 或小于 15m 而地质复杂以及膨胀土地区的建筑，应在承重内隔墙中部设内墙点，并在室内地面中心及四周设立地面点；

⑤ 邻近堆置重物处、受震动有显著影响的部位及基础下的暗沟处；

⑥ 框架结构建筑的每个或部分柱基上或沿纵横轴线上；

⑦ 筏形基础、箱形基础底板或接近基础的结构部分之四角处及其中部位置；

⑧ 重型设备基础和动力设备基础的四角、基础形式或埋深改变处以及地质条件变化处两侧；

⑨ 对于电视塔、烟囱、水塔、油罐、炼油塔、高炉等高耸建筑，应设在沿周边与基础轴线相交的对称位置上，点数不少于 4 个。

6. 变形监测数据处理与变形分析

变形观测的数据可分为两种：一种是监测网的周期观测数据，根据这些数据，计算网点的坐标，进行参考点稳定性检验和周期间的叠合分析，从而得到目标点的位移；另一种是监测点上某一种特定的形成时间序列的监测数据，如应力、应变、温度、气压、水位、渗流、渗压、扬压力等，对它们进行回归分析、相关分析、时序分析和统计检验，确定变形过程和趋势。

变形观测数据处理包括整理、整编观测资料，计算测点坐标和变形量，以及分析变形的显著性、规律和成因等。

7. 变形监测资料的整理

① 对观测记录进行核校，检查是否有记录、计算错误；

② 数据的存档及入库；

③ 绘制相应的图表（如变形过程线、测站分布图等）。

8. 变形监测资料分析的常用方法

（1）作图分析

将观测资料绘制成各种曲线，常用的是将观测资料按时间顺序绘制成过程线，然后进行变形分析。

（2）统计分析

用数理统计方法分析计算各种观测物理量的变化规律和变化特性，分析观测物理量的周期性、相关性和发展趋势。

（3）对比分析

对各个时间段的变形数据进行对比分析，确定变形过程和趋势，分析变形的显著性、规律和成因等。

（4）建模分析

建立数学模型，用以分离影响因素，研究观测物理量变化规律，进行预报和实现安全控制。常用的数学模型有统计模型、确定性模型和混合模型。

9. 变形监测成果的质量检查

① 执行技术设计书或施测方案及技术标准、政策法规情况；
② 使用仪器设备及其检定情况；
③ 记录和计算所用软件系统情况；
④ 基准点和变形观测点的布设及标石、标志情况；
⑤ 实际观测情况，包括观测周期、观测方法和操作程序的正确性等；
⑥ 基准点稳定性检测与分析情况；
⑦ 观测限差和精度统计情况；
⑧ 记录的完整准确性及记录项目的齐全性；
⑨ 观测数据的各项改正情况；
⑩ 计算过程的正确性、资料整理的完整性、精度统计和质量评定的合理性；
⑪ 变形测量成果分析的合理性；
⑫ 提交成果的正确性、可靠性、完整性及数据的符合性情况；
⑬ 技术报告书内容的完整性、统计数据的准确性、结论的可靠性及体例的规范性；
⑭ 成果签署的完整性和符合性情况等。

10. 成果整理与提交

① 技术设计书和测量方案；
② 监测网和监测点布置图；
③ 标石、标志规格及埋设图；
④ 仪器的检校资料；
⑤ 原始观测记录；

⑥ 平差计算、成果质量评定资料；
⑦ 变形观测数据处理分析和预报成果资料；
⑧ 变形过程和变形分布图表；
⑨ 变形监测、分析和预报的技术报告。

第七节　地下管线探测案例

一、背景材料

为了查明地下管线状况，实现管线信息数字化管理，为经济发展提供可靠保障，某市城建档案馆委托某测绘单位对中山东路、王家湾改造区域周边道路、解放路3个作业区埋设于地下的各种管线进行探测。本次地下管线探测作业范围为该市周边道路的综合管线，地势较平坦。调查区边界为道路两侧第一排建筑物，一般路口探测至离道路沿石50m。

机关单位、工厂、院校、庭院内部的管线不查，正在成片改造的旧街区或待开发的小区内部不查，但穿越上述区域的主干管线须查清管线连接关系，并标注有关说明。

道路上埋设的地下管线的平面位置、埋深、高程、走向、性质、规格、材质、埋设时间和权属单位等实地调查、标注并采用全数字化方法探测地下管线点，建立综合地下管线资料数据库，编绘综合地下管线图、专业地下管线图。

1. 作业依据

①《城市地下管线探测技术规程》（CJJ 61—2017）；
②《城市测量规范》（CJJ/T 8—2011）；
③《国家基本比例尺地图图式　第1部分：1∶500　1∶1 000　1∶2 000 地形图图式》（GB/T 20257.1—2017）；
④ 本项目的合同书。

2. 测区已有成果资料

① 城市D级GPS点坐标成果；
② 城市一、二级导线点及图根点成果；
③ 测区1∶500数字地形图。

3. 主要仪器配备

① 地下管线仪3台；
② 地质雷达1台；
③ 全站仪若干台。

4. 探测方法

管线点分为明显点和隐蔽管线点。在明显管线点上直接对地下管线进行实地调查和测量；在隐蔽管线点上应用仪器探查地下管线的地面投影位置及埋深，对于仪器不能探测的复杂地段，应进行适当的开挖调查。

5. 成果整理与提交

① 技术设计书，附仪器一致性实验报告、仪器检校资料；
② 外业原始记录、测量手簿及其他记录和图件。

二、考点剖析

地下管线探测包括控制测量、地下管线探查与测量、数据处理、地下管线图编绘、成果检查验收、数据入库与交换等技术环节。

1. 地下管线的种类

地下管线按用途分为：给水管、排水管、燃气管、电力电缆与路灯电缆、通信电缆、供热管线、人防通道等。

按其物理特性分为以下三类：
① 由铸铁、钢材构成的金属管线，如给水管、燃气管、供热管。
② 由铜、铝材料构成的电缆，如电力电缆与路灯电缆、通信电缆。
③ 由水泥、陶瓷、塑料材料或砖砌的非金属管线，如排水管道、人防通道。

2. 地下管线探测的流程

① 资料收集与踏勘；
② 仪器检验和方法试验；
③ 技术设计；
④ 实地调查和仪器探查；
⑤ 控制测量；
⑥ 管线点测量；
⑦ 地下管线图编绘；
⑧ 地下管线数据库建立。

3. 地下管线探测精度

（1）地下管线隐蔽管线点的探测精度

隐蔽管线点探查的水平位置偏差和埋深较差：$\Delta S \leqslant 0.10h$，$\Delta H \leqslant 0.15h$，h 为管线埋深（cm），当 h <100cm 时，按 100cm 计。

（2）地下管线点测量精度

地下管线点相对于邻近控制点的平面位置中误差不得大于 5cm，高程中误差不得大于 3cm。

（3）地下管线图测绘精度

地下管线的线位与邻近地上建（构）筑物、道路中心线或相邻管线的间距中误差不得大于图上 0.5mm。

4. 地下管线探测方法

地下管线探测的方法一般分为两种：一种是井中调查与开挖调查或简易触探相结合的方法，目前在某些管线复杂地段和检查验收中仍需采用；另一种是仪器探测与井中调查相结合的方法，这是目前应用最为广泛的方法。

地下管线探测的基本原理是基于被探查的地下管线与其周围介质之间有明显的物性差异，可供选择的物探方法有电磁法、电磁波法（地质雷达）、磁测、地震波法、直流电法和红外辐射法等。电磁法是管线探测工程中最经济有效、最常用和具有较高探测精度的方法，而电磁波法在探测非金属管道和解决某些疑难问题方面占据重要地位。

用电磁法探测地下管线，通常是先使导电性好的地下管线带电，然后在地面上测量由此电流产生的电磁异常，从而达到探测地下管线的目的。其前提是必须满足以下地电条件：① 地下管线与周围介质之间有明显的电性差异；② 管线长度远大于管线埋深。

地质雷达又称探地雷达，是用频率介于 106~109Hz 的无线电波来确定地下介质分布的一种仪器工具。地质雷达是通过发射天线向地下发射高频电磁波，通过接收天线接收反射回地面的电磁波，电磁波在地下介质中传播时遇到存在电性差异的界面时发生反射，根据接收到电磁波的波形、振幅强度和时间的变化特征，从而推断地下介质的空间位置、结构、形态和埋藏深度。地质雷达可用于探测金属或非金属管道。

5. 地下管线测量质量检查和成果提交

（1）地下管线测量质量检查

采用重复探查和开挖验证的方法进行质量检查。重复探查的点位应随机抽取，点数不宜少于探查点总数的 5%，开挖验证的点位应随机抽取，点数不宜少于隐蔽管线点总数的 1%，且不应少于 3 个点。

（2）成果提交

地下管线测量成果应提交：① 技术设计书、技术总结；② 管线调查、探查资料；③ 管线测量观测、计算资料；④ 地下管线图、成果表；⑤ 地下管线数据库；⑥ 仪器检定资料；⑦ 检查报告、验收报告。

第八节　精密工程测量案例

一、背景材料

某铁路枢纽改造工程位于辽东半岛、黄海之滨，线路总体走向呈西南东北向。中铁某局集团有限公司项目部承担施工区段 DIK44+864～DIK53+640，线路全长 8.776km 的控制网复测任务。

精密工程控制测量网分为高程和平面两部分。高程控制网复测按三等水准测量要求进行，CP Ⅰ平面控制网复测按铁路三等 GPS 网要求进行，CP Ⅱ平面控制网复测（包括联测的 CP Ⅰ平面控制网点）按铁路四等 GPS 网要求进行。复测主要内容是枢纽改造工程 SN2 标段第二项目部范围内 CP Ⅰ、CP Ⅱ控制点复测和三等水准控制点复测，包括与相邻标段平面和高程控制点的联测。具体为

① CPI 控制网复测（包括联测相邻××局共用点 CPI5039、CPI5040 及相邻××局×公司共用点 CPI5030、CPI5031）；

② CPII 控制网复测（包括联测本段范围内所有 CPI 控制点）；

③ 三等水准控制点复测（包括联测相邻××局共用点 CPI5039 及相邻××局×公司共用点 CPI5031）。

1. 技术依据

①《铁路工程测量规范》（TB 10101—2009）；

②《全球导航卫星系统（GNSS）测量规范》（GB/T 18314—2024）；

③《铁路工程卫星定位测量规范》（TB 10054—2010）（J1008—2010）；

④《国家三、四等水准测量规范》（GB/T 12898—2009）。

2. 已有资料

铁三院提供的该施工区段附近的精密控制测量平面和高程控制点成果、控制点点之记等，已有成果资料满足本次精测网复测的需要。

3. 数学基础

平面坐标系统为 2000 国家大地坐标系，采用高斯投影平面直角坐标系。高程系统为 1985 国家高程基准。

二、考点剖析

精密工程测量主要工作包括精密工程控制网建立（如特大桥梁），精密施工放样（如超高层建筑物），精密设备安装与检测（如高能粒子加速器），精密变形监测（如大型水坝）。

本项目精密工程控制测量网分为高程和平面两部分，是为铁路枢纽改造工程的精密施工放样而准备。

1. 精密工程测量特点

精密工程测量是指以毫米级或更高精度进行的工程测量。从测量方案设计、实地施测到成果处理和利用的各个阶段中都要利用误差理论进行分析。

重要的科学试验和复杂的大型工程，如高能加速器设备部件的安装、卫星和导弹发射轨道及精密机件传送带的铺设等，都要进行精密工程测量。除常规的测量仪器和方法外，

常需设计和制造一些专用的仪器和工具。计量、激光、电子计算机、摄影测量、电子测量技术以及自动化技术等也已应用于精密工程测量工作中。

与普通工程测量相比，精密工程测量具有如下特点：

① 精密工程测量是在测量学的基本理论和方法指导下的测量技术，在信息获取的精度方面有更高的要求。

② 精密工程测量需要研制新仪器和专用设备，提高仪器的自动化程度及精度；深入分析工程测量工作中的各种误差并采取有效措施加以克服；研究新的测量技术、实施方案和数据处理方法，形成一套专门为高精度工程测量所需的理论、方法和技术。

③ 精密工程测量是服务于各种工程中精度要求“特高”“特难”的那部分工作，服务范围相对较小，但重要性十分显著，起到关键性的作用。

④ 精密工程测量所用的仪器设备必须具有较高的性能，以保证测量成果的精度、可靠性和有效性。

2. 精密工程测量方法和仪器

精密工程测量技术包括精密的直线定线、测量角度（或方向）、测量距离、测量高差以及设置稳定的精密测量标志。

（1）精密高程测量方法

精密高程测量方法有几何水准测量和液体静力水准测量两种。

（2）精密准直测量方法

精密准直测量方法有如下三种：

① 光学测量方法：小角法、活动标牌法。

② 光电测量方法：激光准直法。

③ 机械法：引张线法。

（3）精密垂准测量方法

垂准测量的铅垂线可以采用光学法、光电法或机械法产生。

（4）精密距离测量仪器

因瓦基线尺、精密光电测距仪（或全站仪）、双频激光干涉仪。

（5）精密角度测量仪器

精密角度测量仪器包括高精度的光学经纬仪、电子经纬仪或全站仪。选用经纬仪，必要时加入仪器竖轴倾斜改正。

本项目中 CP II 控制网建网测量标志主要包括预埋件、棱镜杆、高程杆和棱镜。对 CP II 控制点标志的埋设应沿线路布置在路基两侧的接触网杆或基础、桥梁防撞墙、隧道侧壁上。当 CP II 控制点布置在桥梁防撞墙上时，点位应设置在桥墩固定支座端上方的防撞墙上。CP II 控制点沿线路布置时纵向间距宜为 60m 左右，且不应大于 70m、横向间距不超过结构宽度。各 CP III 点应大致等高，其高度应在设计轨道顶面以上 30cm 的地方。

3. 精密工程控制网的建立

精密工程控制网的精度指标是根据精密工程关键部位竣工位置的容许误差要求，结合实际情况，综合分析确定。

精密工程控制网一般一次布网。分级布设时，其等级一般不具有上级网控制下级网的意义。精密工程控制网必须进行优化设计。

精密水平控制网通常布设为固定基准下的独立网，网形主要取决于工程任务和实地条件，一般不作具体要求。控制网一般由基准线、三角形、大地四边形及中点多边形等基本图形构成，根据具体情况可布设成基准线、三角网、三边网或边角网，也可采用 GPS 网建立相对水平控制网。

精密高程控制网主要采用水准测量的方法建立，布设为闭合环或附合路线构成的节点网。

精密工程测量的平面点常采用带有强制对中装置的测量标志。一般用基岩标作为绝对位置要求非常稳定的平面和高程基准点；在软土地区可用深埋钢管标作为高程基准点，用倒锤作为平面基准点。

本项目中 CP II 控制点编号的标注应全线统一采用大小为 4cm 的正楷字体刻绘，并用白色油漆抹底，绿色油漆填写编号字体。CP II 的点号由七位数组成，从左到右前四位数表示 CP II 点所在里程的整公里数，第五位"3"表示是 CP II 网点，后两位数字表示点的顺序号，点的顺序号为单数表示该点在里程增加方向的左侧，点的顺序号为双数表示该点在里程增加方向的右侧，当里程不足千、百、十公里时，加"0"填充以保证 CP II 的点号都是七位数齐全。CP II 网测量的自由设站点号也由七位数组成，从左到右第一位的大写英文字母"Z"表示测站，第二、第三、第四、第五位数为 CP II 点所在里程的整公里数，第六、第七位数字表示测站的序号。当里程不足千、百、十公里时，加"0"填充以保证 CP II 的自由设站号都是七位数齐全。

当 CP II 控制网采用自由设站边角交会网时，CP II 高程控制网的测量步骤方法如下：

往测时以轨道一侧的 CP II 水准点为主线贯通水准测量，另一侧的 CP II 水准点在进行贯通水准测量摆站时就近观测；返测时以另一侧的 CP II 水准点为主线贯通水准测量，对侧的水准点在摆站时就近联测。或 CP II 点与 CP II 点之间的水准路线，采用如图 2-5 所示的水准路线形式进行。

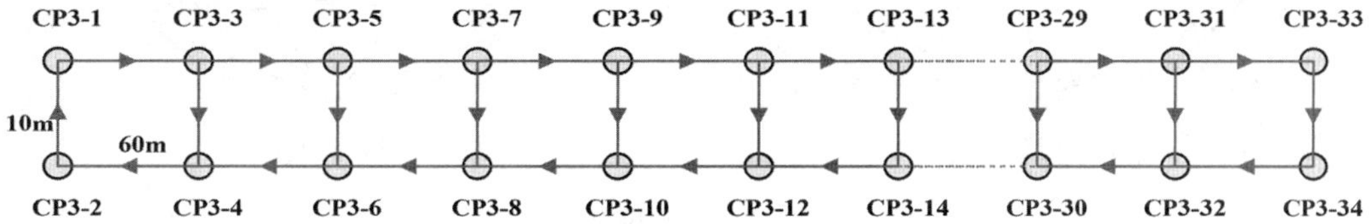

图 2-5　水准路线形式

4. 特殊精密控制网布设

（1）直伸形三角网

在线状设备的安装或直线度、同轴度要求较高的设备安装工程中，如大桥、大坝的横向变形监测、自动化流水线的长轴线或导轨的准直测量等，需要建立直线控制，可布设直伸形三角网，如图 2-6 所示。

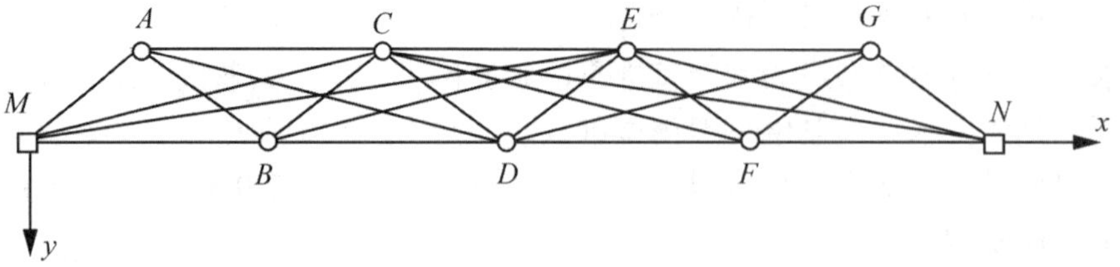

图 2-6　直伸形三角网

（2）环形控制网

在环形粒子加速器工程施工中，为精确放样储能环上的磁块等设备，并在运行期间监测其变形，需要建立环形控制，可布设环形控制网。由于隧道内通视条件的限制，环形控制网一般布设成量边（三角形的 2 条短边）、翻高（三角形的高）环形三角网，网形如图 2-7（a）所示，或者布设成量边环形四边形网，网形如图 2-7（b）所示。

（3）三维控制网

在高山区或深切割河谷地带，若垂线偏差不够精确或不予考虑，则其影响将远大于测角、测距误差的影响。将三维观测数据统一处理，可以有效解决垂线偏差的问题。因此，在这类地区建立精密工程控制时，需要布设三维控制网。

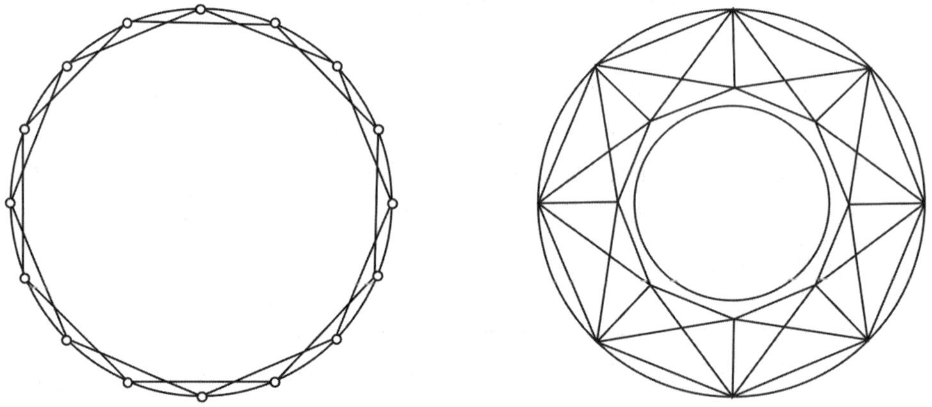

（a）环形三角网　　　　（b）环形四边形网

图 2-7　环形控制网

5. 成果提交

本项目 CP II 控制网建成后，需提交的成果主要有：平面观测、高程观测网图；平面观测、高程观测原始观测数据，平面观测、高程观测手簿，CP II 控制点、高等级水准点检核数据，平面计算（边长、角度）表，平面坐标平差表、各项精度统计表，高差计算表（含尺长改正），高程平差表、各项精度统计表，CP II 点平面和高程成果表，技术设计书，技术总结报告。

第三章 不动产测绘

第一节 房产要素测量案例

一、背景材料

某测绘生产单位受某公司的委托，承接其A区房产测绘工程，共有建筑28栋，规划建筑面积约$9.67\times10^4m^2$，涉及独栋、双拼、联排、住宅、多功能综合楼等多种建筑形式，目的主要是进行产权登记测绘。

该项目位于××市绿园区，其东起东一路，西至西二路，北临北二街，南至南三街。周边新建小区，四周均为市政道路，周边权属简单清晰。地势平坦，交通方便，控制点分布均匀，密度适中。

A区28栋建筑约$9.67\times10^4m^2$的测绘任务，包括房产平面控制测量、房产调查、房产要素测量、房产图绘制、房产面积测算、房产分户以及成果资料的检查与验收。

已有资料情况：

① 测区范围内已有控制成果资料；

② 本项目的房屋用地文件；

③ 各建筑的规划审批、验收文件；

④ 各建筑的设计文件（含施工图电子文档）；

⑤ 各建筑的房屋预售文件；

⑥ 建设工程竣工测量成果报告及其控制导线资料。

二、考点剖析

房产要素测量主要包括房产测量的精度要求、房产平面控制测量和房产要素测量等。

1. 房产测量的精度要求

（1）房产平面控制测量的精度要求

房产平面控制网要求最末一级的房产平面控制网中，相邻控制点间的相对点位中误差不大于0.025m，最大误差不大于0.05m。

（2）房产界址点的精度要求

房产界址点的精度分三级，各界址点相对于邻近控制点的点位误差和间距 50m 的相邻界址点的间距误差不超过表 3-1 的规定。

表 3-1　**房产界址点的精度要求**

界址点等级	界址点相对于邻近控制点的点位误差和相邻界址点间的间距误差	
	限差（m）	中误差（m）
一	±0. 04	±0. 02
二	±0. 10	±0. 05
三	±0. 20	±0. 10

间距未超过 50m 的界址点间的间距误差限差不应超过式（3-1）的计算结果（单位 m）：

$$D = \pm (m_j + 0.02 m_j d) \tag{3-1}$$

式中，m_j为相应等级界址点的点位中误差；d 为相邻界址点间的距离；D 为界址点坐标计算的边长与实量边长较差的限差。

需要测定房角点的坐标时，房角点坐标的精度等级和限差执行与界址点相同的标准。

（3）房产分幅平面图与房产要素测量的精度

① 模拟方法测绘的房产分幅平面图上的地物点，相对于邻近控制点的点位中误差不超过图上±0. 5mm。

② 利用已有的地籍图、地形图编绘房产分幅图时，地物点相对于邻近控制点的点位中误差不超过图上±0. 6mm。

③ 对全野外采集数据或野外解析测量等方法所测的房地产要素点和地物点，相对于邻近控制点的点位中误差不超过±0. 05m。

④ 采用已有坐标或已有图件，展绘成房产分幅图时，展绘中误差不超过图上±0. 1mm。

（4）房产面积的精度要求

房产面积的精度分为三级，各级面积的限差和中误差不超过表 3-2 计算的结果。

表 3-2　**房产面积的精度要求**

房产面积的精度等级	限差	中误差
一	$0.02\ S^{1/2} + 0.0006\ S$	$0.01\ S^{1/2} + 0.0003\ S$
二	$0.04\ S^{1/2} + 0.002\ S$	$0.02\ S^{1/2} + 0.001\ S$
三	$0.08\ S^{1/2} + 0.006\ S$	$0.04\ S^{1/2} + 0.003\ S$

注：S 为房产面积，m^2。

对新建商品房一般采用第二等级精度要求，对其他房产建筑面积测算采用第三等级精度要求，其余有特殊要求的用户和城市商业中心黄金地段的房产可采用一级精度要求。

本工程按二级房产面积测量精度执行，它的适用范围为大城市的市区、中小城市的中心区的商品房、其他上市房屋。本工程房产测绘精度要求见表 3-3。

表 3-3 **本工程房产测绘精度要求**

精度类别	等级	限差	中误差
界址点精度/m	二	±0. 10	±0. 05
房产面积精度/m	二	$\pm(0.04\,S^{1/2}+0.002\,S)$	$\pm(0.02\,S^{1/2}+0.001\,S)$

2. *房产平面控制测量*

房产平面控制点的布设，应遵循从整体到局部、从高级到低级、分级布网的原则，也可以越级布网。房产平面控制点包括二、三、四等平面控制点和一、二、三级平面控制点。房产平面控制点均应埋设固定标志。目前，房产平面控制测量的主要方法是采用 GPS 测量技术和导线测量技术。

（1） GPS 测量技术

① GPS 网点与原有控制网的高级点重合应不少于 3 个。当重合不足 3 个时，应与原控制网的高级点进行联测，重合点与联测点的总数不得少于 3 个。

② GPS 网应布设成三角网形或导线网形，或构成其他独立检核条件可以检核的图形。

③ 各等级 GPS 相对定位测量的技术指标见表 3-4。

（2） 导线测量技术

① 导线应尽量布设成直伸导线，并构成网形。

② 导线布成节点网时，节点与节点，节点与高级点向的附合导线长度，不超过规定的附合导线长度的 0. 7 倍。

表 3-4 **各等级 GPS 相对定位测量的技术指标**

等级	卫星高度角（°）	有效观测卫星总数	时段中任一卫星有效观测时间（min）	观测时段数	观测时段长度（min）	数据采样间隔（s）	点位几何图形强度因子 PDOP
二等	⩾15	⩾6	⩾20	⩾2	⩾90	15~60	⩽6
三等	⩾15	⩾4	⩾5	⩾2	⩾10	15~60	⩽6
四等	⩾15	⩾4	⩾5	⩾2	⩾10	15~60	⩽8
一级	⩾15	⩾4		⩾1		15~60	⩽8
二级	⩾15	⩾4		⩾1		15~60	⩽8
三级	⩾15	⩾4		⩾1		15~60	⩽8

③ 当附合导线长度短于规定长度的 1/2 时，导线全长的闭合差可放宽至不超过 0.12m。

④ 各等级测距导线的技术指标见表 3-5。

表 3-5 各等级测距导线的技术指标

等级	平均边长（km）	附合导线长度（km）	每边长测距中误差（mm）	测角中误差（″）	导线全长相对闭合差	水平角观测的测回数			方位角闭合差（″）
						DJ1	DJ2	DJ6	
三等	3.0	15	±18	±1.5	1/60 000	8	12		$\pm 3n^{1/2}$
四等	1.6	10	±18	±2.5	1/40 000	4	6		$\pm 5n^{1/2}$
一级	0.3	3.6	±15	±5.0	1/14 000		2	6	$\pm 10n^{1/2}$
二级	0.2	2.4	±12	±8.0	1/10 000		1	3	$\pm 16n^{1/2}$
三级	0.1	1.5	±12	±12.0	1/6 000		1	3	$\pm 24n^{1/2}$

注：n 为导线转折角的个数。

3. 房产要素测量

房产要素测量的主要内容包括：界址测量、境界测量、房屋及其附属设施测量、陆地交通和水域测量以及其他相关地物测量。

（1）界址测量

界址测量分为界址点测量和丘界线测量。

① 界址点测量：从邻近基本控制点或高级界址点起算，以极坐标法、支导线法或正交法等野外解析法测定，也可在全野外数据采集时和其他房地产要素同时测定。

② 丘界线测量：需要测定丘界线边长时，用预检过的钢尺丈量其边长，丘界线丈量精度应符合规范规定，也可由相邻界址点的解析坐标计算丘界线长度。对不规则的弧形丘界线，可按折线分段丈量，测量结果应标示在分丘图上作为计算丘面积及复丈检测的依据。

③ 界标地物测量：应根据设立的界标类别、权属界址位置（内、中、外）选用各种测量方法测定，其测量精度应符合规范规定，测量结果应标示在分丘图上。界标与邻近较永久性的地物宜进行联测。

（2）境界测量

行政境界，包括国界线以及国内各级行政区划界。测绘国界时，应根据边界条约或有关边界的正式文件精确测定，国界线上的界桩点应按坐标值展绘，注出编号，并尽量注出高程。国内各级行政区划界应根据勘界协议、有关文件准确测绘，各级行政区划界上的界桩、界碑按其坐标值展绘。

（3）房屋及其附属设施测量

① 房屋应逐幢测绘：不同产别、不同建筑结构、不同层数的房屋应分别测量，独立成幢房屋，以房屋四面墙体外侧为界测量。毗连房屋四面墙体，在房屋所有人指界下，区分自有、共有或借墙，以墙体所有权范围为界测量。每幢房屋除按规范要求的精度测定其

平面位置外，应分幢分户丈量作图。丈量房屋以勒脚以上墙角为准，测绘房屋以外墙水平投影为准。

② 房屋附属设施测量：柱廊以柱外围为准；檐廊以外轮廓投影、架空通廊以外轮廓水平投影为准；门廊以柱或围护物外围为准，独立柱的门廊以顶盖投影为准；挑廊以外轮廓投影为准；准阳台以底板投影为准；门墩以墩外围为准；门顶以顶盖投影为准；室外楼梯和台阶以外围水平投影为准。独立地物的测量，应根据地物的几何图形测定其定位点。亭以柱外围为准；塔、烟囱、罐以底部外围轮廓为准；水井以中心为准。构筑物按需要测量。

（4）陆地交通和水域测量

① 陆地交通测量是指铁路、道路桥梁测量。铁路以轨距外缘为准；道路以路缘为准；桥梁以桥头和桥身外围为准测量。

② 水域测量是指河流、湖泊、水库、沟渠、水塘测量。河流、湖泊、水库等水域以岸边线为准；沟渠、池塘以坡顶为准测量。

（5）其他相关地物测量

① 其他相关地物是指天桥、站台、阶梯路、游泳池、消火栓、检阅台、碑以及地下构筑物等。

② 消火栓、碑不测其外围轮廓，以符号中心定位。天桥、阶梯路均依比例绘出，取其水平投影位置。站台、游泳池均依边线测绘，内加简注。地下铁道过街地道等不测出其地下物的位置，只标示出入口位置。

第二节　房产面积计算案例

一、背景材料

某房产测绘单位受某公司委托，承接了某小区的房产测绘任务，该项目中有一栋7层带夹层的房屋，外墙水平投影面积的一半为4.86m^2，每层层高都为3.0m，平面图如图3-1所示。

测绘任务主要有：房产平面控制测量、房产调查、房产要素测量、房产图绘制、房产面积测算以及成果资料的检查与验收。

房产面积测算精度按《房产测量规范》（GB/T 17986—2000）二级要求。

仪器设备：全站仪、手持测距仪、钢卷尺、数码照相机、记录设备等。

作业依据：

①《房产测量规范》；

②《房产测绘管理办法》；

③ 国家和相关部门发布的政策文件等。

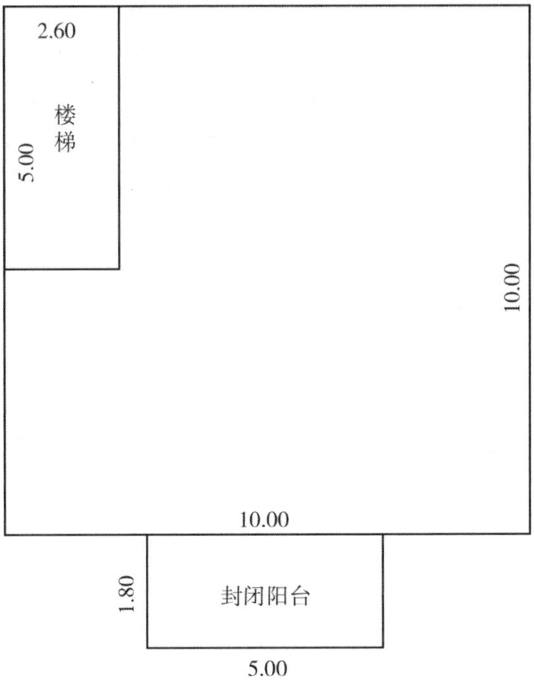

图 3-1 一层、夹层、二至七层平面图

二、考点剖析

房产面积计算主要包括房产面积测算的内容，房屋建筑面积测算的方法，成套房屋的建筑面积和共有共用面积分摊计算方法。

1. 房产面积测算的内容

房产面积测算是指水平投影面积测算，分为房屋面积和房屋用地面积测算两类。其中，房屋面积测算包括房屋建筑面积、共有（共用）建筑面积、产权面积、使用面积等。

（1）房屋的建筑面积

房屋外墙（柱）勒脚以上各层的外围水平投影面积，包括阳台、挑廊、地下室、室外楼梯等，且具备有上盖，结构牢固，层高 2.20m 以上（含 2.20m）的永久性建筑。

（2）房屋的使用面积

房屋户内全部可供使用的空间面积，按房屋的内墙面水平投影计算。

（3）房屋的产权面积

产权主依法拥有房屋所有权的房屋建筑面积。房屋产权面积由直辖市、市、县房地产行政主管部门登记确权认定。

（4）房屋的共有（共用）建筑面积

各产权主共同占有或共同使用的建筑面积。

(5) 面积测算的要求

各类面积测算必须独立测算两次，其较差应在规定的限差以内，取中数作为最后结果。量距应使用经检定合格的卷尺或其他能达到相应精度的仪器和工具，面积以平方米为单位。

本项目中 1 栋 7 层带夹层的房屋的总建筑面积计算过程如下：

① 一至七层的面积：

$$10\times10+5\times1.8+4.86=113.86\mathrm{m}^2;$$

② 夹层面积：

$$113.86-5\times2.6=100.86\mathrm{m}^2;$$

③ 总建筑面积：

$$113.86\times7+100.86=897.88\mathrm{m}^2。$$

某套房屋独立测算两次，建筑面积分别为 100.25m^{2}和 99.75m^2，问该套房屋建筑面积为多少？精度是否符合要求。

根据表 3-3，面积限差为

$$0.04\,S^{1/2}+0.002\,S=0.04\times\sqrt{100}+0.002\times100=0.6\mathrm{m}^2$$

两次测算之差

$$100.25-99.75=0.5\mathrm{m}^2,$$

因为

$$0.5\mathrm{m}^2<0.6\mathrm{m}^2$$

所以小于限差，精度符合要求。

取两次测算结果的中数作为最后结果，该套房屋建筑面积为

$$\frac{100.25+99.75}{2}=100\mathrm{m}^2$$

2. 房屋建筑面积测算的方法

(1) 按全部建筑面积计算的建筑

① 永久性结构的单层房屋，按一层计算建筑面积；多层房屋按各层建筑面积的总和计算。

② 房屋内的夹层、插层、技术层及其梯间、电梯间等其高度在 2.20m 以上部位计算建筑面积。

③ 穿过房屋的通道，房屋内的门厅、大厅，均按一层计算面积。门厅、大厅内的回廊部分，层高在 2.20m 以上的，按其水平投影面积计算。

④ 楼梯间、电梯（观光梯）井、提物井、垃圾道、管道井等均按房屋自然层计算面积。

⑤ 房屋天面上，属永久性建筑，层高在 2.20m 以上的楼梯间、水箱间、电梯机房及斜面结构屋顶高度在 2.20m 以上的部位，按其外围水平投影面积计算。

⑥ 挑楼、全封闭的阳台按其外围水平投影面积计算。

⑦ 属永久性结构有上盖的室外楼梯，按各层水平投影面积计算。

⑧ 与房屋相连的有柱走廊，两房屋间有上盖和柱的走廊，均按其柱的外围水平投影

面积计算。

⑨ 房屋间永久性的封闭的架空通廊，按外围水平投影面积计算。

⑩ 地下室、半地下室及其相应出入口，层高在2.20m以上的，按其外墙（不包括采光井、防潮层及保护墙）外围水平投影面积计算。

⑪ 有柱或有围护结构的门廊、门斗，按其柱或围护结构的外围水平投影面积计算。

⑫ 玻璃幕墙等作为房屋外墙的，按其外围水平投影面积计算。

⑬ 属永久性建筑有柱的车棚、货棚等按柱的外围水平投影面积计算。

⑭ 依坡地建筑的房屋，利用吊脚做架空层，有围护结构的，按其高度在2.20m以上部位的外围水平面积计算。

⑮ 有伸缩缝的房屋，若其与室内相通的，伸缩缝计算建筑面积。

（2）按一半建筑面积计算的建筑

① 与房屋相连有上盖无柱的走廊、檐廊，按其围护结构外围水平投影面积的一半计算。

② 独立柱、单排柱的门廊、车棚、货棚等属永久性建筑的，按其上盖水平投影面积的一半计算。

③ 未封闭的阳台、挑廊，按其围护结构外围水平投影面积的一半计算。

④ 无顶盖的室外楼梯按各层水平投影面积的一半计算。

⑤ 有顶盖不封闭的永久性的架空通廊，按外围水平投影面积的一半计算。

（3）不计算建筑面积的建筑

① 层高小于2.20m以下的夹层、插层、技术层和层高小于2.20m的地下室和半地下室。

② 突出房屋墙面的构件、配件、装饰柱、装饰性的玻璃幕墙、垛、勒脚、台阶、无柱雨篷等。

③ 房屋之间无上盖的架空通廊。

④ 房屋的天面、挑台、天面上的花园、泳池。

⑤ 建筑物内的操作平台、上料平台及利用建筑物的空间安置箱、罐的平台。

⑥ 骑楼、过街楼的底层用作道路街巷通行的部分。

⑦ 利用引桥、高架路、高架桥、路面作为顶盖建造的房屋。

⑧ 活动房屋、临时房屋、简易房屋。

⑨ 独立烟囱、亭、塔、罐、池，地下人防干线、支线。

⑩ 与房屋室内不相通的房屋间伸缩缝。

3. 成套房屋建筑面积的计算方法

成套房屋的建筑面积由套内房屋使用面积、套内墙体面积、套内阳台建筑面积三部分组成。

（1）套内房屋使用面积

套内房屋使用面积为套内房屋使用空间的面积，以水平投影面积按以下规定计算：

① 套内使用面积为套内卧室、起居室、过厅、过道、厨房、卫生间、厕所、储藏室、壁柜等空间面积的总和。

② 套内楼梯按自然层数的面积总和计入使用面积。

③ 不包括在结构面积内的套内烟囱、通风道、管道井均计入使用面积。

④ 内墙面装饰厚度计入使用面积。

（2）套内墙体面积

套内使用空间周围的维护或承重墙体或其他承重支撑体所占的面积，其中各套之间的分隔墙和套与公共建筑空间的分隔以及外墙（包括山墙）等共有墙，均按水平投影面积的一半计入套内墙体面积。套内自有墙体按水平投影面积全部计入套内墙体面积。

（3）套内阳台建筑面积

套内阳台建筑面积均按阳台外围与房屋外墙之间的水平投影面积计算。其中，封闭的阳台按水平投影全部计算建筑面积，未封闭的阳台按水平投影的一半计算建筑面积。

4. 成套房屋建筑面积的计算

某栋 31 层高层住宅，规划面积约 $2.1\times10^4\text{m}^2$，占地面积约 $3\ 333.5\text{m}^2$。分层分户平面图如图 3-2 所示。

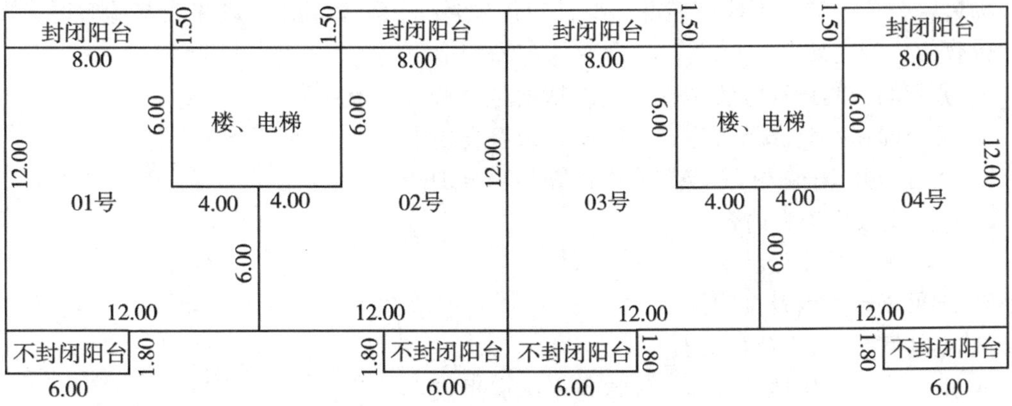

外墙（包括山墙）水平投影面积的一半为：12.04m^2

图 3-2　一层至三十一层分层分户平面图

该栋房屋分摊系数、01 号的建筑面积、整栋房屋总建筑面积，以及容积率计算如下：

01 号套内面积：

$$12\times12-4\times6+1.5\times8+6\times1.8\times0.5=137.4\text{m}^2$$

同理，02、03、04 号套内面积：137.4m^2；

每层楼、电梯面积：

$$6\times8\times2=96\text{m}^2;$$

每层外墙（包括山墙）水平投影面积的一半：12.04m^2；

公摊系数为

$$\frac{(96+12.04)\times31}{137.4\times4\times31}=0.196\ 579;$$

01 号公摊面积为

$$0.196\ 579\times137.4=27.01\text{m}^2;$$

01 号建筑面积为

$$137.4+27.01=164.41\text{m}^2;$$

整栋房屋总建筑面积为

$$164.41\times4\times31=20\ 386.84\text{m}^2;$$

容积率为

$$\frac{20\ 386.84}{5\times666.7}=6.12。$$

5. 房产测绘成果验收与归档

（1）成果检查、验收的制度

房产测量成果实行二级检查一级验收制。一级检查为过程检查，在全面自检、互查的基础上，由作业组的专职或兼职检查人员承担。二级检查由施测单位的质量检查机构和专职检查人员在一级检查的基础上进行。检查验收工作应在二级检查合格后由房产测绘单位的主管机关实施。产品成果最终验收工作由任务的委托单位组织实施。

项目验收应完整，不能有遗漏情况，对该项目面积测算成果资料检查与验收时，要检查、验收的内容主要有：

① 房产面积的计算方法是否正确，精度是否符合要求；
② 用地面积的测算是否正确，精度是否符合要求；
③ 共有与共用面积的测定和分摊计算是否合理。

（2）上交成果资料内容

① 房产测绘技术设计书；
② 成果资料索引及说明；
③ 控制测量成果资料；
④ 房屋及房屋用地调查表、界址点坐标成果表；
⑤ 图形数据成果和房产原因；
⑥ 技术总结；
⑦ 检查验收报告。

第三节　地籍测绘案例

一、背景材料

某测绘单位受市政府委托，要求对某国际旅游综合体项目进行地籍测绘。该项目坐落于该市国家湿地公园东南角，总占地面积为 386 公顷。该旅游综合体项目集国际酒店集群、国家级湿地博物馆、精品商业区、旅游公共服务设施等多种功能于一体，整个项目包括湿地博物馆、文化剧院区，项目总投资金额约 20 亿元，为该市国家湿地公园主入口的地标性建筑群。

1. 主要工作任务

（1）平面控制测量
完成测区一、二级控制测量及图根控制测量。
（2）权属调查
① 确定调查区范围内的每一宗地的权属，解决土地纠纷；
② 编制宗地草图；
③ 填写地籍调查的有关表格。
（3）地籍测量
① 对调查区范围内的八块宗地进行全解析地籍测量；
② 编制 1∶500 比例尺宗地图；
③ 对地籍调查范围内的宗地进行面积计算、汇总与统计。
（4）地籍数据库系统建设

2. 主要技术依据

①《地籍调查规程》（GB/T 42547—2023）。
②《第二次全国土地调查技术规程》（TD/T 1014—2007）。
③《土地利用现状分类》（GB/T 21010—2017）。
④《全球导航卫星系统（GNSS）测量规范》（GB/T 18314—2024）。
⑤《城市测量规范》（CJJ/T 8—2011）。

3. 数学基础

① 平面坐标系统采用 2000 国家大地坐标系。
② 高程系统与高程基准：高程系统采用正常高程系统，高程基准采用 1985 国家高程基准。

4. 测区已有资料分析利用

（1）地籍档案资料
① 土地登记档案资料；② 原有的土地权属界线图。
（2）测绘资料
① 平面控制资料（已知平面控制资料分析，包括网名、施测年代、单位、精度、保持完好情况）；
② 图件资料：二调数据作为工作底图。

二、考点剖析

地籍测绘主要包括：地籍权属调查、地籍控制测量、地籍图测绘和宗地图的编制等。

1. 地籍测绘基本概念

（1）地籍调查

针对每宗地的权属、界址、位置、面积、用途等进行的土地调查。

（2）地籍总调查

在一定时间内，对辖区内或者特定区域内土地进行的全面地籍调查。

主要内容：准备工作、土地权属调查、地籍测量、检查验收、成果资料整理与归档，数据库与地籍信息系统建设等工作。

（3）日常地籍调查

因宗地设立、灭失、界址调整及其他地籍信息的变更而开展的地籍调查。

主要内容：准备工作、日常土地权属调查、日常地籍测量、成果资料的检查、整理变更与归档等工作。

（4）地籍测绘

为获取和表达地籍信息，依据权属调查成果，对每宗土地的界址点、界址线、位置、形状、面积等进行的现场测绘工作。

主要内容：地籍控制测量、地籍要素调查和测量、地籍图绘制、面积量算等。

（5）地籍区和地籍子区

① 在县级行政辖区内，以乡（镇）、街道界线为基础结合明显线性地物划分地籍区。

② 在地籍区内，以行政村、居委会或街坊界线为基础结合明显线性地物划分地籍子区。

③ 地籍区、地籍子区划定后，其数量和界线应保持稳定，原则上不随所依附界线或线性地物的变化而调整。

（6）宗地

凡被权属界址线所封闭的地块称为一宗地。宗地是地籍调查的基本单元。

① 在地籍子区内，划分国有土地使用权宗地和集体土地所有权宗地。在集体土地所有权宗地内，划分集体建设用地使用权宗地、宅基地使用权宗地。

② 两个或两个以上农民集体共同所有的地块，且土地所有权界线难以划清的，应设为共有宗。

③ 两个或两个以上权利人共同使用的地块，且土地使用权界线难以划清的，应设为共用宗。

④ 土地权属有争议的地块可设为一宗地。

⑤ 公用广场、停车场、市政道路、公共绿地、市政设施用地、城市（镇、村）内部公用地、空闲地等可单独设立宗地。

（7）宗地代码

1）代码结构

宗地代码采用五层19位层次码结构，按层次分别表示县级行政区划、地籍区、地籍子区、土地权属类型、宗地顺序号。

2）编码方法

① 第一层次为县级行政区划，代码为6位。

② 第二层次为地籍区，代码为 3 位，用阿拉伯数字表示。

③ 第三层次为地籍子区，代码为 3 位，用阿拉伯数字表示。

④ 第四层次为土地权属类型，代码为 2 位。其中，第一位表示土地所有权类型，用 G、J、Z 表示，“G”表示国家土地所有权，“J”表示集体土地所有权，“Z”表示土地所有权争议；第二位表示宗地特征码，用 A、B、S、X、C、W、Y 表示，“A”表示集体土地所有权宗地，“B”表示建设用地使用权宗地（地表），“S”表示建设用地使用权宗地（地上），“X”表示建设用地使用权宗地（地下），“C”表示宅基地使用权宗地，“W”表示使用权未确定或有争议的土地，“Y”表示其他土地使用权宗地，用于宗地特征扩展。

⑤ 第五层次为宗地顺序号，代码为 5 位，用 00001～99999 表示，在相应的宗地特征码后编码。

2. 地籍地图的数学基础

（1）坐标系统的选择

宜采用 2000 国家大地坐标系统，也可采用 1954 北京坐标系统、1980 西安坐标系统、地方坐标系统或独立坐标系统，这些坐标系统应与 2000 国家大地坐标系统联测或建立转换关系。

（2）地图投影的选择

1∶10 000 或 1∶5 000 图件或数据应选择高斯-克吕格投影统一 3°带的平面直角坐标系统；1∶50 000 图件或数据应选择高斯-克吕格投影统一 6°带的平面直角坐标系统；中央子午线线按照地图投影分带的标准方法选定。

对 1∶500，1∶1 000，1∶2 000 图件或数据，当长度变形值不大于 2. 5cm/km 时，应选择高斯-克吕格投影统一 3°带的平面直角坐标系统。当长度变形值大于 2. 5cm/km 时，应根据具体情况依次选择：

① 有抵偿高程面的高斯-克吕格投影统一 3°带平面直角坐标系统；

② 高斯-克吕格投影任意带平面直角坐标系统；

③ 有抵偿高程面的任意带平面直角坐标系统。

（3）地籍图比例尺选择

① 地籍图可采用 1∶500、1∶1 000、1∶2 000、1∶5 000、1∶10 000、1∶50 000 等比例尺。

② 集体土地所有权调查，其地籍图基本比例尺为 1∶10 000。有条件的地区或城镇周边的区域可采用 1∶500、1∶1 000、1∶2 000 或 1∶5 000 比例尺。在人口密度很小的荒漠、沙漠、高原、牧区等地区可采用 1∶50 000 比例尺。

③ 土地使用权调查，其地籍图基本比例尺为 1∶500。对村庄用地、采矿用地、风景名胜设施用地、特殊用地、铁路用地、公路用地等区域可采用 1∶1 000 和 1∶2 000 比例尺。

3. 地籍权属调查

地籍权属调查的内容和方法主要有：

（1）土地权利人

调查核实土地权利人的姓名或者土地权利人的名称、单位性质、行业代码、组织机构代码、法定代表人（或负责人）姓名及其身份证明、代理人姓名及其身份证明等。

（2）土地权属性质及来源

调查核实土地的权属来源证明材料、土地权属性质、使用权类型、使用期限等。

（3）土地位置

① 对土地所有权宗地，调查核实宗地四至，所在乡（镇）、村的名称，所在图幅等；

② 对土地使用权宗地，调查核实土地坐落、宗地四至、所在图幅等。

（4）土地用途

调查核实土地的批准用途和实际用途。

① 对土地使用权宗地，根据土地权属来源材料或用地批准文件确定批准用途，并现场调查确定实际用途。

② 对集体土地所有权宗地，不调查批准用途和实际用途。宗地内各种地类的面积及其分布直接引用已有土地利用现状调查成果。

（5）其他方面

包括土地的共有共用、土地权利限制等情况。

4. 宗地草图

宗地草图内容包括：

① 本宗地号、坐落地址、权利人；

② 宗地界址点、界址点号及界址线，宗地内的主要地物；

③ 相邻宗地号、坐落地址、权利人或相邻地物；

④ 界址边长、界址点与邻近地物的距离；

⑤ 确定宗地界址点位置、界址边方位所必需的建筑物或构筑物；

⑥ 丈量者、丈量日期、检查者、检查日期、概略比例尺、指北针等。

5. 地籍控制测量

（1）地籍测量一般规定

① 地籍控制网分为地籍首级控制网和地籍图根控制网，各等级控制网的布设应遵循“从整体到局部，分级布网”的原则。根据测区具体情况，首级控制网优先选用 GPS 网进行布设，且控制网的布设遵循从整体到局部，从高级到低级，分级布网，逐级加密的原则。

② 地籍平面控制网的基本精度应符合以下规定：

a. 四等网或 E 级网中最弱边相对中误差不得超过 1/450 000。

b. 四等网或 E 级以下网最弱点相对于起算点的点位中误差不得超过 5cm。

③ 乡（镇）政府所在地至少有 2 个等级为一级以上的埋石点，埋石点至少和 1 个同等级（含）以上的控制点通视。

④ 控制点的选点、埋石、标石类型、点名和点号等按照《城市测量规范》（CJJ/T 8—2011）等标准执行。

（2）首级平面控制测量

地籍首级平面控制网点的等级分为三、四等或 D、E 级和一、二级。主要采用静态全球定位系统定位方法建立地籍首级平面控制网；一、二级地籍平面控制网也可采用导线测量方法施测。

（3）首级高程控制测量

① 首级高程控制网点可采用水准测量、三角高程测量等方法施测。原则上，只测设四等或等外水准点的高程。

② 在首级高程控制网中，最弱点的高程中误差相对于起算点不大于 2cm。

③ 首级高程控制网加密观测和计算的技术要求按照《城市测量规范》（CJJ/T 8—2011）等标准执行。

（4）地籍图根控制测量

1）地籍图根控制测量的方法

可采用动态全球定位系统定位方法、快速静态全球定位系统定位方法或导线测量方法建立地籍图根控制网点。

当采用静态和快速静态全球定位系统定位方法时，观测、计算及其技术指标的选择按照（CJJ/T 8—2011）规定的一级 GPS 点测量的要求执行。

2）RTK（含 CORS）图根点的测量

可采用 RTK 方法布设图根点。保证每 1 个图根点至少与 1 个相邻图根点通视。为保证 RTK 测量精度，应进行有效检核。检核方法有两种：

每个图根点均应有 2 次独立的观测结果，2 次测量结果的平面坐标较差不得大于 3cm，高程的较差不得大于 5cm，在限差内取平均值作为图根点的平面坐标和高程。

在测量界址点和测绘地籍图时采用全站仪对相邻 RTK 图根点进行边长检查，其检测边长的水平距离的相对误差不得大于 1/3 000。

RTK 图根点测量的观测和计算应按照《全球定位系统实时动态测量 RTK 技术规范》（CH/T 2009—2010）执行。

3）图根导线测量

当采用图根导线测量方法时，导线网宜布设成附合单导线、闭合单导线或节点导线网。

图根导线点用木桩或水泥钢钉做标志，其数量以能满足界址点测量和地籍图测量的要求为准。

导线上相邻的短边与长边边长之比不小于 1/3。如导线总长超限或测站数超限，则其精度技术指标应做相应的提高。

因受地形限制图根导线无法附合时，可布设图根支导线，每条支导线总边数不超过 2 条，总长度不超过起算边的 2 倍。支导线边长往返观测，转折角观测 1 测回。

4）图根高程控制测量

图根高程控制网点采用三角高程测量技术施测，高程线路与一级、二级图根平面导线点重合。

本项目图根导线测量是在 GPS-RTK 流动站（一、二级控制点）的基础上布设图根导线点，整个测区图根控制优先采用电磁波测距导线。

（1）图根控制点布设密度

图根点（各等级控制点）的密度，通常为在建成区不少于 100 个/km^2，其余地区不宜少于 80 个/km^2。

城市建筑密集区及地形复杂、隐蔽地区，应以满足测图需要为原则，适当加大密度。

（2）图根控制点标志设置

采用固定标志。位于水泥地、沥青地的普通图根点应以水泥钉、铆钉作为其中心标志，周边用红漆绘出方框及点号。

一幅标准图幅内至少应设置两个图根埋石控制点，并尽量与另一埋石控制点或高级别控制点互相通视。

一级、二级图根点相对于图根起算点的点位中误差不得超过±5cm，测站点相对于邻近图根点的点位中误差不得超过±5cm；图根点高程中误差不得超过±5cm。为确保地物点的测量精度，图根光电测距导线测量的技术要求见表 3-6。

表 3-6　**图根光电测距导线测量的技术要求（*n* 为测站数）**

等级	附合导线长度（km）	平均边长（m）	测回数		测回差	方位角闭合差（″）	坐标闭合差（m）	导线全长相对闭合差
			DJ2	DJ6				
一级	1.2	120	1	2	18	$\pm 24\sqrt{n}$	0.22	1/5 000
二级	0.7	70		1		$\pm 40\sqrt{n}$	0.22	1/3 000

6. 界址点测量

（1）界址点测量方法

界址点测量方法包括解析法和图解法。

1）解析法

解析法是指采用全站仪、GPS 接收机、钢尺等测量工具，通过全野外测量技术获取界址点坐标和界址点间距的方法。

2）图解法

图解法是指采用标示界址、绘制宗地草图、说明界址点位和说明权属界线走向等方式描述实地界址点的位置，由数字摄影测量加密或在正射影像图、土地利用现状图、扫描数字化的地籍图和地形图上获取界址点坐标和界址点间距的方法。图解界址点坐标不能用于放样确定实地界址点的精确位置。

本次地籍界址点测量有利于全站仪以解析法进行数据采集。

（2）界址点的精度

① 解析法获取界址点坐标和界址点间距的精度要求见表 3-7。

② 图解法：相邻界址点的间距误差、界址点相对于邻近控制点的点位误差、界址点相对于邻近地物点的间距误差均不应大于 0.3mm。

（3）解析界址点测量的方法

利用全站仪、GPS 接收机和钢尺等测量工具野外实测界址点坐标。主要方法有极坐标法、直角坐标法（正交法）、截距法（内外分点法）、距离交会法、角度交会法、全球定位系统（GPS）测量方法等。可根据界址点的观测环境选用不同的方法。

表 3-7　　**解析界址点的精度**

级别	界址点相对于邻近控制点的点位误差，相邻界址点间距中误差（cm）	
	中误差	允许误差
一	±5. 0	±10. 0
二	±7. 5	±15. 0
三	±10. 0	±20. 0

注 1：土地使用权明显界址点精度不低于一级，隐蔽界址点精度不低于二级；

注 2：土地所有权界址点可选择一、二、三级精度。

① 当采用全站仪测量时，观测时应做测站检查，检查点可以是定向点、邻近控制点和已测设的界址点。

② 当采用钢尺量距时，宜丈量两次并进行尺长改正，两次较差的绝对值应小于 5cm。

③ 无论采用哪种方法测量界址点，都应进行有效检核。有两种检核界址点测量误差的方法，一是界址点坐标点位检核，二是界址点间距检核。

7. 地籍图测绘

（1）地籍图测绘一般规定

① 可采用全野外数字测图、数字摄影测量和编绘法等方法测绘地籍图。

② 地籍图图面必须主次分明、清晰易读。

③ 地籍图平面位置精度：

a. 相邻界址点的间距中误差、界址点相对于邻近控制点的点位误差、界址点相对于邻近地物点的间距误差 0. 3mm。

b. 邻近地物点的间距中误差 0. 4mm。

c. 地物点相对于邻近控制点的点位误差 0. 5mm。

d. 荒漠、高原、山地、森林及隐蔽地区等可放宽至 1. 5 倍。

（2）地籍图的主要内容和表示方法

地籍图的内容包括行政区划要素、地籍要素、地形要素、数学要素和图廓要素。

① 行政区划要素：指行政区界线和行政区名称。

同等级的行政区界线相重合时应遵循高级覆盖低级的原则，只表示高级行政区界线，行政区界线在拐角处不得间断，应在转角处绘出点或线。

行政级别从高到低依次为：省级界线、市级界线、县级界线和乡级界线。当按照标准分幅编制地籍图时，在乡（镇、街道办事处）的驻地注记名称外，还应在内外图廓线之间、行政区界线与内图廓线交会处的两边注记乡（镇、街道办事处）的名称。

地籍图上不注记行政区代码和邮政编码。

② 地籍要素：地籍区界线、地籍子区界线、土地权属界址线、界址点、图斑界线、地籍区号、地籍子区号、宗地号（含土地权属类型代码和宗地顺序号）、地类代码、土地权利人名称、坐落地址等。

界址线与行政区界线相重合时，只表示行政区界线，同时在行政区界线上标注土地权属界址点。行政区界线在拐角处不得间断，应在转角处绘出点或线。

地籍区、地籍子区界线叠置于省级界线、市级界线、县级界线、乡级界线和土地权属界线之下，叠置后其界线仍清晰可见。

地籍图上，对于土地使用权宗地、宗地号及其地类代码用分式的形式标注在宗地内，分子注宗地号，分母注地类代码。对于集体土地所有权宗地，只注记宗地号。宗地面积太小注记不下时，允许移注在空白处并以指示线标明。宗地的坐落地址可选择性注记。

按照标准分幅编制地籍图时，若地籍区、地籍子区、宗地被图幅分割，其相应的编号应分别在各图幅内按照规定注记。如分割的面积太小注记不下时，允许移注在空白处并以指示线标明。

地籍图上应注记集体土地所有权人名称、单位名称和住宅小区名称。个人用地的土地使用权人名称一般不需要注记。

可根据需要在地籍图上绘出土地级别界线，注记土地级别。

③ 地形要素：界址线依附的地形要素（地物、地貌）应表示，不可省略。

1∶5 000、1∶10 000、1∶50 000 比例尺地籍图上主要地形要素包括居民地、道路、水系、地理名称等。

1∶500、1∶1 000、1∶2 000 比例尺地籍图上主要的地形要素包括建筑物、道路、水系、地理名称等。

可根据需要表示地貌，如等高线、高程注记、悬崖、斜坡、独立山头等。

④ 数学要素：内外图廓线、内图廓点坐标、坐标格网线、控制点、比例尺、坐标系统等。

⑤ 图廓要素：分幅索引、密级、图名、图号、制作单位、测图时间、测图方法、图式版本、测量员、制图员、检查员等。

8. 宗地图的编制

① 以地籍图为基础，利用地籍数据编绘宗地图。

② 根据宗地的大小和形状确定比例尺和幅面。

③ 宗地图的内容包括：

a. 宗地所在图幅号、宗地代码；

b. 宗地权利人名称、面积及地类号；

c. 本宗地界址点、界址点号、界址线、界址边长；

d. 宗地内的图斑界线、建筑物、构筑物及宗地外紧靠界址点线的附着物；

e. 邻宗地的宗地号及相邻宗地间的界址分隔线；

f. 相邻宗地权利人、道路、街巷名称；

g. 指北方向和比例尺；

h. 宗地图的制图者、制图日期、审核者、审核日期等。

9. 地籍调查成果检查验收

（1）检查验收的内容

1）土地权属调查

① 地籍区、地籍子区的划分是否正确；

② 权源文件是否齐全、有效、合法；

③ 权属调查确认的权利人、权属性质、用途、年限等信息与权源材料上的信息是否一致；

④ 指界手续和材料是否齐备，界址点位和界址线是否正确、有无遗漏，实地是否设立界标；

⑤ 地籍调查表填写内容是否齐全、规范、准确，与地籍图上注记的内容是否一致，有无错漏；

⑥ 宗地草图与实地是否相符，要素是否齐全、准确，四邻关系是否清楚、正确，注记是否清晰合理。

2）地籍控制测量

① 坐标系统的选择是否符合要求；

② 控制网点布设是否合理，埋石是否符合要求；

③ 起算数据是否正确、可靠；

④ 施测方法是否正确，各项误差是否超限；

⑤ 各种观测记录手簿记录数据是否齐全、规范；

⑥ 成果精度是否符合规定；

⑦ 资料是否齐全。

3）界址测量与地籍图测绘

① 地籍、地形要素有无错漏，图上表示的各种地籍要素与地籍调查结果是否一致；

② 观测记录及数据是否齐全、规范；

③ 界址点成果表有无错漏；

④ 界址点、界址边和地物点精度是否符合规定；

⑤ 地籍图精度是否符合规定；

⑥ 图幅编号、坐标注记是否正确；

⑦ 宗地号编列是否符合要求，有无重、漏；

⑧ 各种符号、注记是否正确。

（2）验收方法

① 验收组先进行成果抽检和质量评定。内业随机抽检 5%～10%，外业实际操作的抽检比例视内业抽检情况决定，但不得低于 5%，根据抽检情况进行质量评定。对抽检发现的问题，作业单位应积极采取解决措施，及时进行返工。如果问题较多或较严重，质量评定为不合格的，要求作业单位整改后再申请验收。

② 有下列情况之一的，应评定为不合格，不予验收，退回整改后再申请验收：

a. 作业中有伪造成果行为的；

b. 实地界址点设定不正确，比例超过 5%的；

c. 控制网点布局严重不合理，或起算数据有错误，或控制测量主要精度指标达不到要求的；

d. 界址点点位中误差或间距中误差超限或误差大于 2 倍中误差的个数超过 5%的；

e. 面积量算错误的宗地数超过 5%的。

10. 地籍调查成果资料整理与提交

（1）地籍调查成果分类

① 按照介质分：纸质等实物资料和电子数据。

② 按照类型分：文字、图件、簿册和数据等。

（2）地籍调查成果提交

① 文字资料：工作方案、技术方案、工作报告、技术报告等；

② 图件资料：地籍工作底图、地籍图、宗地图等；

③ 簿册资料：地籍调查外业记录手簿、地籍控制测量原始记录与平差资料、地籍测量原始记录、地籍调查表册、各级质量控制检查记录资料等；

④ 电子数据：地籍数据库、数字地籍图、数字宗地图、影像数据、电子表格数据、文本数据、界址点坐标数据、土地分类面积统计汇总数据等。

（3）成果整理归档

① 成果资料整理应核查资料是否齐全、是否符合要求，凡发现资料不全、不符合要求的，应进行补充修正。

② 成果资料应按照统一的规格、要求进行整理、立卷、组卷、编目、归档等。

第四节　地籍数据库建设案例

一、背景材料

某市按照国家第二次土地调查的技术规定和要求，完成了全区域的土地调查项目，调查范围涉及市政府所在地、区政府所在地、乡政府所在地、各类开发区、园区的调查面积约 356km^2。

项目的主要内容包括：权属调查、地籍控制测量、界址点测量、1∶500 地籍测绘、宗地图测绘、面积计算、城镇地籍数据库及管理系统建设等。

该市第二次土地调查领导小组办公室组织成立了验收组，依据《第二次土地调查成果检查验收办法》，对城镇地籍调查成果进行验收，在验收城镇地籍成果时，对数据库、元数据、地籍图、宗地图、统计表格、文字报告进行了检查；在验收地籍调查成果时，内业抽取 50%，外业抽取 5%进行检查，其中地籍控制内业检查包括：① 平面坐标系统选择是否合理，长度变形是否超限；② 观测记录是否齐全、规范；③ 高程基准选择是否正确，高程施测精度是否满足相关技术设计；④ 资料是否齐全，内容是否完整规范等。在细部测量外业检查时，验收组实地采集了 16 个地物特征点进行检查并评定了精度。

二、考点剖析

地籍数据库的建设主要是将地面上的实体图形数据及其描述的属性数据输入数据库中。整个流程包括前期数据的采集、检查和入库等。其中，数据采集的工作量约占整个系统建设的 3/4，如图 3-3 所示。

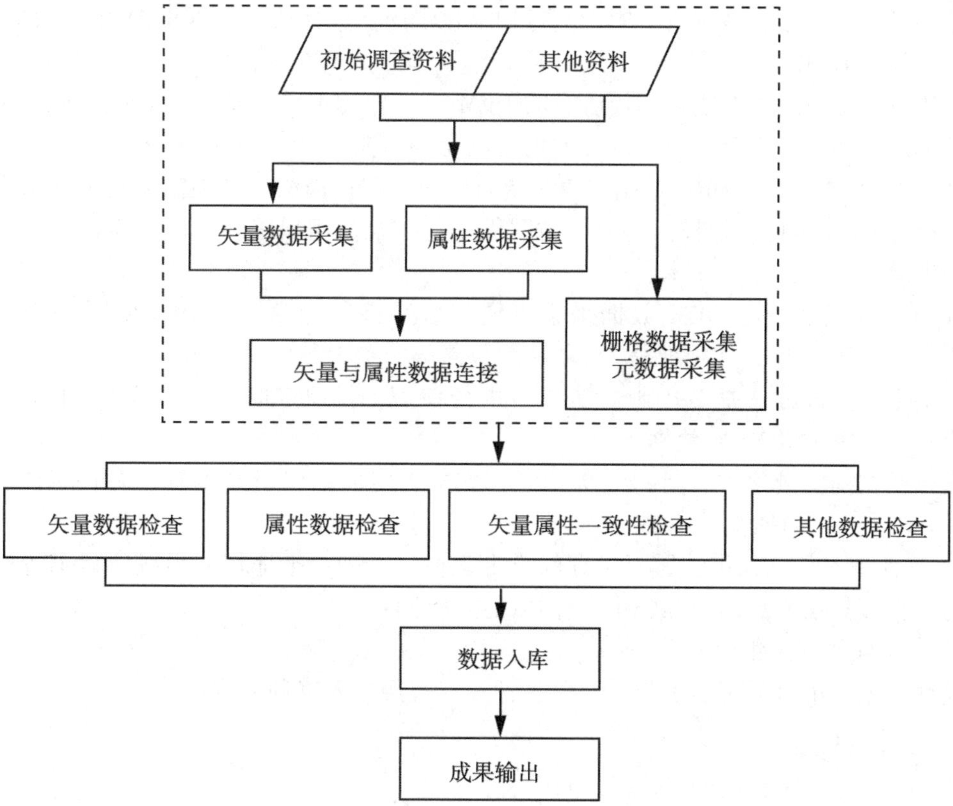

图 3-3 地籍数据库建设的主要环节

1. 地籍数据采集

地籍数据采集包括矢量数据采集、栅格数据采集和属性数据采集。

（1）矢量数据采集

数据采集方法包括基于外业电子数据采集、矢量数据转换、基于数字正摄影像数据提取和扫描矢量化。

① 矢量数据校正：矢量数据校正最少采用 4 个控制点，图纸变形较大时应适当增加控制点。

② 图形编辑：在数字化初步完成后，应对矢量图形进行检查和编辑，如图形要素移动。缩放、修改、复制、补注记等，以保证图形矢量化的准确性和完整性。

③ 坐标系变换：对采用不同坐标系需要进行坐标系变换的图件数据，按要求进行坐标变换。

④ 拓扑关系建立：对宗地、街坊、街道、行政区界线等应建立图形点、线、面间拓扑关系。

（2）栅格数据采集

① DOM 数据采集：DOM 获取方法主要有数字摄影测量方法和单片数字微分纠正方法。

数字摄影测量方法是对航空影像进行扫描、定向、立体建模、获取 DEM、微分纠正、裁切等，制作 DOM。

单片数字微分纠正方法是利用已有的 DEM 以及像控点，对数字影像内定向，按像控点进行单片空间后方交会，获得像片的内方位元素，根据 DEM 进行微分纠正。

② DRG 数据采集：DRG 数据采集主要有转换法和扫描法。转换法是将矢量数据符号化后转换为 DRG 数据；扫描法是对纸质图件进行扫描、栅格编辑、图幅定向、几何纠正等处理生成 DRG 数据。

③ DEM 数据采集：DEM 数据采集主要有数字摄影测量方法和地形图扫描矢量化方法。

数字摄影测量方法是对摄影影像资料进行扫描、影像定向、立体建模、DEM 获取、人机交互编辑等生成 DEM 数据。

地形图扫描矢量化方法是对地形图进行扫描、定向、矢量化编辑、高程赋值、构建 TIN 等工艺流程，内插生产 DEM 数据。

④ 其他栅格数据采集：需要保存的审批文件、合同、土地权属界线协议书等相关文档资料，直接扫描、数码拍照，生产存档数据文件。

（3）属性数据采集

属性数据采集可采用手工录入、分析计算和直接导入三种方式。

2. 地籍数据采集要求

（1）矢量数据采集要求

① 图形编辑处理应严格以数据源为依据，数据编辑处理精度须在限差规定范围内；

② 图形编辑处理可采用自动、半自动化，人工手动或几种方式结合的处理方法；

③ 编辑处理过程因采集软件的不同而有所区别，实际操作时按软件要求进行。

（2）DOM 数据采集要求

① 数学基础正确，覆盖范围完整，平面精度符合要求；

② 无明显的拼接痕迹，影像镶嵌几何接边不出现重影后模糊；

③ 影像清晰，反差适中，色调均匀；

④ 元数据文件、附加信息文件内容无遗漏。

（3）DRG 数据采集要求

① 图廓线、公里格网线等内容完整，图廓点、公里格网点坐标与理论值偏差不大于

一个像元；

② 分辨率不低于 300dpi，图像清晰，不粘连；

③ 与原图内容一致；

④ 数据格式采用 TIFF 加地理定位信息文件，或直接采用 GeoTIFF；

⑤ 具体要求符合《基础地理信息数字产品 1∶10 000　1∶50 000 数字栅格地图》。

（4）DEM 采集要求

① 格网间距、各网点高程精度符合《基础地理信息数字产品 1∶10 000、1∶50 000 数字高程模型》；

② 同图幅的 DEM 与等高线需保持一致，其高程偏差不大于 1 个等高距；

③ DEM 图幅拼接处的同名点高程必须一致；

④ 达不到预定高程精度的区域应划定为高程推测区；

⑤ 静止水域的 DEM 格网点高程应一致，流动水域的上下游 DEM 格网点高程应梯度下降，关系合理。

（5）存档文件采集要求

① 分辨率不低于 300dpi，图像清晰，不粘连；

② 色彩一致，RGB 值正确；

③ 与原资料内容完全一致；

④ 存储为 BMP 或 JPEG 格式文件；

⑤ 需要有说明文件，附加说明文件内容无遗漏。

（6）属性数据采集要求

① 数据结构和编码方法符合要求；

② 属性数据采集以数据源为依据；

③ 属性应保证正确无误；

④ 属性数据与矢量数据应保持逻辑一致性。

3. 地籍数据检查

（1）矢量数据检查

1）位置精度检查

在屏幕上将检测要素逐一显示或绘出全要素图（或分要素图），并与地理要素分类代码表和矢量化原图对照，目视抽样检查各要素分层是否正确或遗漏，位置精度是否符合要求、多边形是否闭合等，形成检查记录。

2）逻辑一致性检查

逻辑一致性检查包括图形数据的一般性和拓扑关系检查。

图形一般性检查包括是否有线段自相交。两线相交、线段打折、公共边重复、悬挂点或伪节点、碎片多边形等。

如图 3-4 所示，图 3-4（a）为宗地间缝隙，图 3-4（b）为宗地重叠。

图形的拓扑关系检查包括是否建立拓扑，多边形是否闭合，各图层间拓扑关系是否正确。

（2）属性数据检查

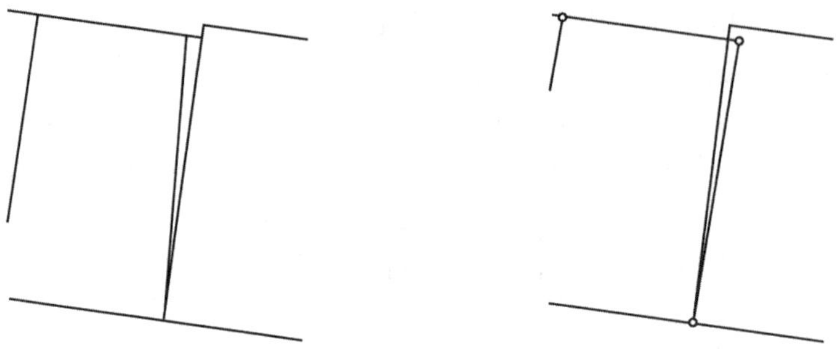

(a)宗地间缝隙　　(b)宗地重叠

图 3-4　图形一般性检查

① 检查属性文件是否建立，属性是否齐全，各要素层属性结构是否符合标准要求；

② 检查属性值的正确性，主要内容包括非空性检查、值域检查等；

③ 将地类编码、地类面积等重要的属性数据标注在图上，检查属性值的正确性；

④ 检查分幅、行政区、权属区等的面积汇总数据是否正确。

（3）矢量数据与属性数据一致性检查

① 检查矢量数据与属性数据是否对应，是否存在个别图斑没有属性的情况；

② 如果使用软件统一录入属性，要检查属性与图形是否对应，是否存在多余属性记录。

（4）其他数据检查

① 栅格数据检查：检查 DOM、DEM 等栅格数据的精度、色调等；

② 元数据检查：检查元数据的完整性、正确性等。

4. 数据入库

（1）数据入库前的质量检查

在数据入库前建库单位应根据《城镇地籍数据库标准》对数据成果质量进行全面检查，并记录检查结果，质量检查不合格的数据予以返工，合格的数据方可入库。

（2）数据入库的步骤

① 根据《城镇地籍数据库标准》的要求，建立数据字典和图幅索引；

② 建立元数据库，其内容和格式符号要符合要求；

③ 将检查合格的矢量、属性、栅格等数据转入应用数据库；

④ 根据软件功能进行系统运行测试，验收合格后由技术负责人签字认可。

（3）数据质量检查分析

① 将建库成果与原始资料进行对比检查，分析数据库质量；

② 将数据库生成的界址点成果与原始坐标表对比，分析界址点输入精度；

③ 将数据库计算的宗地面积与原始资料中的宗地面积进行对比，分析宗地面积精度；

④ 将数据库中的统计汇总表与原始统计汇总表进行对比，分析建库汇总数据的准确性；

⑤ 将输出的地籍图与经过校正的扫描图像、原始地籍图进行叠加检查，分析地籍图

数字化的整体精度。

第五节　全国第三次国土调查案例

一、背景材料

为满足××市社会、经济发展的需要，准确掌握翔实的土地利用现状和土地资源变化情况，实现成果信息化管理与共享，满足空间规划编制、宏观调控、生态文明建设、自然资源管理体制改革和不动产统一确权登记各项工作的需要，2018 年 9 月 30 日，市政府根据国务院和省政府统一部署，××市决定开展第三次国土调查工作。

项目的主要任务是开展辖区内的权属调查、农村土地利用现状调查、城镇村庄内部土地利用现状调查、专项用地调查、数据处理、数据库及信息系统建设等工作。

调查范围包括××市下辖的 A 区和 B 区，行政面积约 1 500km^2。B 区是该市“三个主城区之一”，位于××市对外开放的最东端，是××市港口所在地，也是国家主枢纽港，A 区是该市“三个主城区之一”中心城区，位于××市南部。

1. 资料情况收集情况

（1）控制测量资料

区内有××省 C 级 GPS 网成果、××市 D 级 GPS 网成果及城镇地籍调查时布设的 E 级 GPS 网成果。

（2）影像资料

国家下发的优于 1m 的影像及 2016 年的 0.3m 分辨率数字正射影像图，可作为××市第三次国土调查基础影像资料。

（3）调查资料

① 城镇村庄地籍调查资料：城镇地区 1∶500 城镇地籍调查成果、村庄地区1∶1 000 村庄地籍调查成果；

② 工业用地调查数据；

③ 农村建设用地调查数据：1∶2 000 土地利用现状数据库、1∶500 不动产权籍调查数据库。

（4）其他资料

① 土地管理资料：土地审批、土地供应、土地登记、土地整治、执法监察、“一张图”等成果和资料；

② 基本农田划定成果；

③ 耕地质量等别年度更新评价成果等；

④ 集体土地所有权确权登记数据；

⑤ 河湖划界资料。

2. 国土调查成果数据的数学基础

① 平面坐标系：采用 2000 国家大地坐标系。

② 地图投影方式：采用高斯-克吕格投影，按 3°分带，中央子午线为 120°。

③ 高程系统：采用“1985 国家高程基准”。

④ 成图比例尺：a. 农村土地调查比例尺采用 1∶5 000；b. 城镇村庄内部土地利用现状调查比例尺采用 1∶2 000。

⑤ 图幅分幅及编号：农村土地利用现状调查、城镇村庄内部土地利用现状调查各比例尺标准分幅和编号应执行（GB/T 13989—2012）标准，采用国际 1∶1 000 000 地图分幅标准，各比例尺标准分幅图均按规定的经差和纬差划分，采用经纬度分幅。标准分幅图编号均以 1∶1 000 000 地形图编号为基础采用行列编号方法。

二、考点剖析

1. 资料数据的分析与利用

（1）控制测量资料

区内有××省 C 级 GPS 网成果、××市 D 级 GPS 网成果及城镇地籍调查时布设的 E 级 GPS 网成果，可作为测量工作的起算数据。

（2）影像资料

国家下发的优于 1m 的影像及 2016 年的 0. 3m 分辨率数字正射影像图，可作为××市第三次国土调查基础影像资料。其中优于 1m 的影像可用于土地利用现状图斑范围采集及地类认定，获取的 0. 3m 分辨率影像可用于城镇村庄细化调查工作中。

（3）调查资料

① 城镇村庄地籍调查资料：城镇地区 1∶500 城镇地籍调查成果、村庄地区1∶1 000 村庄地籍调查成果；

② 工业用地调查数据；

③ 农村建设用地调查数据：1∶2 000 土地利用现状数据库、1∶500 不动产权籍调查数据库。这三部分数据成果可以应用于城镇村庄内部细化调查工作中。

（4）其他资料

① 土地管理资料：土地审批、土地供应、土地登记、土地整治、执法监察、“一张图”等成果和资料，可作为土地权属认定和批准未建设用地专项调查的参考资料；

② 基本农田划定成果，应用于可调整地类调查工作中；

③ 耕地质量等别年度更新评价成果等，可作为耕地质量等级调查评价和耕地分等定级调查评价的参考；

④ 集体土地所有权确权登记数据，可作为权属调查工作的参考资料；

⑤ 河湖划界资料，可应用于耕地细化标注工作中。

2. 第三次国土调查的主要技术环节

国土调查的主要技术环节包括准备工作、资料收集与分析、已有数据处理、工作底图制作、外业调查与举证、图斑信息标注、专项用地调查、数据库建库。××市第三次国土调查技术流程图如图 3-5 所示。

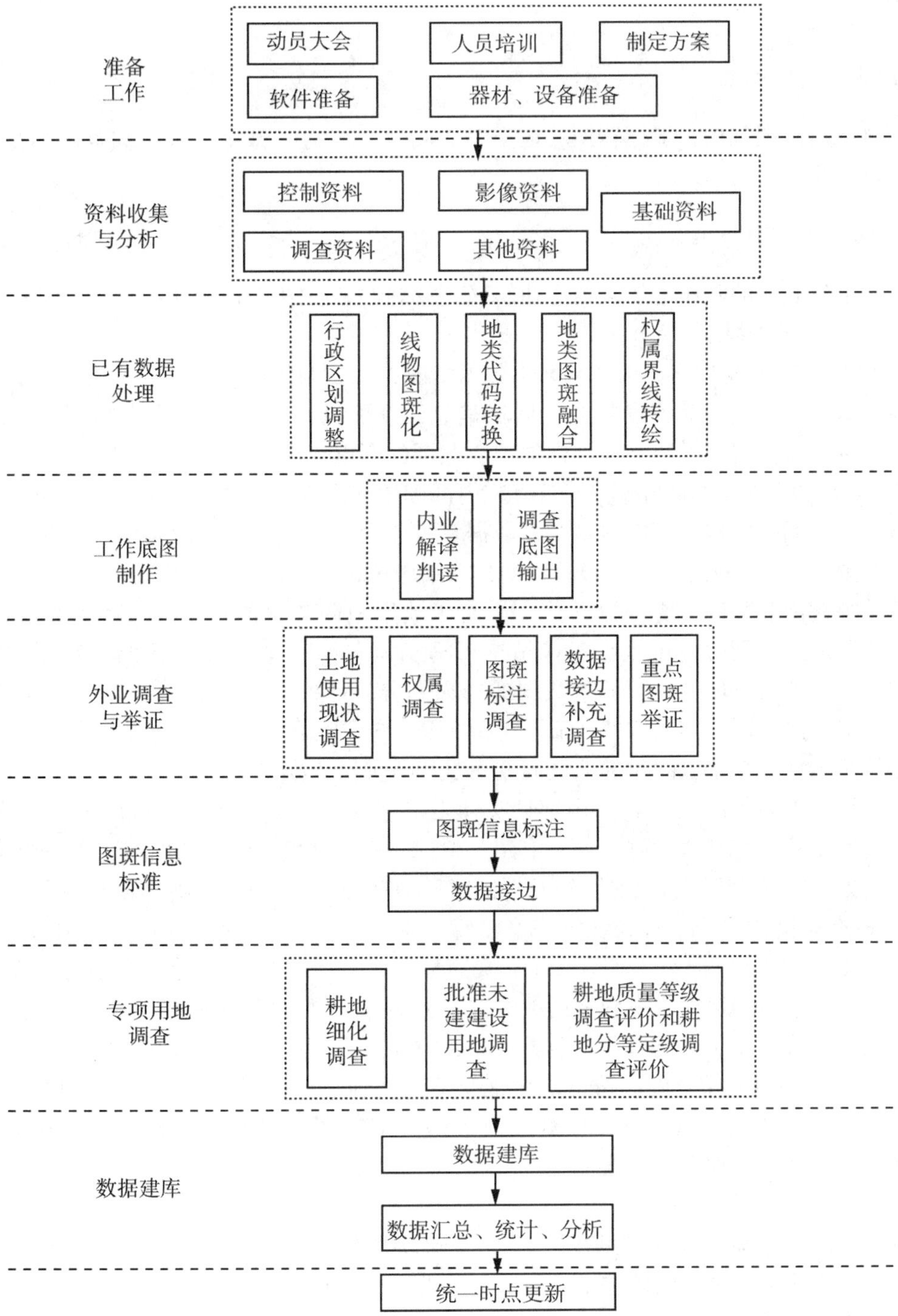

图 3-5　××市第三次国土调查技术流程图

3. 国土调查的准备工作

国土调查的准备工作包括：制定调查方案、人员培训、开展调查试点、资料收集、调查设备准备和软件准备等。

4. 资料数据处理

资料数据处理包括：坐标转换、地类编码转换、线物图斑化、城镇村范围初步划定、地类图斑融合、权属界线转绘等。

5. 调查工作底图的制作

调查工作底图的制作主要包括内业解译判读和调查底图输出。

（1）内业解译判读

① 农村地区内业判读：结合××市数据情况，以二调数据、国家下发的优于1m分辨率影像为基础，叠加国家下发的变化区域信息，开展农村地区土地利用现状图斑范围采集，对于按照影像特征不能准确判别地类、范围的图斑，提交外业进行核实。

② 城镇村庄细化内业判读：城镇村庄内部细化解译方式，主要是以二调数据为基础，叠加城镇地籍调查数据、村庄地籍调查数据、工业用地调查数据，同时结合0.3m分辨率影像以及国家下发的优于1m的影像数据，采集城镇村庄内部细化地类。

城镇细化内业判读主要分为三类：a. 有工业用地调查数据的区域，宗地划分基本上按照工业用地边界划分，可根据影像情况做适当调整；b. 有城镇地籍调查数据的区域，宗地划分基本上按照城镇地籍调查数据的边界划分，可根据影像情况做适当调整；c. 无任何参考资料的区域，按影像特征显示范围采集。有围墙的按照围墙边界采集，地类认定按照影像显示特征判定，同时提取疑问图斑交由外业重点调查。

村庄细化内业判读：a. 村庄内部地类认定参考农建数据，相连或者房屋之间只隔了非常狭窄的小巷子的宗地，可以合并上图。单独一幢宅基地不够上图面积，可适当将空闲地合并进去。b. 农建数据显示地类与影像特征不符合的，地类认定则以影像为主。

③ 地类认定要求：a. 地类认定严格按照《土地利用现状分类》（GB/T21010—2017）及《第三次全国土地调查工作分类》（后文简称《工作分类》）执行。根据《工作分类》的地类含义，按照实地现状来确定用地类型；b. 对于与主要用地一体的必需的附属用地、配套用地，应按主要用地类型认定地类；c. 对于混合用地，应以主要用地类型认定地类；d. 对于地类存在空间重合的，按上部用地类型认定地类。桥梁位于河流上方时，按交通用地认定；e. 对于耕、园、林、草交叉，实地认定不清的，根据地类定义，按照“耕、园、林、草”优先次序确定地类。

（2）调查底图的输出

以第三次国土调查DOM为基础，叠加基础数据库中的图斑数据和国家下发不一致图斑、内业解译疑问图斑、图斑注记等，编制外业调查工作底图。

调查工作底图采用移动终端调查电子底图形式。数字调查底图以电子数据的形式存储制作，以村或镇为单位组织。底图内容主要包括：经过内业转绘的国家不一致图斑界线及地类、原地类图斑、影像、权属界线等数据。

6. 外业调查与举证

外业调查与举证主要包括土地利用现状调查、权属调查、图斑标注调查、数据接边补充调查、图斑举证。

（1）土地利用现状调查

① 地类图斑：单一地类的地块，以及被行政区、城镇村庄等调查界线或土地权属界线分割的单一地类地块为图斑。城镇村庄内部同一地类的相邻宗地合并为一个图斑。地类图斑编号统一以行政村为单位，按从左到右、自上而下由“1”开始依次编号。

② 图斑地类认定：a. 依据工作分类，按照图斑的实地利用现状认定图斑地类；b. 批准未建设的建设用地按实地利用现状调查和认定地类；c. 根据《中华人民共和国土地管理法》临时使用的土地，按图斑原来的利用状况调查认定地类。

（2）权属调查

权属调查是对城市、建制镇内部每宗土地的位置、权属、界址和地类等的调查。

① 调查底图：包括已有地籍图、大比例尺地形图复制图或大比例尺正射影像图等。无调查底图的地区，应按街坊或小区现场绘制宗地关系位置图，避免重漏。

② 界址调查：a. 指界或土地登记，界址未发生变化的可不重新指界；b. 界址发生变化的或未开展权属调查的地区，界址应实地调查。实地调查时，应由本宗地及相邻宗地使用者到现场共同指界。单位使用的土地，应由法人代表出席指界，并出具身份证明和法人代表身份证明书；个人使用的土地，应由户主出席指界，并出具身份证明和户籍簿。法人代表或户主不能亲自出席指界的，由委托代理人指界，并出具身份证明及委托书。两个以上土地使用者共同使用的宗地，应共同委托代表指界，并出具委托书及身份证明。

（3）图斑标注调查

1）耕地种植属性标注

在耕地种植属性专项调查的基础上，标注种植属性，原则上不因标注种植属性而分割耕地图斑，对一块耕地内有多种种植情况时，标注主要种植情况。标注属性主要包括：耕种（GZ）、未耕种（WG）、休耕（XG）、园木（YM）、林木（LM）、绿化草地（LH）、牧草（MC）和坑塘（KT）。a. 种植粮食以及临时种花卉、苗圃、药材、城市草皮等的耕地，是耕地，标注（GZ）属性；b. 临时无计划撂荒的耕地，是耕地，标注（WG）属性；c. 有计划轮休的耕地，是耕地，标注（XG）属性；d. 临时种植果树的耕地，不破坏耕作层，可仍然按耕地调查，标注（YM）属性；e. 临时种植树木的耕地，不破坏耕作层，可仍然按耕地调查，标注（LM）属性；f. 美丽乡村工程，在村庄周边的耕地上种花草树木，修几条小细路，建个小凉亭，不破坏耕作层，可仍然按耕地调查，标注（LH）属性；g. 临时种植牧草的耕地，不破坏耕作层，用于放牧，可仍然按耕地调查，标注（MC）属性；h. 临时挖坑塘的耕地，且挖出的土层在坑塘周边保存的，可仍然按耕地调查，标注（KT）属性。

2）城镇村庄及工矿用地标注

对城市、建制镇和村庄范围内的地类图斑，标注相应的城市（201）、建制镇（202）、村庄（203）、盐田及采矿用地（204）、特殊用地（205）或各类独立工业仓储用地的地类编码。将调查后形成的地类图斑数据叠加土地变更调查数据中的城镇村庄及工矿用地

（202、203、204、205）范围，对地类图斑进行建设用地标注。提取地类图斑层中的 05、06、07、08、09 及镇村道路用地、交通服务场站用地、空闲地图斑，叠加城镇村庄及工矿用地范围，通过空间赋值方法进行建设用地信息标注，无法通过空间关系赋值的图斑参考城镇规划等数据进行人工标注；对于原镇村及工矿用地范围的非建设用地图斑，位于范围内的图斑进行建设用地信息标注：a. 对于图斑范围大于原城镇村庄及工矿用地范围的非建设用地图斑不进行建设用地信息标注；b. 穿越城镇村庄内部及周边的铁路用地、公路用地、轨道交通用地、水工建筑用地等线状建设用地图斑按照城镇村庄边界进行切割，将城镇村庄内部及周边部分进行建设用地信息标注。

3）工业仓储用地细化标注

根据工业仓储用地的实际利用状况，按《第三次全国土地调查技术规程》中相关要求，将工业仓储用地标注为：火电工业用地（HDGY）、钢铁工业用地（GTGY）、煤矿工业用地（MKGY）、水泥工业用地（SNGY）、玻璃工业用地（BLGY）和电解铝工业用地（DLGY）。

4）园地细化标注

对林业部门调查的林区内的园地，按园地调查，如果原数据库是林地，标注林区园地（LQYD）属性。实地调查为园地的图斑，其原数据库地类必须为林地方可标注，其原数据库为非林地（如园地、耕地等）则不标注林区园地属性。林区内防火林道按要求应调查为林地，可与周边林地合并为同一图斑。

5）草地标注

对灌木覆盖度大于 30%小于 40%的草地图斑，按《第三次全国土地调查技术规程》中相关要求标注为灌丛草地（GCCD）；对于草覆盖度大于 5%小于 10%的草地图斑，标注为稀疏草地（XSCD）。单位内部的绿化林地、草地按建设用地调查。

（4）数据接边补充调查

1）接边内容

依据影像，衔接城乡土地调查范围和土地利用现状图斑，重点做好城镇村庄调查范围与农村调查范围、国有土地图斑与国有土地图斑、国有土地图斑与集体土地图斑、集体土地图斑与集体土地图斑、城镇内部道路、河流图斑与农村道路、河流等图斑的衔接。

2）接边要求

① 城乡土地利用现状调查接边：城镇土地调查范围与农村土地调查范围应无缝衔接、城镇土地利用现状图斑和农村土地利用现状图斑应无缝衔接、城镇土地利用现状图斑与农村土地利用现状图斑相互衔接时，应以低精度图斑界线服从高精度图斑界线位置为原则，在无缝衔接的前提下，综合考虑图斑衔接的圆滑性和协调性、城镇道路与农村道路相互连通时，应各自独立划定图斑，同时要保持道路表现时的完整性。

② 行政界线两侧接边：依据影像辅助实地调查，对不同行政区界线两侧公路、铁路和河流等重要地物进行接边，确保重要地物的贯通性；对影像反映明显地物界线进行接边，保证同名地物的一致性；对地类、权属等属性信息进行接边，保证水库、河流、湖泊、交通等重要地物调查信息的一致性。

当行政界线两侧明显地物接边误差小于图上 0.6mm、不明显地物接边误差小于图上 2.0mm 时，双方各改一半接边；否则双方应实地补充调查核实接边。

③ 重点地物接边：依据影像数据，对不同行政区界线两侧公路、铁路和河流等重要地物进行接边处理，确保重要地物的贯通性；对影像反映明显地物界线进行接边，保证同名地物的一致性；对地类、权属等属性信息进行接边，保证水库、湖泊等重要地物调查信息的一致性。

（5）图斑举证

① 重点图斑举证：a. 相对原数据库新增的建设用地图斑；b. 原有耕地内部二级地类发生变化的图斑；原有农用地调查为未利用地的图斑；c. 地方未按国家内业提取的不一致图斑地类上图的图斑；d. 国家未提取变化图斑的区域，相对原数据库调查新增的变化图斑。对于需要举证的同一条道路或沟渠等线性地物的图斑，可选择其中 2~3 个典型图斑，进行实地举证，其他图斑备注说明。

② 可不举证图斑：a. 在国家未提取变化图斑的区域，对于调查认定地类与影像特征明显一致的，可不举证；b. 对原地类为耕地，内业提取地类为其他农用地，经地方调查为耕地，标注种植属性与国家判读地类一致的，可不举证；c. 对于依据遥感影像特征能够准确认定为住宅小区、规模化工厂等新增建设用地图斑可不举证；d. 对于依据遥感影像特征能够确认的耕地内部二级地类发生变化的图斑可不举证；e. 对于依据影像能够判定，由于纠正精度造成图斑偏移的，以及各地类上图面积以下或狭长地物图斑，可不举证；f. 未硬化且未贯通的农村道路不上图的，可不举证，非干渠、田坎和未贯通且未硬化的农村道路可归并到相邻地类。

7. 专项用地调查

基于土地利用现状调查、权属调查、集约用地评价等成果和日常国土资源管理形成的多类管理信息，开展多种专项用地调查。

（1）耕地细化调查

1）调查范围及对象

对永久基本农田范围以外的耕地图斑，参考相关部门的有关资料，根据耕地的位置和立地条件，开展细化调查，并标注相应属性，包括对河道或湖区范围内的耕地、林区范围内的耕地等开展细化调查等。

2）调查实施

叠加林业部门林区范围线，确定耕地是否为林区范围内耕地；叠加水利部门管理范围划界成果，确定耕地是否为河道或湖区范围内耕地。

3）耕地细化标注

对于基本农田以外耕地按位置、立地条件等标注为

——河道耕地（位于河道内或滩涂上耕地）为 HDGD；

——湖区耕地（位于湖区或滩涂上耕地）为 HQGD；

——林区耕地（林区内林业职工自行开垦的耕地）为 LQGD；

——牧区耕地（位于牧区内的耕地）为 MQGD；

——沙荒耕地（位于沙荒内的耕地）为 SHGD；

4）数据库建设

将经过调查实施和调查标注形成的耕地细化调查成果录入数据库，形成耕地细化调查

专项数据库。

（2）批准未建建设用地调查

1）调查范围及对象

调查范围及对象包括土地调查数据库中的“批准未建建设用地”图斑和自然资源部综合信息监管平台建设用地批准范围界线内图斑。全面查清“批准未建建设用地”范围内土地的数量、类型、分布及权属状况，并标注相应属性。

2）调查实施

对现有数据库中批准未建的建设用地图斑及当年新增的批准未建的建设用地图斑，按实地现状进行调查。由国家将新增建设用地审批界线落实在土地调查成果的基础上，形成批准未建设的建设用地图层，并下发各地。

3）调查标注

对于批准而未建设土地，标注 P+年份。

4）数据库建设

将经过调查实施和调查标注形成的批准而未建设用地调查成果录入数据库，形成批准未建设的建设用地调查专项数据库。

8. 数据建库及信息系统建设

（1）数据库设计

土地利用数据库包括基础地理要素、土地利用要素、土地权属要素、基本农田要素、栅格要素、其他土地要素、独立要素等。其他土地要素指自然资源管理过程中产生的管理性数据要素，独立要素指数据源非自然资源管理部门产生的要素。

数据库内容和分层的依据是《土地利用数据库标准》，数据库主要内容如下：

① 基础地理信息数据：包括测量控制点、行政区、行政区界线、高程注记点、等高线、坡度图等；

② 土地利用数据：包括地类图斑等；

③ 土地权属数据：包括宗地等；

④ 基本农田数据：包括基本农田保护图斑等；

⑤ 栅格数据：包括数字正射影像（DOM）、数字栅格地图和其他栅格数据；

⑥ 元数据：包括矢量数据元数据、数字正射影像（DOM）元数据等。

（2）数据建库技术路线

数据建库技术路线图如图 3-6 所示。

（3）建库流程

① 数据库初始化：按照《土地利用数据库标准》要求的数据库结构，建立相关图层及属性表，创建标准的土地调查数据库。

② 基础数据导入：按照建库软件及数据库标准要求，导入预处理后的单位信息数据、基础地理数据、地类图斑预处理数据、土地权属数据。

③ 数据更新入库：主要包括地类更新、权属更新、细化调查更新、专项调查数据入库。

a. 地类更新：基于外业补充调查后形成的不一致图斑相关信息，对地类图斑层进行

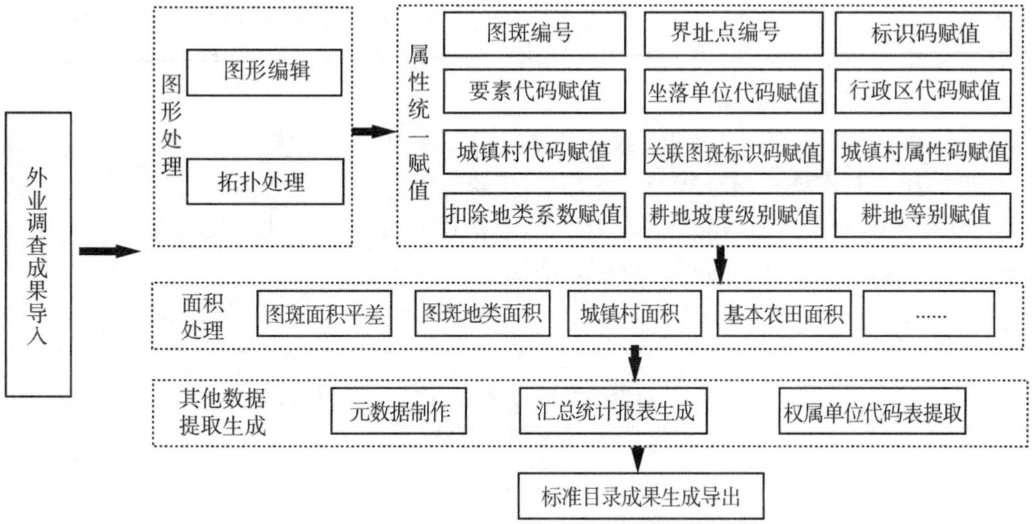

图 3-6　数据建库技术路线图

地类修改，包括图斑分割、图斑合并、图斑边线调整、地类修改等。

对于采用电子调查底图进行外业调查的地方，对不一致图斑及相关调查信息进行整理，可以利用建库软件批量进行地类更新。对于采用纸质调查底图进行外业调查的地方，对照纸质调查底图逐图斑进行地类更新。

b. 权属更新：叠加地类图斑数据与权属数据，根据空间关系更新地类图斑层的权属信息。

c. 细化调查更新：将经过外业调查形成的细化调查图斑导出，结合不一致图斑地类变化情况对细化调查图斑进行更新，将因地类变化不需进行细化调查的图斑删除，然后根据细化调查图斑中的 BSM 字段批量更新数据库中地类图斑的细化标注信息。

d. 专项调查数据入库：将调整后的批而未用图斑、基本农田保护图斑、城市开发边界、生态红线、湿地保护区等专项调查数据按照数据库标准要求导入到相应图层。

④ 数据编辑处理：数据处理包括图形数据处理和属性数据处理。图形数据处理包括图形拓扑检查及拓扑错误修改、碎小图斑处理等，属性数据处理包括属性关联赋值、空间关系赋值、自动编号等。

a. 图形拓扑检查：根据数据建库要求，制定图形拓扑检查规则，如图形重叠、缝隙检查、图形自相交检查、错误图形检查等。

b. 图形拓扑错误修改：依据图形拓扑检查结果，利用建库软件的图形编辑工具进行图形数据修改。

c. 属性数据检查：按照数据库标准要求，利用建库软件的属性检查工具进行属性数据检查，包括必填字段检查、值域检查、编号唯一性检查等。

d. 属性数据修改：按照数据库标准要求，利用建库软件的面面赋值、图斑编号、地籍号编号等处理工具进行属性数据修改。

⑤ 面积计算：根据区县控制面积，逐级计算各行政村控制面积。根据各行政村控制

面积，进行图斑面积、图斑地类面积的平差计算。

⑥ 数据库质量检查：结合数据库标准要求，利用建库软件对数据库进行质量检查，数据库质量检查包括数据结构检查、图形检查、属性检查、逻辑一致性检查等。

（4）调查数据的分析与应用

① 内业制作调查底图，以区县级行政辖区为调查单元，在统一时点 DOM 上套合新增建设用地图斑，制作统一调查底图。

② 外业根据内业利用国家下发底图，与三次调查数据库对比，提取地类发生变化的图斑。外业根据内业标注的进行外业调查举证。

9. 成果汇总

根据××市第三次国土调查形成的数据成果，建立各类土地分类面积数据、各类土地的权属信息数据、基本农田面积数据、城镇村土地利用分类面积数据、耕地坡度分级面积数据、耕地细化调查、批准未建设的建设用地。主要包括：

① 土地利用现状一级分类面积汇总表；

② 土地利用现状一级分类面积按权属性质汇总表；

③ 土地利用现状分类面积汇总表；

④ 林区范围内园地汇总统计表；

⑤ 耕地种植类型面积统计表；

⑥ 耕地坡度分级面积汇总表；

⑦ 城镇及工矿用地面积汇总表；

⑧ 批准未建设的建设用地现状情况统计表；

⑨ 批准未建设的建设用地用途情况统计表；

⑩ 耕地细化调查情况统计表；

⑪ 部分细化地类面积汇总表；

⑫ 基本农田外可调整地类面积汇总表；

⑬ 工业仓储用地按类型汇总统计表；

⑭ 灌丛草地、稀疏草地汇总情况统计表。

第六节　地理国情普查案例

一、背景材料

某县级按照国普办和本省普办规定的统一的标准和技术要求，清查作业区范围内地形地貌、地表覆盖等地表自然和人文地理要素的现状和空间分布情况，进行第一次地理国情普查。在合同规定的时间内，利用 0.5m 高分辨率航空遥感正射影像数据、基础地理信息数据和其他专题数据等，通过核实从数据采集到标准时点阶段发生变化的内容，核准各类内容的正确性，补充新增内容，消除普查前阶段由于资料时效性和外业局限性等导致的现势性参差不齐现象，使普查成果尽可能反映出普查标准时点的状态，建立多种普查成果数据库。

普查面积约为 1 722.6km^2，涉及图幅 91 幅，主要工作包括：资料收集整理、内业信息采集、普查工作底图制作、外业调查与核查、遥感解译样本数据采集、内业编辑与整理、元数据制作、DOM 制作、任务区数据的协调性检查与处理、标准时点核准、数据入库前预处理检查等。

该县地处某省东北边陲。县境东西长 75km，南北宽 62km，跨越东经 117°52′至 118°25′和北纬 28°30′至 28°59′之间。常态地貌以山地、丘陵为主，气候终年温和湿润，具亚热带季风气候特征，雨量充沛，日照时间长，有霜期短，随着季节的转换，西风带的进退，四季变化明显。

资料收集利用情况如下：

（1）影像资料：0.5m 分辨率 1∶10 000 数字正射影像图。

（2）基础数据资料：覆盖全省范围的 1∶10 000 DLG 数据，采用 2000 国家大地坐标系，中央子午线为 117°，现势性为 2008 年。

（3）专题数据资料：① 全省 GPS 道路数据作为国情普查内容中道路数据的参照。② 水库专题数据库：主要包含中型以上的水库资料，用于完善水库属性（名称、容积）数据。③ 全省水系数据：包含江西省全部的水域数据，作为国情普查中水域的参照。

（4）其他行业资料：土地调查数据资料；地理国情普查相关技术规定，如《地理国情普查内容与指标》《地理国情普查基本统计技术规定》《地理国情普查数据规定与采集要求》《地理国情普查数据生产元数据规定》《地理国情普查数字正射影像生产技术规定》《地理国情普查遥感影像解译样本数据技术规定》等。

平面坐标系：2000 国家大地坐标系，分幅数据采用高斯-克吕格投影，按 6°分带，投影带的中央经线与赤道的交点向西平移 500km 后的点为投影带坐标原点，平面坐标单位采用“米”，坐标值保留 3 位小数；高程基准：1985 国家高程基准，高程系统为正常高，高程值单位为“米”。

二、考点剖析

1. 地表覆盖分类与地理国情要素数据采集

地表覆盖分类和地理国情要素数据采集，以统一下发的 0.5m 分辨率的正射影像为基础，利用收集整理的基础地理信息和其他专业部门的资料，采用“全人工解译”的方式，开展地表覆盖类型内业判读与解译。同时，补充或更新水系、交通、构筑物以及地理单元等重要地理国情要素实体，提取要素属性，形成相应的数据集，供外业调查核实。生产过程中同时采集《地理国情普查元数据规定》中要求的元数据信息。地表覆盖分类和地理国情要素数据采集流程图如图 3-7 所示。

2. 外业调查底图制作

在内业信息分类与判读提取的基础上，按照《地理国情普查外业底图制作技术规定》的要求，基于正射影像，叠加空间专题信息、判读解译成果等信息，对矢量数据进行符号

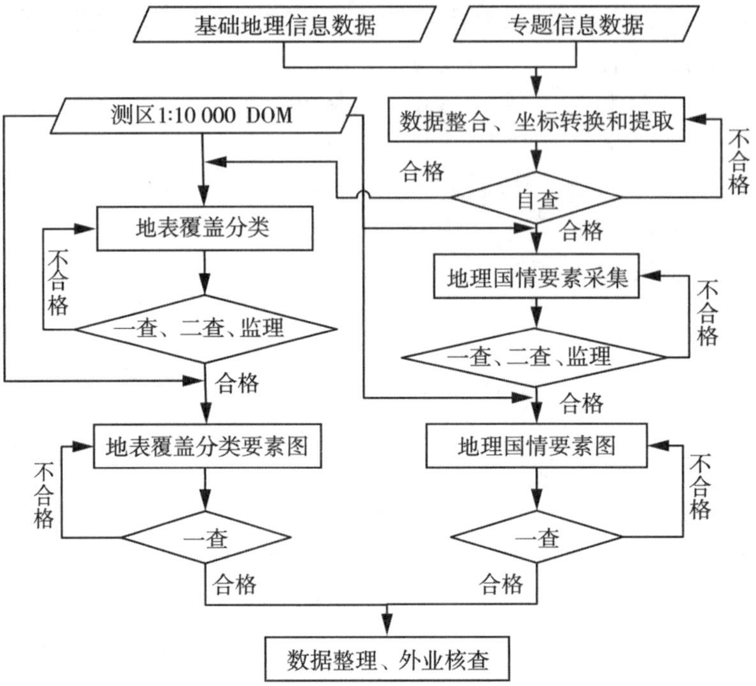

图 3-7　地表覆盖分类和地理国情要素数据采集流程图

配置，并有选择性地对部分名称、属性进行标注，制作外业调查底图，为外业调查与核查提供工作底图。

3. 外业调查与核查

利用外业调查工作底图，采用数字调查系统手段，对内业解译中无法确定边界或属性的要素和无法准确确定类型的地表覆盖分类图斑，开展实地核实确认，对新增和发生变化的信息分类要素和图斑进行补调或补测。外业调查过程中，同时采集遥感影像解译样本数据，记录调查路线和工作区域，并将其结果完整地反映到元数据中，最终形成外业调查成果。外业调绘与核查的流程图如图 3-8 所示。

4. 内业编辑与整理

基于外业调查成果，结合数字正射影像及专业数据资料，对内业采集的地表覆盖分类和地理国情要素数据进行类型、边界、属性的修改编辑、接边，整理遥感影像解译样本数据，制作内业编辑与整理阶段元数据等，经过质量检查，形成满足相关技术规定要求的地理国情普查成果。地理国情普查内业编辑与整理流程图如图 3-9 所示。

5. 遥感解译样本数据采集

遥感解译样本数据包含两类，一是地面照片，二是遥感影像实例数据。两类数据分别从不同的侧面反映出地物影像形态特征，起到相互印证的作用，可以帮助解译人员更高效

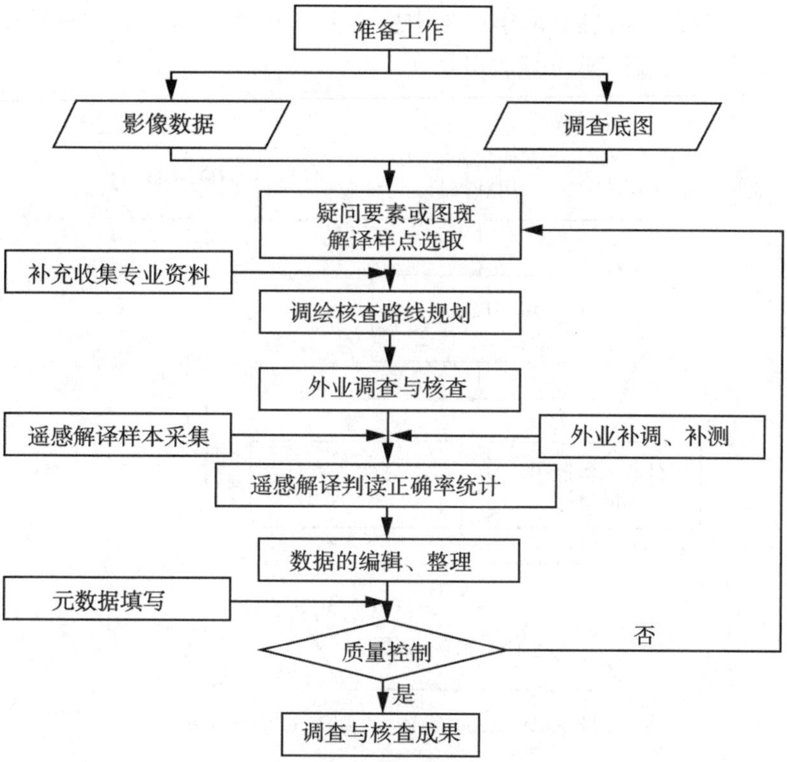

图 3-8　外业调绘与核查的流程图

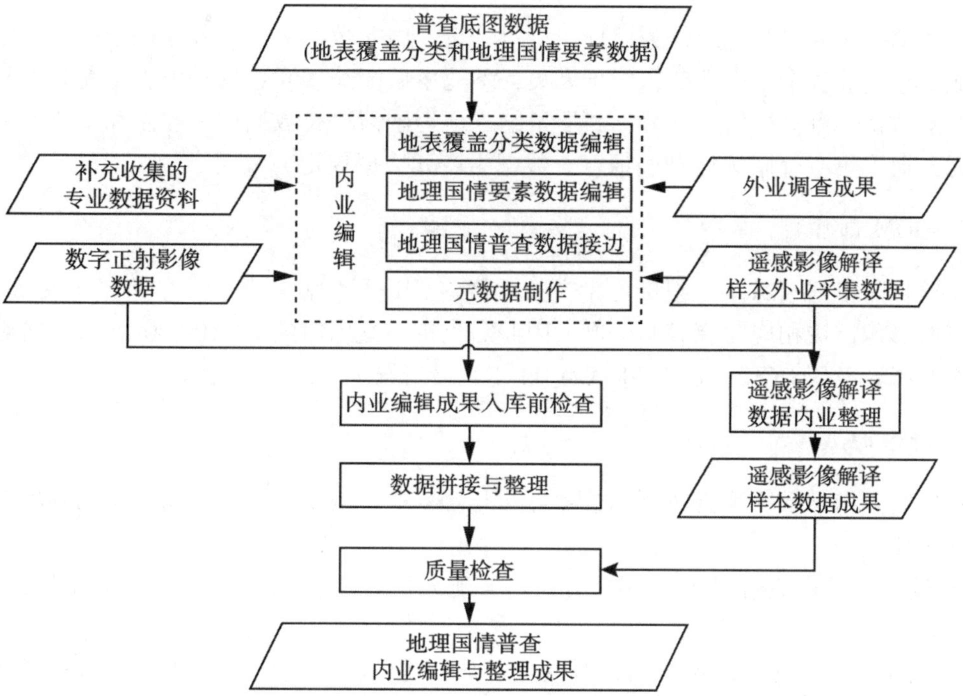

图 3-9　地理国情普查内业编辑与整理流程图

地认知遥感影像所蕴含的信息。采集过程中应遵循《遥感影像解译样本数据技术规定》，遥感解译样本数据采集流程图如图 3-10 所示。

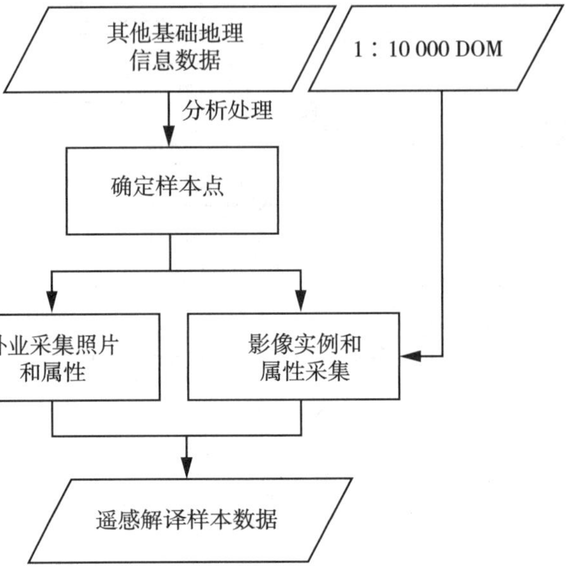

图 3-10　遥感解译样本数据采集流程图

6. 元数据采集

元数据采集应贯穿生产任务计划、资料分析、内业数据采集、外业调绘核查、检查验收、成果汇交等各个生产环节，同步采集，不能事后汇编。元数据是地表覆盖分类与地理国情要素数据不可分离的一部分，其质量纳入地理国情普查数据质量控制和检查的工作范围。元数据采集应遵循《地理国情普查数据生产元数据规定》。

7. DOM 制作

本项目需根据《数字正射影像生产技术规定》进行分幅、裁切、整理及汇交等工作。数字正射影像需按相应图幅满幅生产，因此需收集该县周边的 1：10 000 DOM，然后将所有影像投影转换到 CGCS_2000_GK_CM_117E，最后按 1：25 000 裁切。

8. 标准时点核准

标准时点核准数据采集所用的技术方法与普查前阶段工作一致，所依据的各项技术规定与前阶段相同。

① 变化的地表覆盖图斑，只要达到相关地表覆盖类型的最小图斑大小和归类要求，就应单独归类；

② 大小发生变化的图斑，其相对变化部分超出采集精度要求，就应对原有图斑进行更新修改；

③ 新增的地理国情要素，符合采集要求的就应采集。

时点核准阶段按照“内业为主，外业为辅”的原则执行，充分利用前阶段收集的解译样本辅助内业解译，确实无法识别的区域再进行外业核查。

标准时点核准的总体流程如图 3-11 所示，包括行业资料收集、标准时点核准、DOM检查、人工变化区域识别、外业核查、变化区域地表覆盖分类与地理国情要素提取整理、元数据和解译样本编辑整理、接边处理等技术环节。

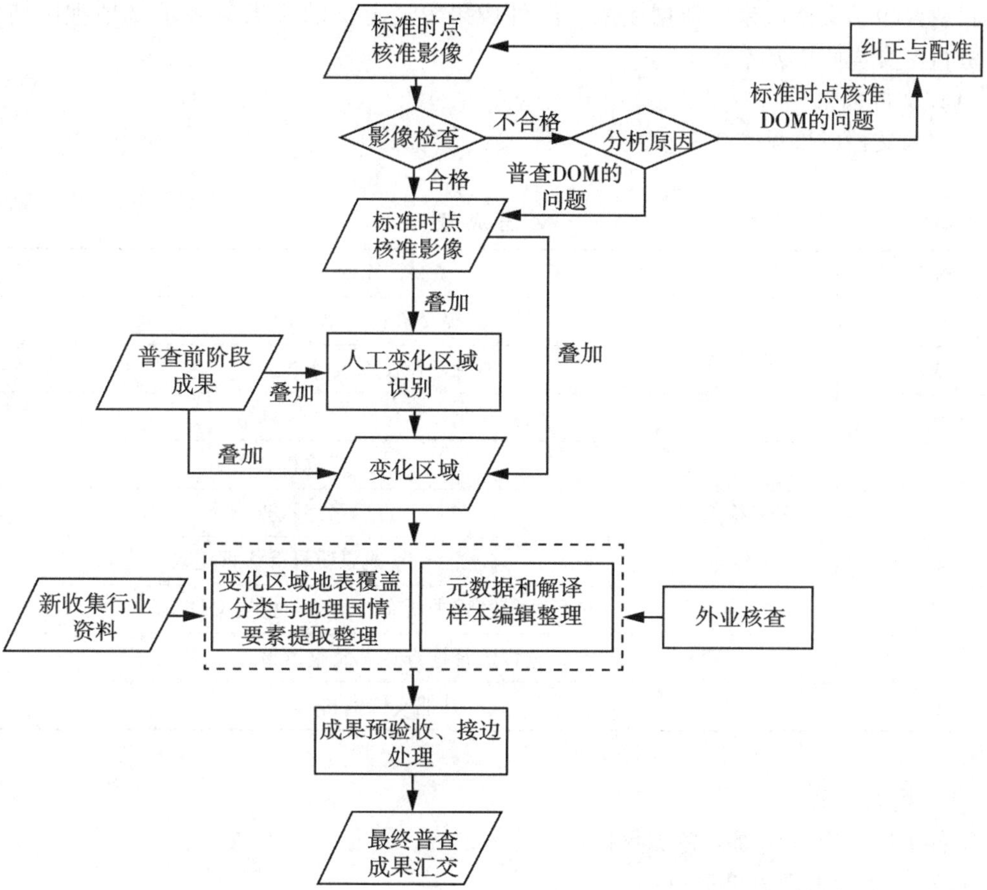

图 3-11　标准时点核准的总体流程图

9. 国情普查数据接边与入库前预处理检查

地表覆盖分类与地理国情要素接边应遵循《地理国情普查数据规定与采集要求》。

（1）接边内容

第一次地理国情普查成果接边内容包括接边界线、正射影像数据的成果、地表覆盖分类与地理国情要素数据成果接边。

（2）接边原则

省内接边按照后提交成果的测区接先提交成果的测区的原则。省级接边按照工作量基本均等的原则，完成任务区之间的接边工作。

为确保数据能够顺利入库，各类成果数据在入库前均已开展系列检查处理工作，入库检查主要检查成果数据中可能影响入库的数据问题，包括待入库数据的文件与结构一致性、拓扑一致性、其他逻辑一致性、空间参考正确性以及矢量数据接边等方面的问题。

10. 成果上交

普查工作完成后，应对数据、文档等资料进行整理，编制资料清单后正式上交。上交的资料主要包括文档成果、数据成果、图件成果等。上交的成果应满足《地理国情普查成果资料汇交与归档基本要求》。

（1）文档成果

上交的文档成果见表3-8。

表3-8　　**文档成果**

序号	资料名称	
1	提交资料清单	
2	项目专业技术设计书	
3	项目专业技术总结及工作总结	
4	最终检查资料	最终检查报告
5		最终检查记录
6		成果质量等级评定表
7	项目建设过程中所有的请示与批复文件	
8	过程监督检查意见及整改报告	
9	其他文档资料	

（2）数据成果

按各工序要求分别提交各类数据：

① 数字正射影像成果资料；

② 地理国情普查数据库成果资料；

③ 遥感解译样本数据成果资料。

（3）其他资料

① 外业调查与核查成果资料；

② 项目承担单位在普查区域相关行业单位收集并利用到的专题资料；

③ 普查任务区接合图表；

④ 普查区域接边处理图；

⑤ 其他相关资料。

第四章　摄影测量与遥感

第一节　测绘航空摄影案例

一、背景材料

某市规划局计划进行该市区 1：4 000 数字航空摄影。摄区面积约 400km^2，东西向长约 13km，南北向长约 30. 6km。

该摄区地势西北高、东南低，最高点海拔高程为 150m，最低点海拔高程为 1m。地貌以丘陵台地、冲积平原为主，平原区域江河水系密布。摄区属亚热带季风气候，长夏无冬，日照充足，雨量充沛，温差振幅小，季风明显，一年中 2—3 月日照最少，7 月日照最多，雨量集中在 4—9 月。本次航摄最好在夏末春初时完成。选用高精度数码航摄仪 DMC2001，焦距为 120mm，相幅 92mm×166mm。本次航摄任务的实际情况确定航向重叠度为 65%，旁向重叠度为 30%。

二、考点剖析

测绘航空摄影主要包含航摄空域申请、编写航空摄影技术设计书、航摄仪的选用和检定、摄区划分、航摄基本参数计算、航空摄影、航空摄影影像处理、成果质量检查和成果整理与验收等。

1. 航摄空域申请

航摄空域申请主要包括航摄计划制订和航摄空域申请两方面工作内容。

（1）航摄计划制订

根据航摄范围编制航摄范围略图，航摄范围略图中应详细标注航摄范围线上所有经纬度坐标，并制订完成该航摄计划所需要的时间计划。

（2）航摄空域申请

由航摄项目所在的地方政府出具《航空摄影空域申请报告》，申请报告包括航摄范围和航摄所需要的时间计划等内容。航摄范围略图作为《航空摄影空域申请报告》的必要附件一并报送航摄区域所属的大军区司令部。应获得战区司令部同意使用该空域的批复和战区司令部下属空军司令部同意使用该空域的批复两份文件。

2. 编写航空摄影技术设计书

航空摄影技术设计书包括任务来源、摄区概况、主要技术依据、技术设计、实施方案、质量控制与保障、成果整理与包装、提交成果资料等内容。

3. 航摄仪选用分析

本测区选用高精度数码航摄仪 DMC2001，焦距为 120mm。该相机具有小畸变、大光圈、高分辨率和均质的镜头系统，同时具有全电子像移补偿装置，提高了影像的清晰度。基于面阵 CCD 传感器，影像具有已定义的、刚性几何特征；传统的中心投影几何方式适用于现有的数字摄影测量系统软件；每像素（12μm×12μm）12 bit 的辐射分辨率可确保影像最佳清晰度；带有陀螺平台的镜头座架 T-AS 和飞行管制系统 ASMS，既可以保证所摄影像的清晰度，又可以自动保持相机在工作中的正确姿态。相机的物镜分辨率、径向畸变差等均于当年检测并达到作业要求（附航摄仪检定表）。

4. 航摄仪检定分析

航摄仪检定应由具有相应资质的法定检验单位进行。

根据每台航摄仪的稳定状况，凡有下列情况之一者应进行检定：距前次检定时间超过 2 年；快门曝光次数超过 20 000 次；经过大修或主要部件更换以后；在使用或运输过程中产生剧烈震动以后。

航摄仪检定项目如下：检定主距；径向畸变差；最佳对称主点坐标；自准直主点坐标；CCD 面阵坏点。

5. 摄区划分分析

（1）划分航摄分区应遵循的原则

① 分区界线应与测图的图廓线相一致。

② 当航摄比例尺小于 1∶7 000 时，分区内的地形高差不应大于 1/4 相对航高（以分区的平均高度平面为摄影基准面的航高）；当航摄比例尺不小于 1∶7 000 时，分区内的地形高差不应大于 1/6 相对航高。鉴于本次航空摄影的比例尺为 1∶4 000，而摄区地势西北高，东南低，为确保一个摄区内地形起伏不宜过大，同时为了保证飞行安全，需要对摄区进行分区航空摄影。

③ 根据该市区地形起伏将整个摄区分成 3 个分区：第一分区最低点为 1m，最高点为 49m；第二分区最低点为 30m，最高点为 100m；第三分区最低点为 90m，最高点为 150m。

④ 在地形高差符合相关规定时，且能够确保航线的直线性前提下，分区的跨度应尽量划大。

⑤ 当地面高差突变或有特殊要求时，经用户认可，分区界线可以破图廓划分。

（2）航摄分区摄影基准面高度的确定

分区摄影基准面的高度，以分区内具代表性的高点平均高程与低点平均高程之和的 1/2 求得。

（3）航线方向和航线敷设方法

通常情况下航线应按东西向直线飞行，特定条件下亦可根据地形走向与专业测绘的需要，按南北向或沿线路、河流、海岸、境界等任意方向飞行。鉴于本次航空摄影分为3个分区的情况，航线敷设采用东西方向飞行。

为适应1∶2 000以上大比例尺航测测图放大作业的特殊性，从航摄像片最佳覆盖和简化方便测图作业考虑，当 $M_{像}/M_{图}=3\sim3.5$（倍）时，航线应按图幅中心线敷设，当 $M_{像}/M_{图}=6\sim7$（倍）时，航线应按旁向两相邻图幅的公共图廓线敷设。

按常规方法敷设航线，航线应平行于图廓线。位于摄区边缘的航线应敷设在外缘图廓线上或图廓线外。

水域、海区常规敷设航线时，应尽可能避免像主点落水，要确保所有岛屿覆盖完整，并能构成正常重叠的立体像对。

根据用户的设计要求敷设控制航线（亦称构架航线）。

6. 航摄数学基础分析

（1）重叠度

像片航向重叠度设计一般为60%~65%，最大不超过75%，最小不少于56%；像片旁向重叠度设计一般为30%~35%，最小不少于13%；以上要求均由相机上的飞行管理系统经设置后自动给予保证。

（2）航摄范围覆盖

旁向在满足范围线内面积及成图要求的前提下，由于地形与基准面差异，旁向适当在16%~31%之间变换；航向超出摄区边界不少于一条基线。

（3）航摄参数

基线长度：

$$B=\text{影像宽度}\times(1-\text{航向重叠度})\times\text{摄影比例尺分母}=0.092\times(1-0.65)\times4\,000=128.8\ (\text{m})。$$

航线间隔：

$$D=\text{影像高度}\times(1-\text{旁向重叠度})\times\text{摄影比例尺分母}=0.166\times(1-0.3)\times4\,000=464.8\ (\text{m})。$$

（说明：一般将航向重叠方向的影像长度称为影像宽度，将旁向重叠方向的影像长度称为影像高度。）

相对航高：

$$H=\text{航摄仪焦距}\times\text{摄影比例尺分母}=0.12\times4\,000=480\ (\text{m})。$$

摄影航线总条数=整个摄区宽度÷航线间隔=30 600÷464.8=66（条）。

第一分区包含航线N01~N43，基准面高25m，绝对航高505m。

第二分区包含航线N44~N63，基准面高65m，绝对航高545m。

第三分区包含航线N64~N66，基准面高120m，绝对航高600m。

每条航线影像数=（摄线长度+2×基线长度）÷基线长度
=（13 000+2×128.8）÷128.8=103张

（说明：因为要求航向两端需超出摄区边界不少于一条基线，所以实际的航线长度为：摄线长度+2×基线长度。）

摄区总像片数=每航线影像数之和=103×66=6 798（张）。

总模型数=总航片数-航线数=6 798-66=6 732（个）

最高点航向重叠度=航向重叠度+(1-航向重叠度)×(基准面-最高点)÷相对航高

$=0.65+(1-0.65)\times(120-150)\div480=0.63$

最高点旁向重叠度=旁向重叠度+(1-旁向重叠度)×(基准面-最高点)÷相对航高

$=0.30+(1-0.30)\times(120-150)\div480=0.26$

最低点航向重叠度=航向重叠度+(1-航向重叠度)×(基准面-最低点)÷相对航高

$=0.65+(1-0.65)\times(25-1)\div480=0.67$

最低点旁向重叠度=旁向重叠度+(1-旁向重叠度)×(基准面-最低点)÷相对航高

$=0.30+(1-0.30)\times(25-1)\div480=0.34$

7. 影像处理

使用数码航摄仪随机的数据后处理软件，分别进行原始数据的辐射处理（以补偿由于温度、光圈和其他辐射因素所造成的缺陷）和几何纠正（以修正镜头畸变和倾斜）后镶嵌在一起，同时可以产生几种不同类型的文件输出格式——全色、彩色（RGB 模式）和近红外格式。

8. 航摄质量控制

（1）像片倾斜的控制

航摄采用的是 DMC2001 数码航摄仪，在倾斜角小于 5°范围内其 T-AS 陀螺稳定平台可以自动调整倾斜角。如气流较大，可通过航摄仪主体座架调整水平，保证倾斜角小于 3°。

（2）旋偏角的控制

DMC2001 航摄仪检影器可监视偏流，自动调整相机主体修正偏流。飞机在预备线上飞行时，要根据飞机的真航向和 GPS 指示的飞行轨迹角度，计算出偏流大小，作为修正偏流的参考。正式作业开机后，摄影员要实时监控检影器和水平仪，及时根据飞机受气流影响变化状况，必要时可以手动跟踪调整。严格采取这些措施，可以有效地使像片旋偏角、倾斜角控制在以上要求范围内。

（3）航线弯曲度

为保证飞机有充分的时间以平稳的姿态进入航线，设计预备线长度为 3km。由于有足够的预备线长度，且 GPS 导航系统能直观地显示航迹偏差，可将漂移减小到最小，同时飞行管理系统曝光出发点的范围设置可以保证航线弯曲度不大于 3%。

（4）太阳高度角

本测区以丘陵台地、冲积平原为主，摄区内地面起伏较小，但为减少航摄像片上阴影过大，故要求太阳高度角应大于 30°。

（5）航高保持

每个分区都有设计航高，航高的变化将直接影响设计的摄影比例尺和像片重叠度。飞机按照基准值飞到航空摄影要求的作业高度进行作业，同时参考 GPS 实时高程。航线上相邻像片的高差不大于 20m，一条航线上最大和最小航高差不大于 30m。

（6）摄影质量的控制

严格控制天气标准是获取高质量影像的必备条件。本次航空摄影必须选择能见度大于

8km 的碧空天气或少云天气（测区上空无云），尽量保持气象条件的基本一致，以获取影像清晰、色彩饱满的航空像片。起飞前，要对航空摄影机做常规检查，确保电路、机械传动部件工作正常，设备各项设置参数正确无误。光学镜头表面及滤光镜要清洁干净。

9. 影像质量控制

① 在确保飞行天气及质量的前提下，飞行结束返航前对每一张小索引像片进行检查，确保无一漏飞且每张像片上无云影及烟雾。

② 进行辐射及几何纠正、组合，对其中一张像片调色、匀光，而后对整个测区进行调色、匀光。对个别像片进行单独处理。

③ 影像成果质量要求：像片影像清晰，相同地物影像色调基本一致，不同架次像片的色调效果也要基本一致；像片校色正确，色调均匀、色彩分明。

10. 成果整理与提交

① 硬盘存储高分辨率（12bit）真彩色影像数据。
② 硬盘存储低分辨率（12bit）真彩色影像数据。
③ 真彩色像控片。
④ 像片缩略（索引）图及数据文件。
⑤ 航摄相机检定表文本及数据文件。
⑥ 成果资料登记表文本及数据文件。
⑦ 航摄技术设计书文本及数据文件。
⑧ 航摄技术报告书文本及数据文件。

第二节　数字空中三角测量案例

一、背景材料

某单位计划生产该地级市城区的 1∶2 000 数字地形图。已完成了测区的区域网外业控制点的布设和测量工作，现在需要完成测区的空中三角测量（空中三角测量加密）的任务。

该市总面积约为 3 500km^2，平地占 70%，位于测区南部大部分地区；丘陵占 30%，集中在测区西北部；测区内海拔高度平地低点为 10m，丘陵最高海拔为 130m。建成区面积约为 450km^2，主要在平坦地区。建成区内以多层建筑楼房为主，房屋密集，其郊区居民地以一二层建筑为主。

采用传统的航空摄影方式，航摄比例尺为 1∶8 000，航摄仪型号为 RC-30，像幅为 23cm×23cm，焦距为 152mm。影像扫描分辨率为 0.02mm，像片类型为真彩色。

测区共布设 60 条航线，每条航线 84 张航片，测区航片总数为 5 040 张，航片航向重叠为 65%，旁向重叠为 35%，东西向飞行。

测区的区域网外业控制点按平坦地区和丘陵地区两个布设方案实施。平坦地区航向上每

4 条基线布设 1 个平高控制点；旁向上每 2 条航线布设 1 排平高控制点。丘陵地区在平坦地区布点要求的基础上，在航带每 2 排平高控制点之间增加 1 排高程控制点。平坦地区和丘陵地区接边处的外业控制点已互相转刺，保证所有同名公共控制点均得到共用。测量工作已完成，区域网外业像片控制点的精度和成果质量均符合设计要求。

二、考点剖析

数字空中三角测量的主要目的是为影像纠正、数字高程模型建立和立体采集提供定向成果，其主要成果是像片加密点大地坐标及像片的外方位元素。数字空中三角测量主要涉及资料准备、内业加密点的选点观测、光束法整体平差、区域网接边、质量检查及成果提交等。

1. 数字空中三角测量的工作流程

资料准备→技术设计→外业像片控制测量→内业加密点的选点观测→交互量测控制点、检查点的像点坐标→内定向→区域网平差计算→区域网接边→质量检查→成果整理与提交。

2. 资料准备分析

需准备的资料包括像片索引图、航空像片原始扫描数据、航摄仪技术参数资料、飞行记录资料、测区内现有小比例尺地形图、区域网外业像片控制点点位略图、区域网外业像片控制点成果表、区域网外业像片控制点刺点片等。其中，航摄仪主要技术参数有：航摄仪检定坐标系，航摄仪框标编号和框标坐标，航摄仪检定焦距，航摄仪镜头自准轴主点坐标和航摄仪镜头对称畸变差测定值。

3. 内业加密点的选点观测

内业加密点的选点观测主要工作内容包括野外像控点的转刺，内业加密点的选点和像点坐标量测，而像点坐标量测是通过摄像匹配完成的。

内业加密点的选点基本要求：

① 每个像对不少于 6 个内业加密点。

② 在像片条件允许的情况下，确保标准点位 1、2、3、4、5、6 都要有加密点。

③ 加密点距离像片边缘不小于 1.5cm。

相邻像对、相邻航带和相邻区域网间的同名公共点均要转刺；当航向和旁向重叠过大时，隔像对、隔航带的同名公共点也要转刺。

像点坐标量测主要工作内容包括加密点像点坐标量测、野外像片控制点像点坐标量测、相邻航带间所有同名公共点转标量测、相邻区域网中相邻航带间所有同名公共点转标量测四项内容。精度要求主要包括内定向误差不大于 0.01mm（一般采用解析框标定向）；同一像点且同一人两次读数所得 z、y 坐标的较差不应大于 0.01mm（全数字摄影测量工作站一般只记录一次读数）。

4. 空中三角测量平差计算

空中三角测量平差计算主要工作内容包括内定向、连接点选取及编辑、控制点的转刺、光束法平差解算等内容。

光束法空中三角测量的基本思想：以一幅影像所组成的一束光线作为平差的基本单元，以中心投影的共线方程作为平差的基础方程。通过各个光线束在空间的旋转和平移，使模型之间公共点的光线实现最佳的交会，并使整个区域最佳地纳入已知的控制点坐标系统中。

光束法空中三角测量的主要特点包括：① 光束法解析空中三角测量是最严密的一种解法；② 误差方程式直接对原始观测值列出，能最方便地顾及影像系统误差的影响；③ 最便于引入非摄影测量附加观测值；④ 可以严密地处理非常规摄影以及非量测相机的影像数据。

5. GPS 辅助空中三角测量

GPS 辅助空中三角测量可分为以下四个阶段：

① 现行航空摄影系统改造及偏心测定。

② 带 GPS 信号接收机的航空摄影。

③ 求解 GPS 摄站坐标。

④ GPS 摄站坐标与摄影测量数据联合平差。

GPS 辅助空中三角测量能有效减少甚至免除常规空中三角测量所需的地面控制点，从而大量节省像片野外控制测量的工作量、缩短航测成图周期、降低生产成本、提高生产效率。

6. 质量检查

数字空中三角测量的质量检查内容主要包括：

① 外业控制点和检查点成果使用正确性检查。

② 航摄仪检定参数与航摄参数检查。

③ 各项平差计算的精度检查。

④ 提交成果的完整性检查。

7. 成果整理与提交

数字空中三角测量的成果一般以测区为单位、以区域网为成果单元进行统一整理，应包括以下内容：

① 观测与平差计算成果数据文件，主要包含起算数据文件（控制点大地坐标文件、航摄仪检定参数文件等）、像点观测坐标文件、整体平差后的像点大地坐标文件、区域内影像的外方位元素文件。

② 精度评定文件，即整体平差报告文件。

③ 辅助成果，视具体用户的要求而定，一般包含测区区域网分区图，区域网略图（航片的排列顺序、控制点分布信息等），成果检查报告和技术总结报告。

第三节　立体测图案例

一、背景材料

某市计划进行 1∶2 000 地形图（DLG）测绘，测图范围约 325km²。该测区除西边和东南角有少量山区外，大部分地区地势较平坦。地域河川径流丰富，湖塘、水库众多。

航摄采用 SWDC-4/4017 数码航摄仪进行数字航空摄影。像元地面分辨率为 20cm，等效主距为 50.2mm，像元尺寸为 0.006 8mm，行为 14 000 像素，列为 10 000 像素，影像大小为 9.52cm×6.80cm，东西方向飞行。

测区内有 C 等 GPS 点，点位保存良好，成果属 2000 国家大地坐标系、该市地方坐标系，并作为测区的基本平面控制。测区有二等水准路线，点位保存良好，成果属 1985 国家高程基准，并作为测区的基本高程控制。这些测区的基础控制资料，用于野外像片控制测量。

二、考点剖析

立体测图主要包括技术路线设定、野外像控点选择、定向建模、内业矢量数据采集、矢量数据采集、野外补测、内业数据编辑、数据质量检查及数据成果提交等。

1. 立体测图技术路线设定

本测区数字线划图采用“先内后外”的成图方法进行生产，即利用航片和基础控制成果进行野外像片控制测量，根据外业像控成果进行空中三角测量加密，在全数字摄影测量系统中恢复立体模型，采集居民地、道路、水系、地貌等地形要素，以图幅为单位回放纸图，进行野外调绘与补测。内业根据外业调绘成果和立体测图数据，对矢量数据进行编辑，保存分层建库数据，再进行数字地形图（制图数据）编辑，提交 1∶2 000 数字地形图成果。立体测图技术路线如图 4-1 所示。

采用全数字摄影测量工作站进行立体测量，原则上采用空中三角测量导入的方法建立数字立体模型。空中三角测量导入时，应对各种定向数据进行检查，以消除系统和人眼视差产生的误差，发现问题应及时找出原因。

2. 野外像控点选择

如果用 GPS-RTK 进行像控点测量，对野外像控点有如下要求：

① 刺点的位置应避免在高层建筑的楼角，因为高层建筑与地面的高差较大，影响 GPS 高程精度。平高点应尽量刺在矮墙、低房和平地上。高程点应刺在空旷的平地上，以便于观测和提高点位高程精度。

② 刺点的点位应避开高大的楼群、高压电线、高频发射塔和高大树木以及对 GPS 信

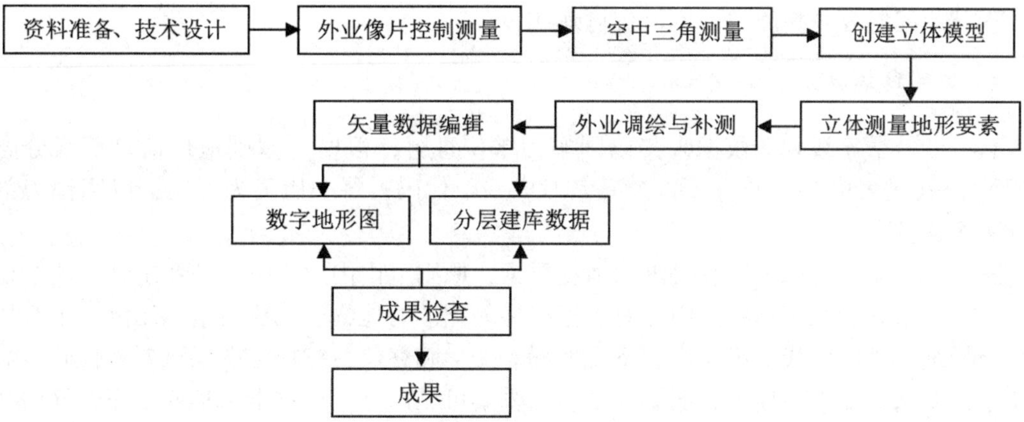

图 4-1　立体测图技术路线（生产流程）图

号接收有影响的障碍物。

③ 点的位置应有利于交通，便于人和仪器的行走与接送。

④ 像控点点位说明与略图必须在实地完成，刺孔、说明与略图应严格一致，不得相互矛盾。

3. 定向建模分析

采用数字摄影测量工作站，以及专用像点量测软件和光束法平差计算软件进行自动空中三角测量。通过内定向、相对定向、绝对定向，最终获取框标点量测坐标、像点量测坐标、空三加密点大地坐标以及像片的外方位元素。

（1）内定向

框标坐标量测误差不应大于 0. 01mm。

（2）相对定向

标准点位残余上下视差不应大于 0. 005mm，个别不得大于 0. 008mm。

（3）绝对定向

平面坐标误差：平地一般不应大于 0. 000 2m，个别不得大于 0. 000 3m；山地一般不应大于 0. 000 3m，个别不得大于 0. 000 4m。

高程定向误差：平地不应大于 0. 3m，其他不应大于加密点高程中误差的 0. 75 倍。

4. 航测内业数据采集

三维立体采集影像上所有可见的地物要素，原则上由内业定位、外业定性：内业对有把握并能判准的地物、地貌要素，用测标中心切准定位点或地物外轮廓线准确绘出，不得遗漏、变形和移位，按规定图层赋要素代码。对把握不准的要素（包括隐蔽地区、阴影部分）只采集可见部分，地物未采集或不完整处用红线圈出范围，由外业实地进行定位补调。

每个像对的测绘面积原则上不得超过基本控制点连线外 1. 5cm。而对于数据接边，地物平面位置和等高线接边较差一般不得大于平面、高程中误差的 2 倍，最大不得大于 2.5 倍。误差超限时要查找原因，不得盲目强接。

5. 矢量数据采集

1∶2 000 数字线划图数据采集以图幅为单位进行，根据《基础地理信息要素分类与代码》（GB/T 13923—2022），每个要素对应一个代码，每个代码为一层，以图幅为单元存放一个文件。

三维立体采集影像上所有可见的地物要素，原则上由内业定位、外业定性。测绘地物时，应仔细辨认和判读地物。内业对有把握并能判准的地物、地貌要素，用测标中心切准定位点或地物外轮廓线准确绘出，不得遗漏、变形和移位，按规定图层赋要素代码。对把握不准的要素，如隐蔽地区、阴影部分，只采集可见部分，地物未采集或不完整处用红线圈出范围，由外业实地进行定位补调。

每个像对的测绘面积原则上不得超过基本控制点连线外 1.5cm。而对于数据接边，地物平面位置和等高线接边较差一般不得大于平面、高程中误差的 2 倍，最大不得大于 2.5 倍。误差超限时要查找原因，不得盲目强接。

（1）地貌和土质

等高线测绘一般应连续。描绘等高线时应切准模型描绘。在等倾斜地段，相邻两计曲线间距在图上小于 5mm 时，可只采集计曲线，首曲线内插。等高线表示的凹地和山头适当增加示坡线。

城区主要街道及路面的高程注记点由内业立体测图完成。高程注记点一般应选在明显的一类、二类方位物和地形特征点上。

各种天然形成和人工修筑的坡、坎，坡度在 70°以上为陡坎，70°以下为斜坡，斜坡应测绘上下沿线。斜坡在图上投影宽度小于 2mm 时，用陡坎表示。陡坎间距过密时可取舍。

（2）居民地和垣栅

高度大于 1.8m，面积大于图上 $6mm^2$ 的固定房屋应表示，临时性的不表示。房屋一般不综合逐个采集，房屋轮廓沿房檐轮廓采集，房屋轮廓凹凸在图上小于 0.4mm，简单房屋小于 0.6mm 时，可用直线连接。房屋紧密相连的，其外部轮廓采集为一个闭合面，不同层次的房屋及房屋的分户线用短线分割表示。立体模型下尽量区分棚房、简易房、破坏房屋。

建设中的房屋按地基的外轮廓描绘。房屋外轮廓不能完整绘出或已经拆迁、推土、在建或停建的区域，按“施工区”表示，其范围用地类界表示。

围墙以墙基中心为准，均按单线采集。农村居民各院落之间的分户围墙无论高低均应表示。城区的主要街道边线依路沿线绘出，次要街道一般以各类地物自然形成的边线表示。

（3）工矿企业建筑和公共设施

大型桥梁、广场、街道和道路交叉及拐弯处凸出的、新型装饰性路灯与照射灯要表示。烟囱、水塔、粮仓等独立地物，其底部宽度超过符号宽度时，应实测底部轮廓加符号表示。

永久性的温室、花房虽然用塑料膜覆盖，但其内部结构是钢筋、水泥柱支架或某一侧是砖墙结构的，实测轮廓线。大面积的简易蔬菜大棚，不单独表示，用地类界圈出范围。

大型且固定的彩门、牌坊、牌楼要表示。公园及公共场所的喷水池、假山、纪念碑、塑像应表示。坟群采集范围线，散列配置符号。散坟和独立坟要逐个实测表示。庙宇、加油站、地下建筑出入口均应表示。

（4）交通及附属设施

道路的描绘要求位置准确、等级分明，真实反映道路交叉及道路与其他地物地形要素的关系。

等级公路的路基铺面能明显区分时，应分别按道路铺面、路基采集边线。路基铺面不明显的公路，只采集公路边线。宽度在 3m 以上能通行拖拉机、汽车的道路，按大车路表示；宽度在 1.5~3m 的道路用乡村路表示；1.5m 宽的乡村路按单线表示，否则按双线表示。实地宽度 1.5m 以下按小路采集。小路、乡村路较密集时，可视通行情况择要表示。居民地之间与高等级道路之间连接的小路应表示。道路应成网，并反映出道路疏密特征。

道路通过城区、乡镇等街区时，断在居民地外，城区、乡镇等街区内的通道按街道表示。

铁路与公路、公路与其他道路相交时，立体相交应准确描绘桥梁或涵洞，平交道口要按相应符号表示。路标、里程碑、汽车站（县级）、大型公路指示牌要表示。

（5）管线及附属设施

电杆、电线塔、电线架立体影像清晰的，按真实位置采集，不能漏掉。

地面上的和架空的管道均应表示。多条平行的管道不能逐条表示时，选择排布在最外边的管道准确表示，中间的择要表示。管线的支架密集时直线部分择要表示。

（6）水系及附属设施

河流按摄影时的水涯线表示。河流边的有滩陡岸、无滩陡岸或者加固堤坎，图上长度大于 1cm 应表示；有滩陡岸的下沿线与水涯线之间宽度大于图上 3mm 时，应配置相应的土质、植被。河滩宽度大于图上 3mm、面积大于图上 $2cm^2$ 范围时，应采集土质的范围线。

河流、时令河在图上宽度小于 0.5mm 时，用单线河表示，否则以双线表示。

人工修筑的沟渠、干沟宽度在图上小于 0.5mm 时，以单线表示，否则以双线表示。

有堤岸的沟渠，在堤顶及主要堤、次要堤顶每隔 10~15cm 测堤顶部高程或打对点。

大型水库需测量水位点，使水涯线高程一致，溢洪道口底部的最高处应测量高程点。

（7）植被

图上面积大于 $25mm^2$ 的植被应表示。田埂密度在图上间隔 8mm 以上择要表示。注意田埂与地类界的区分。

居民地周围沿道路、沟渠、土堤、河流、水塘等成行排列的树木，按行树表示。

6. 野外补测和调绘分析

当立体测图无法达到高程注记点高程精度要求时，应野外实测足够的高程注记点，等高线由立体测图采集。

当由于云影、阴影等影响无法进行立体测图或处理，航空摄影出现绝对漏洞且不补摄，新增大型工程设施、大面积开发区或居民地变化较大等情况时，应进行野外补测。

立体测图无法准确采集的城市建筑物密集区，也可进行野外补测，可将阴影、漏洞等向外扩大图上4mm，确定补测范围。补测的地物、地貌要素，相对于附近明显地物点的平面位置误差不大于图上0.75mm，困难地区不大于图上1mm。

调绘内容：地名、自然村、重要企事业单位、道路（等级、材质）、河流名称、电力线、码头、水系、地类等。

7. 要素综合取舍分析

根据地图用途进行综合取舍。突出表示或保留用图意义较大的地物、地貌，舍去或移位经济意义及用图意义相对不大的或易于变化的地物、地貌。

根据成图比例尺进行综合取舍。对于图上不能按真实位置表示的地物、地貌，主要的地物、地貌应准确表示，次要的可移位或舍去。综合取舍后应保持其总貌特征及地物之间的相互位置关系，综合取舍不能改变地物、地貌的性质。

依据地物、地貌所处的地理位置和分布的疏密程度进行综合取舍。例如，某地物在经济发达地区可能是次要的要素，调绘时可不表示，在地物稀少地区成为主要的要素应表示。

8. 立体测图内业数据编辑

数据编辑主要是依据立体测图成果，调绘成果进行要素数据的图形编辑、属性录入，图幅接边形成非符号化数据，非符号化数据通过检查后配置符号、注记进行符号化处理及图廓整饰形成符号化数据。

先内后外作业模式时应依据调绘成果、野外补测成果，对立体测图漏测的地物在立体模型下进行补测，对新增的地物进行采集，对被遮挡的地物进行编辑。

按照综合取舍的原则进行数据编辑，做到不失真，主次有别、层次分明。

全面检查和修改各类定位错误、遗漏、拓扑错误、图层错误、属性错误、要素关系错误、几何图形问题等错、漏现象。

9. 数据质量检查

立体测图数据检查主要包括空间参考系、位置精度、属性精度、完整性、逻辑一致性、表征质量和附件质量的检查。

（1）空间参考系检查

空间参考系检查主要包括大地基准、高程基准和地图投影三个方面。大地基准主要检查平面坐标系统是否符合要求；高程基准主要检查高程基准是否正确使用；地图投影主要检查地图投影参数是否正确使用，地图分幅和内图廓信息是否正确和完整。

（2）位置精度检查

位置精度检查主要包括地形地物的平面和高程精度。平面精度检查内容包括平面位置中误差、控制点坐标、地物几何位移和接边误差；高程精度检查内容包括高程注记点的高程误差、等高线高程中误差、控制点高程和等高距是否正确。

（3）属性精度检查

属性精度检查主要包括分类代码和属性正确性的检查。分类代码主要检查地形地物分类代码是否正确使用、是否接边；属性正确性主要检查属性值是否正确使用。

（4）完整性检查

完整性检查主要检查地图基本要素是否完整，地形地物要素是否遗漏。

（5）逻辑一致性检查

逻辑一致性检查主要检查概念一致性、拓扑一致性和格式一致性。

（6）表征质量检查

表征质量检查主要检查几何表达、地理表达、符号、注记和整饰等。

（7）附件质量检查

附件质量检查主要检查元数据、质量检查记录、质量验收报告和技术总结的完整性、正确性。

10. 成果整理与提交

应提交成果：地形图接合表，地形图数据文件，回放地形图，元数据文件、图历簿，检查验收报告和技术总结。

第四节　数字地面高程模型案例

一、背景材料

某单位计划对该市中心区域周边约 325km^2 的范围生产 1∶2 000 数字高程模型（DEM）。该测区除西北边有少量山区外，大部分地区地势较为平坦。地域河流丰富，湖塘、水库众多。

航摄采用 SWDC 4/4017 数码航摄仪进行数字航空摄影。像元地面分辨率为 20cm，虚主距为 50.2mm，像元尺寸为 0.006 8mm，行为 14 000 像素，列为 10 000 像素，影像大小为 9.52cm×6.80cm。

对本次项目单独完成的基础控制测量成果（GPS C 级网及二等水准测量），GPS C 级网提供 2 套坐标系成果，即 2000 国家大地坐标系、该市地方坐标系；二等水准成果为 1985 国家高程基准。该成果作为测区的基础控制资料，用于野外像片控制测量。

二、考点剖析

数字高程模型（DEM）建立主要包括资料准备、技术路线设定、定向建模，采集特征点（线）、构建 TIN、内插 DEM、DEM 编辑、接边、镶嵌、裁切、质量检查及成果提交等。

1. 制作 DEM 技术路线分析

DEM 生产流程主要包括资料准备、定向建模、采集特征点线、构建 TIN、生成 DEM、

DEM 编辑接边、镶嵌、裁切、成果输出等，技术路线如图 4-2 所示。

在立体模型下，利用已有的地形矢量数据，采集特征线、特征点，生成 1：2 000 DEM。

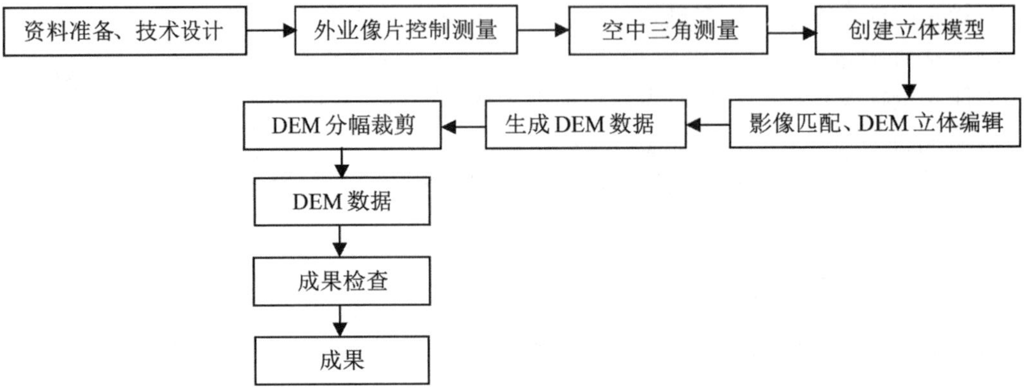

图 4-2　生成 DEM 技术路线（生产流程）图

2. DEM 制作

数字线划图数据中的等高线、高程点、道路、水系等可导入立体模型，与采集的特征线一起构建 TIN、内插 DEM。特征线与三维地物相交时高程差控制在 0.5m 以下。真实表现地表形态，对 DEM 进行编辑，DEM 格网间距 2m。

对平山头或凹地、狭长而坡缓的沟底、脊以及鞍部等处适当采集特征点线。立交桥、桥梁、居民地等人工地物范围，DEM 应编辑至地面或水面。土堤、拦水坝、水闸等应编辑至这些地物的顶部。

测区内相邻图幅 DEM 接边不应出现漏洞。相同地形类别 DEM 格网点接边限差为该地形类别 DEM 格网点中误差的 2 倍。不同地形类别 DEM 接边限差为两种地形类别 DEM 格网点接边限差之和。超过限差时应查明原因，不得盲目取中数。图幅之间相同 DEM 格网点高程应一致。使用保密点对 DEM 进行精度检查。

DEM 起止格网点坐标为图幅角点坐标，以 1：2 000 图幅为单位裁切、存放。

3. DEM 数据接边

选取相邻模型所生成的 DEM 数据，检查接边重叠带内同名（相同平面坐标）格网点的高程；若出现高程较差大于 2 倍 DEM 高程中误差的格网点，则视为超限，将其认定为粗差点，并重建立体模型；对出现粗差点的 DEM 数据进行接边修测后重新接边。按以上方法依次完成测区内所有单模型 DEM 数据之间的接边。

4. DEM 数据镶嵌与裁切

若测区范围内所有单模型 DEM 数据的接边较差都符合规定要求，则可以进行 DEM 镶嵌；镶嵌时对参与接边的所有同名格网点的高程取其平均值，作为各自格网点的高程值，同时形成各条边的接边精度报告。

DEM 镶嵌完成后，按照相关规定或技术要求规定的起止格网点坐标进行矩形裁切时，根据具体技术要求可以外扩一排或多排 DEM 格网。

5. DEM 数据质量检查

DEM 质量检查主要包括空间参考系、高程精度、逻辑一致性和附件质量的检查。

（1）空间参考系检查

空间参考系检查包括大地基准、高程基准和地图投影。大地基准主要检查平面坐标系统是否符合要求；高程基准主要检查高程基准参数是否正确使用；地图投影主要检查地图投影参数是否正确使用，DEM 分幅和内图廓信息是否正确和完整。

（2）高程精度检查

高程精度检查包括格网点高程中误差检查和相邻 DEM 数据文件的同名格网高程值接边检查。

（3）逻辑一致性检查

逻辑一致性检查主要检查数据的组织存储、数据格式、数据文件完整和数据文件命名。

（4）附件质量检查

附件质量检查主要检查元数据、质量检查记录、质量验收报告和技术总结的完整性、正确性。

6. 成果整理与提交

应提交成果：DEM 数据文件，原始特征点、线数据文件，元数据文件，DEM 数据文件接合表，质量检查记录，质量检查（验收）报告，技术总结报告。

第五节 数字正射影像图案例

一、背景材料

某单位承担测区 854 幅 1∶1 万数字正射影像图（DOM）生产。测区以山脉山地、高山地为主，个别为丘陵。地势呈中间高、南北低，平均海拔约为 2 000m，最高海拔为 3 767m，最低处约为 500m。

采用惯性测量单元/差分全球定位系统（IMU/DGPS）辅助航空摄影方法航摄，为黑白胶片影像，航摄比例尺为 1∶32 000～1∶35 000，相机型号为 RC-30，焦距为 153.536mm，航向重叠范围为 57%～67%，旁向重叠范围为 25%～35%。

采用 2000 国家大地坐标系，1985 国家高程基准，收集到该区范围 B、C 级 GPS 控制点 71 个。其中，B 级点 23 个，C 级点 48 个，除 3 个 C 级 GPS 点无水准高程外，其余高程值均为等级水准联测的 1985 国家高程，分布均匀，点距约 25km。

二、考点剖析

利用航空影像制作数字正射影像图（DOM）的流程主要包括资料准备、技术路线设定、定向建模、DEM 获取、影像纠正、色彩调整、影像镶嵌、裁切、质量检查及成果提交等方面。

1. DOM 数据生产技术路线

利用航摄资料，外业进行像片控制测量，内业进行空中三角测量加密和采用微分纠正方法进行 DOM 数据生产。制作 DOM 技术路线如图 4-3 所示。

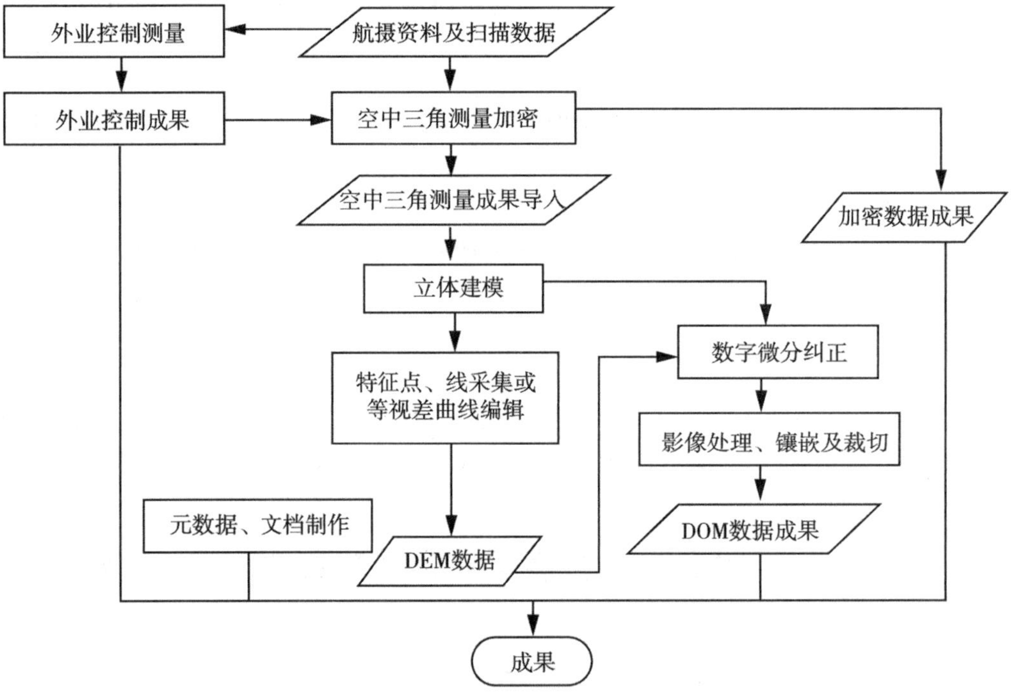

图 4-3 制作 DOM 技术路线（生成流程）图

① 利用 DEM 数据对影像进行数字微分纠正和影像重采样，生成数字正射影像。正射纠正常采用的方法有正解法（直接法）或反解法（间接法），一般采用反解法（间接法）进行纠正。

② 数字正射影像应清晰，纹理信息丰富，片与片之间影像尽量保持色调均匀，反差适中，图面上不得有图像处理所留下的痕迹。镶嵌时注意拼接的一致性，不应产生明显的整体性视觉差异。选取镶嵌线时应尽量避开大型建筑物、桥梁等人工设施。

③ 利用已有数字线划图对 DOM 成果进行套合检查，同名点套合误差应小于 2m。

2. 影像镶嵌

影像镶嵌的主要步骤如下：

① 按图幅范围选取需要镶嵌的数字正射影像。

② 在相邻数字正射影像之间选绘、编辑镶嵌线，在选绘镶嵌线时需保证所镶嵌的地物影像完整。

③ 按镶嵌线对所选的单片正射影像进行裁切，完成单片正射影像之间的镶嵌工作。

3. 图幅裁切分析

按照内图廓线对镶嵌好的正射影像数据进行裁切，也可根据设计的具体要求外扩一排或多排栅格点影像进行裁切，裁切后生成 DOM 成果。所生成的 DOM 成果，应附有相关坐标、分辨率等基本信息参数或文件。

4. 质量检查

质量检查主要包括空间参考系、精度、影像质量、逻辑一致性和附件质量的检查等。

（1）空间参考系检查

空间参考系检查主要包括大地基准、高程基准和地图投影三个方面。大地基准主要检查平面坐标系统是否符合要求；高程基准主要检查高程基准是否正确使用；地图投影主要检查地图投影参数是否正确使用，DOM 分幅和内图廓信息是否正确和完整。

（2）精度检查

精度检查主要检查 DOM 像点坐标中误差、相邻 DOM 图幅同名地物影像接边差。定向精度（包括内定向、相对定向、绝对定向）必须符合要求。模型接边处满足接边限差，局部抽查与数字线划图的套合精度。

（3）影像质量检查

影像质量检查主要检查 DOM 地面分辨率、DOM 图幅裁切范围、色彩质量、影像噪声、影像信息丢失等。整幅图影像清晰，色调均衡一致，视觉效果良好。图面整饰应完整、正确无误。

（4）逻辑一致性检查

逻辑一致性检查主要检查数据存储的组织、数据格式、数据文件完整性和数据文件命名等。所有数据文件的内容必须正确无误。

（5）附件质量检查

附件质量检查主要检查元数据、质量检查记录、质量验收报告、技术总结的完整性、正确性。

5. 成果整理与提交

应提交的成果包括：DOM 数据文件、DOM 定位文件、DOM 数据文件接合表、元数据文件、质量检查记录、质量检查报告、技术总结报告。

6. 用全数字摄影测量工作站制作 DOM 的流程

用全数字摄影测量工作站制作 DOM 的工艺流程包括：准备控制点信息文件和参数文件，进行数字摄影测量定向，核线影像生成，影像匹配、编辑、检查，生成 DEM，数字微分纠正，影像镶嵌和图幅裁切，DOM 输出。

7. 采用单片微分纠正方法制作 DOM 的流程

采用单片微分纠正方法制作 DOM 的流程包括：准备控制点信息文件和参数文件，空间后方交会内定向，数字微分纠正（基于 DEM），色调调整、数字镶嵌、接边检查，图廓整饰，DOM 输出。

8. 基于卫星遥感影像制作 DOM 的流程

基于卫星遥感影像制作 DOM 的流程包括：资料准备、技术路线设定、定向建模、影像纠正、色彩调整、影像融合、影像镶嵌、裁切、质量检查及成果提交等。

9. 定向参数解算

作业前对用于纠正的 DEM 数据进行预处理，对分幅 DEM 数据进行拼接，生成大于整景范围的 DEM 数据。跨带卫星影像范围的 DEM 数据进行拼接时应注意换带。

获取控制点，即通过野外实测获取卫星影像纠正需要的控制点及检查点。

结合地面控制点，对提供轨道数据的影像采用严格轨道模型进行定向参数解算，或根据卫星影像提供的精确 RPC 参数解算外参数，卫星影像纠正的控制点数量大于等于 6。

10. 卫星遥感影像色彩调整处理

卫星遥感影像色彩调整主要包括影像匀光处理和影像匀色处理。

① 受光学航空遥感影像获取的时间、外部光照条件以及其他内外部因素的影响，导致获取的影像在色彩上存在不同程度的差异，为了消除影像色彩（色调）上的差异，需要对影像进行色彩平衡处理，即匀光处理。

② 影像的色彩不平衡可以分为单幅影像内部的色彩不平衡和区域范围内多幅影像之间的色彩不平衡。为了保证产品的影像质量和数据应用的质量，一般需要对这两种情况分别进行处理，即匀色处理。

11. 卫星遥感影像预处理

卫星遥感影像的预处理主要包括：影像格式转换，轨道参数提取，影像增强，去除噪声、滤波，去薄云处理，降位处理，多光谱波段选取，匀色处理。

12. 卫星影像正射纠正

卫星遥感影像正射纠正按下列作业方法进行：

① 如采用全色与多光谱影像纠正，应根据地区光谱特性，通过试验选择合适的光谱波段组合，分别对全色与多光谱影像进行正射纠正。

② 对于丘陵可根据情况利用低一等级的DEM进行正射纠正，对于平地可不利用DEM直接采用多项式拟合进行纠正。

③ 对于高山地、山地，根据影像控制点，应用严密物理模型或有理函数模型并通过DEM数据进行几何纠正，对影像重采样，获取正射影像。

13. 整景全色波段影像正射纠正

ALOS卫星遥感全色波段正射影像分辨率为2.5m，用双线性插值或卷积立方的重采样方式，纠正范围为整景卫星影像，纠正后的正射影像上一般不应有拉伸和扭曲现象。当影像的倾角偏大或在高山区、陡峻等处纠正后的正射影像出现拉花无法处理的情况（应保证DEM数据正确和不影响主要地物的读取），须在元数据中说明。

第五章　地图制图

第一节　普通地图编制案例

一、背景材料

某地图出版社 2004 年 6 月开始编制 1：250 万《中华人民共和国全图》（以下简称《全图》），成图尺寸为：2 950mm×2 140mm，要求地图要素平面图形变形小，以保证对全国疆土范围的正确认知、感受。主图纬度范围：从北纬 20°到北纬 56°，中央经线 110°。附图纬度范围：从北纬 1°到北纬 23°，中央经线 114°。表示我国范围内的自然条件、政区分布、交通网的空间分布及与周边邻国的联系，作为各级政府部门办公用图。要求用全数字地图制图技术编辑、处理和制作地图数据，地貌用彩色晕渲表示。根据《全图》编制目的，收集了以下最新相关资料：

① 1：100 万地形图数据（2002 年版）。
② 原国家测绘局 2001 年版的《中国国界线画法标准样图（1：100 万）》。
③ 1：25 万中国数字高程模型，空间分辨率为 3″×3″。
④ 标有最新省界的 1：100 万 MapGIS 数据。
⑤ 中国地图出版社 1997 年出版的《中华人民共和国全图（1：250 万）》。
⑥ 中国地图出版社 2003 年出版的《中华人民共和国省级行政单位系列图》。
⑦《中华人民共和国行政区划简册》（2003 年版）。
⑧ 中国地图出版社 1997 年出版的《中华人民共和国地形图（1：450 万）》。
⑨ 最新的界线资料。
⑩ 最新的水系资料。
⑪ 中国地图出版社 2002 年出版的《世界分国地图》。
⑫《中国山脉资料图》（1974 年版）。
⑬《中国河流、水运资料图》（1973 年版）。

二、考点剖析

普通地图编制一般过程是地图设计、地图资料收集分析、地图数据处理、地图数据编辑和制作等。

1. 地图制图资料利用分析

地图制图资料是编制地图的基础。它的质量对于确保新编地图质量、加快成图速度、降低成本等有着重要影响。一幅高质量的地图，首先它的内容要正确，具有必要的精度和详细性，表达的内容要与实地的现实情况一致。从资料在编图中的使用情况和重要程度，一般分为基本资料、补充资料和参考资料。

（1）基本资料及用途

① 1：100 万数字地图作为新版挂图矢量层数据的主要来源。

1：100 万地图覆盖全中国政区、居民地、交通、文化、水系、地形、海洋等矢量数据。数据现势性 2000 年，地名现势性 2001 年。

② 原国家测绘局 2001 年版的《中国国界线画法标准样图》（1：100 万），用于更新与校正中国国界。

③ 1：25 万数字高程模型，分辨率 3″×3″用于制作彩色地貌晕渲。

（2）补充资料及用途

① 标有最新省界 1：100 万 MapGIS 数据，更新校正省界；

② 中国地图出版社 1997 年版 1：250 万《中华人民共和国全图》，作为制图综合的参考标准；

③《中华人民共和国分省地图》，用于主区水系、居民地、交通网等矢量要素的更新与补充；

④《中华人民共和国行政区划简册》（2003 年版）以及中华人民共和国民政部 2004 年 2 月公布的“2003 年全国县级以上行政区划变更情况”，用于主区行政区划和地名的核改；

⑤ 中国地图出版社 1997 年出版的《中华人民共和国地形图》（1：450 万），用于添加沙漠要素；

⑥ 最新的界线资料，用于核改国、省、地三级境界；

⑦ 最新的水系资料，用于增加大型水利工程，更新海岸线变迁和湖泊变迁；

⑧ 中国地图出版社 2002 年出版的《世界分国地图》，用于核改邻区部分各矢量要素。

（3）参考资料及用途

①《中国山脉资料图》（1974 年版），用于评价、参考山脉的选取，并对山脉进行分级。

②《中国河流、水运资料图》（1973 年版），用于评价、参考选取河流，并对河流进行分级。

制图资料丰富、精度高、现势性好，满足了《全图》的内容表示和精度的要求。

2. 地图分幅和图面配置设计

《全图》为超大幅面的挂图，成图尺寸为2 950mm×2 140mm，最终印刷成品为 9 全张拼幅形式。

《全图》采用矩形的分幅设计，根据印刷纸张的尺寸，按照设计方案进行分幅，等分成 9 份，各分幅图之间保留 10mm 的重叠区域，版面由主区、邻区、图例、附图、图名、比例尺和图外要素组成，其中南海诸岛采用以 1：500 万的比例尺的附图形式置于图面的右下角，图例以矩形开窗形式配置在图面的左下角。

3. 地图投影设计

《全图》反映中国完整国土及周边地区范围的基础地理信息和地势。

① 制图区域的主体为中国，中国领土所处的主要位置在中纬度地区，区域形状呈东西延伸，宜选用圆锥投影。

② 作为挂图使用，要强调区域形状视觉上的整体感受效果、正确认知，要求方位正确，形状不变形，宜选择等角投影。

③ 制图区域纬度范围跨度较大，主图纬度范围：从北纬 20°到北纬 56°，附图纬度范围：从北纬 1°到北纬 23°，为控制各地区投影变形带来的误差，宜采用割圆锥投影；采用双标准纬线的相割比采用单标准纬线的相切，变形要比较均匀，变形绝对值较小。

④ 南海诸岛以附图的形式表示，考虑到南海诸岛的地理范围，为避免其变形过大，应采用与主图不同的投影参数，即中央纬线和准纬线都要重新设定。

基于以上分析，本挂图选用正轴等角割圆锥投影。主图投影方式及参数为：采用双标准纬线正等角圆锥投影，中央经线 110°00′，双标准纬线分别为北纬 25°00′和北纬 47°00′；附图投影方式及参数为：采用双标准纬线正等角圆锥投影，中央经线 114°，双标准纬线分别为北纬 10°和北纬 20°。

4. 比例尺设计

小比例尺地图的投影变形比较复杂，往往根据不同经纬度的不同变形，绘制出一种复式比例尺（又称经纬线比例尺），用于不同地区长度的量算。因此，本挂图采用数字比例尺和复式比例尺相结合的方式（图 5-1）。

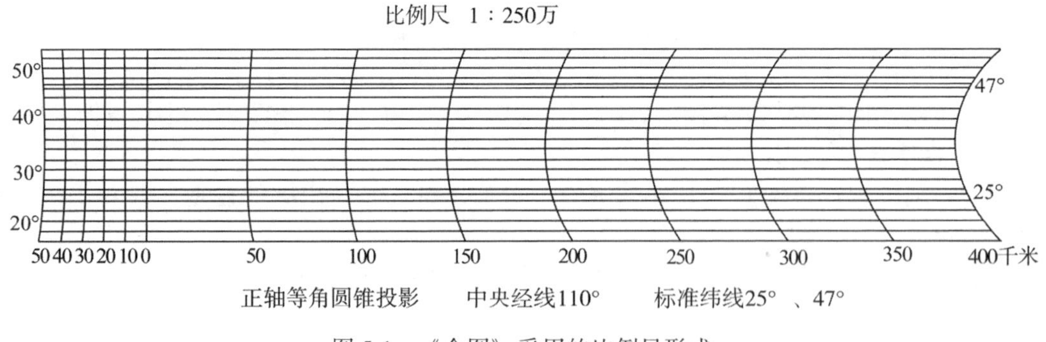

图 5-1　《全图》采用的比例尺形式

5. 地图内容的选择与表示

（1）水系

我国江河众多，分布不均。地表水：长江、黄河、松花江、辽河、珠江、海河、淮河七大水系。东部分布着最大淡水湖群，主要有鄱阳湖、洞庭湖、洪泽湖、太湖、巢湖等；西部咸水湖较集中，主要有青海湖、纳木错湖、杜佳里湖、博斯腾湖等。

水系要素内容表示：陆地水系和海洋水系。

要反映出我国陆地主要水系的空间分布和总体特征。表示的要素有：常年河、时令河、伏流河、干河、常年湖、时令湖、水库、运河、水渠、井、泉、温泉、沼泽、蓄洪区等。河流的骨架要表示明显，对于大的河流、湖泊及跨国界的小河流、湖泊应精确表示出其轮廓与岸线，作为境界线的水系，更要精确表示。

海洋要素的表示要正确反映我国海岸基本特征和海域的空间分布。表示内容包括：海岸线、浅滩、岸滩、沙洲、珊瑚礁等。

（2）地貌

我国地形地貌多样，山地、高原、丘陵、盆地、平原、戈壁、沙漠、洞穴。地形分布的规律是地势西高东低，呈三级阶梯。青藏高原是第一级阶梯，海拔4 000m 以上，台阶边缘是昆仑山—祁连山—龙门山—大凉山。越过边缘降到海拔1 000~2 000m的第二级阶梯，由内蒙古高原、黄土高原、云贵高原、四川盆地、塔里木盆地和准噶尔盆地组成。越过台阶的东缘大兴安岭—太行山—巫山—雪峰山，降到海拔 500m 以下的第三级阶梯，由东北平原、华北平原、长江中下游平原和江南丘陵、闽粤丘陵组成。第三级阶梯的东南边缘多属水深小于 200m 的浅海大陆架，是大陆向海洋自然延伸部分。地貌分类的高度分界线一般为 200m、500m、1 000m、3 500m 和5 000m，它们分别为平原、丘陵、低山、中山、高山和极高山的分界，作为设计高程带划分的基本依据。

《全图》的地貌表示重点在于反映中国及周边国家地区地理自然景观的地域类型和分布规律，表现中国完整国土及周边地区一定纵深范围的地理形势。要求地貌分类清楚，起伏明显，走向清晰，形态逼真，立体感强。要能表示出大地貌形态（山地丘陵、平原、盆地、高原）及小地貌形态（戈壁、沙漠、火山、冰川、绿洲等）。

通过以上分析，《全图》采用了地貌晕渲法表示中国的地势走向、地貌形态，并用地貌符号表示出山隘、岩溶、沙漠、冰川、雪被、火山、砾漠、风蚀残丘等典型地貌形态，并标注山脉（按照山脊线标识）、盆地、沙漠、山峰、山隘等地貌名称。

（3）居民地

居民地是人类居住和进行各种活动的中心场所。根据地图载负量和我国的行政等级划分，挂图居民地可分为① 首都，② 省级行政中心，③ 地级市行政中心，④ 地区、盟、州行政中心，⑤ 县级市，⑥ 县级、旗、区行政中心，⑦ 乡镇（部分选取），⑧ 村庄（部分选取）。

在地图编制过程中，由于受到比例尺和地图载负量的限制，对我国县级以上级别的居民地全部表示；对县级以下居民地优先选取乡镇，在最后时才选取重要村庄，表示时采取部分选取。

（4）交通网

交通网是各种交通运输的总称。地图上表示的交通网主要有陆地交通、水陆交通、空中交通和管线运输等几类。根据《全图》的性质和用途，该图交通网需要表示陆地交通和水陆交通两大部分。

《全图》的陆地交通主要由高速公路、建筑中高速公路、铁路、建筑中铁路、国道、省道、一般公路和其他道路组成，其中，一般公路和其他道路部分选取表示，水陆交通只表示国际航海线及里程。

（5）境界

《全图》要准确反映中国与周边国家之间的领土划分和国内行政区划。图上表示：国界、未定国界、地区界、停火线、省（自治区、直辖市）界、特别行政区界、地级市（地区、自治州、盟）界。

（6）邻区（国外部分）

为了使《全图》构成一个完整的矩形图幅，还要相应地表示出与中国相邻国家局部区域一定纵深范围内的自然与人文景观。邻区所表示的内容与主区一致，要反映出我国与周边国家在自然与人文地理和行政区划的联系。表示时要比主区概略很多，以达到突出主区的效果。

6. 地图符号设计分析

《全图》地图符号系统设计过程：

① 根据《全图》的主题和内容，拟定符号的分类、分级原则。水系、地貌、交通网、居民地、境界等要素进行相应的分类、分级，构成《全图》完整的地图符号系统。

② 根据《全图》的性质，确定各种符号的感受水平，选择合适的图形视觉变量（形状、尺寸、方向、颜色、亮度、密度等），按照约定性、抽象性、象征性、准确性、简明性等原则来设计并绘制出每个符号的具体形式。

③ 综合考虑地图比例尺、载负量和图面效果，进行符号的整体搭配以及局部区域的试验分析，对符号进行修改。

④ 建立地图符号文件，构成《全图》的地图符号库。

7. 地图色彩设计

《全图》上地图符号的色彩根据制图对象大的分类，分别采用不同的色系（自然色）表示，例如：水系用蓝色（C100）表示，沙漠用棕色（M50，Y80，K50）表示，居民地和人工要素用黑色（K100）表示，次要居民地和人工要素用灰色（K90）表示，以降低地图载负量。

本挂图采用彩色地貌晕渲来表示制图区域的地貌形态。色彩设计主要是按地势高度进行分层设色并综合考虑不同高度上的地貌类型和地理景观特点。地貌分层设色后，色层能更明显突出地显示各高层带的范围及不同高层带地貌单元的面积对比等特征，如果分层设色配合地貌晕渲表达地貌的话，那样立体效果会更好。《全图》是以彩色地貌晕渲的形式表示制图区域的地貌，彩色地貌晕渲的大面积色彩构成了图面的主体色，彩色地貌晕渲的色彩设计也成为《全图》色彩设计的关键。主要内容包括：① 了解、分析中国地势地形特点；② 确定地貌高度表来划分高程带，如遇到地貌高程与地貌类型变化特点不完全一致时，可不完全按上述高度分界，则可在邻近的部位选取高程带的界限；③ 设计色层高度表：在色层表中，陆地地貌晕渲的色彩按照高程由低到高的顺序分别采用由绿色系过渡到黄色，再由黄色系过渡到棕色系，到了极高山地区则变为浅紫色。海洋晕渲则采用蓝色系色彩，并按照水深增加，蓝色逐渐加深。

本挂图色彩设计除了要尽量符合人们的习惯，合理地反映制图对象的分类系统外，还要考虑到符号色彩与彩色地貌晕渲的色彩搭配问题，使符号既要能够较为容易地从晕渲背景中区分出来，又要与背景协调一致，如在表示居民地的圈形符号采取“中空反白”的手法，大大增进了图面的易读性。

8. 全数字制图工艺方案设计

《全图》采用彩色地图桌面出版系统（DTP）下全数字地图制图技术制作。它将地图设计、地图编辑、地图数据制作、印前准备融为一体，缩短了成图周期，提高了地图质量。采用的硬件设备包括计算机、扫描仪、绘图仪等，软件系统的工作环境为 Windows，字库采用汉仪字库，数据处理和地图数据编辑制作过程中使用下列软件：

① Arc/Info 软件，《1∶100 万中国数字地图》（2002 年版）的数据格式转换、投影变换以及 1∶25 万 DEM 的投影变换。

② MapGIS 软件，对最新省界的 1∶100 万数据进行格式转换。

③ Atlas3D 软件，彩色地貌晕渲的生成。

④ Photoshop 软件，彩色地貌晕渲的拼接和色彩调整。

⑤ CorelDRAW 软件，地图矢量要素符号化及图幅分幅和拼接。

《全图》数字地图制图工艺流程如图 5-2 所示。

9. 地图数据处理

（1）数据源内容的选取

1∶100 万数字地图是根据地理要素的分类分层存储的，数据为 12 类要素，每一类要素根据几何特征含有 1 或 2 个数据层，有 15 个数据层。各层包括 1 至 4 类属性表，有 29 类属性表，6 层注记。

地图分层作为数字地图生产采用的基本技术之一，一方面可以将复杂的地图简单化，从而大大简化了数据的处理过程；另一方面，以单一的图层作为处理单位，为以后的数据提取和数据修改提供了方便。在提取矢量数据源时，首先要参考矢量数据的逻辑分层，从中选择所要提取的地图图层。

在 Arc/Info 中矢量数据源的分层内容包括：政区、居民地、铁路、公路、机场、文化要素、水系、地貌要素、其他自然要素、海底地貌、其他海洋要素、地理格网 12 大类。由于数据源和新编挂图在某些地图要素的分类分级并不一致，而且受到比例尺、图幅范围和载负量等的限制，新编挂图能反映的信息量有限，在数据源中进行要素选取后通过数据格式转换导入 CorelDRAW 软件环境下进行编辑和符号化时的矢量要素主要有：

① 政区。选取其中的国界、未定国界、省界、特别行政区界、地级市（州、盟）界、海岸线、岛屿等。

② 居民地。数据源主要是按照人口数量划分等级，分为独立房屋、放牧点、100 万人口以上居民地、50 万~100 万、10 万~50 万、5 万~10 万、1 万~5 万、1 万以下居民地和工矿企业，新编挂图是按照行政等级分为首都、省级行政中心、地级行政中心、县级行政中心、乡镇。分析两者的关系，根据“选取的内容要多于要表示的内容”原则来选取。因此，对于居民地的数据选择，直接舍弃人口数在 1 万以下的居民地和工矿企业数据，保留其他较高级别的居民地。

③ 铁路。选取所有的铁路，舍去铁路桥。结合中国地图出版社 2003 年出版的

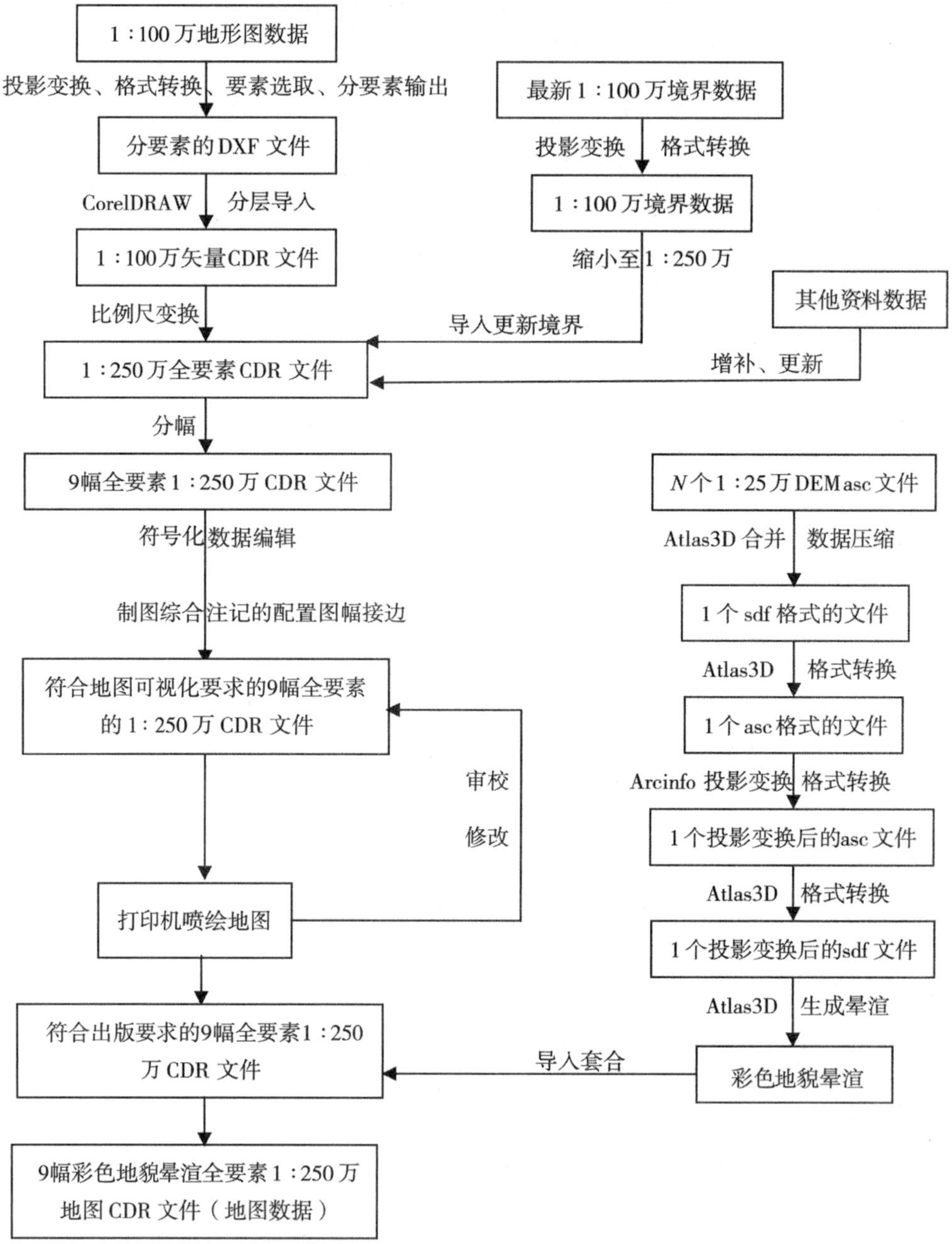

图5-2 《全图》数字地图制图工艺流程图

《中华人民共和国省级行政单位系列图》（以下简称《分省图》）补充铁路网。

④ 公路。选取主要公路，部分选取一般公路及其他道路，舍去公路桥。结合《分省图》区分国道、省道、补充高速公路。

舍去机场数据，只保留文化要素中长城数据。

⑤ 水系。选取常年（时令）河流，常年（时令）湖泊、水库、渠道、防洪区、运河、井、泉等。

⑥ 地貌。只选取高程点；保留其他自然要素中的火山、溶斗等；海底地貌，选取水深点数据；其他海洋要素，选取航海线。

⑦ 地理网格。选取的数据为：经纬线、北回归线。

⑧ 对于各要素的注记数据只选取居民地名称。其他注记均结合《全图》的补充、参考资料进行配置。

最终选取的矢量要素为：国界、未定国界、地区界、省界、停火线、省（自治区、直辖市）界、特别行政区界、地级市（地区、自治州、盟）界、铁路、建设中铁路、高速公路、建设中高速公路、国道、省道、一般公路、其他道路、长城、山隘、岩溶地貌、火山、港口、雪被、冰川、浅滩、岸滩、沙洲、沙漠、砾漠、风蚀残丘、珊瑚礁、航海线、河流（包括之形河流）、水库、瀑布、伏流河、运河、水渠、时令河（湖）、井、泉、温泉、沼泽、盐碱地、蓄洪区、海岸线、经纬线、北回归线以及所选自然要素和人文要素的注记。

（2）地图投影变换

地图投影变换（Map Projection Transformation）是地图投影和地图编制的一个重要组成部分，即如何将资料图的投影变换成新编图的投影。数字地图 1∶100 万（2002 年版）矢量数据采用地理坐标记录空间数据，因此在格式转换的同时，需对其进行投影转换，把地图数据地理坐标转换成挂图要选用正轴等角割圆锥投影的平面坐标。

投影变换是在 Arc/Info 环境下完成的，利用 Arc/Info 软件中的地图投影变换功能，只需知道新编图的投影方式及投影参数，就可以快速、方便地进行各种不同投影间的变换。

（3）数据格式转换

全数字制图生产过程中，也常常会面临不同的数据格式之间进行转换的问题。目前，数据格式转换的最主要途径是将资料图的数据格式转换成能够被图形编辑软件所能接受的标准图形、图像文件格式。

1∶100 万数字地图（2002 年版）矢量数据是以 Arc/Info Library 格式存储的，而新编图是在 CorelDRAW 软件环境下进行编辑和符号化的，因此需将数据源的数据格式转换成 CorelDRAW 软件所能接受的格式，如 CDR。在实际作业过程中，选择了在 PC 机上广为流行的工程制图的标准文件格式 DXF 作为中间数据格式。

10. 地图数据制作

（1）地图数据制作过程中的数据处理与编辑

由于各种地图编辑软件文件格式不一样，导致了数据在表示上存在两方面问题：① 在 Arc/Info 中点状符号是通过点的坐标和它相应属性数据共同表达的，在 CorelDRAW 中的点实质是由一个缩小了的面状符号表达的，为解决这个问题，通过 Arc/Info 输出时就把每个点换成一个小圆或一个小方框，其中心为该点的位置，符号化时，用点状符号取而代之；② Arc/Info 中光滑的线状要素转换到 CorelDRAW 中，由于光滑的曲线是由很小的折线逼近表示的，导致数据量大量增加，数据大多是一些折线，在弯曲处显得很生硬。在编制过程中，对于绝大部分线状要素，都需要重新跟踪并进行编辑，使其平滑。

（2）地图要素符号化

地图要素数据的符号化是数字制图的主要环节。需要事先设计出一套科学、美观、表达力强的地图符号库。由于导入 CorelDRAW 软件中的数据源只有图形，并没有符号属性配置，需要对其进行符号化。例如：高速公路等交通网要素输入 CorelDRAW 软件环境中时为一条单线，而《全图》中要求采用双线复式结构，即上一层为 0. 45mm（Y100）、下层为 0. 7mm（M100）的线状符号；铁路则采用黑白相间的花线符号；井、泉、火山等数据在导入时为一短线或一矩形框，就需要对其匹配相应的符号，以达到数据可视化的要求。

（3）生僻汉字的处理

我国幅员辽阔，地方语言种类多，难免会遇到一些生僻地名，尤其是我国南方省份生僻汉字出现的频率很高，而这些汉字在字库中难以显示。所以，生僻汉字的问题是数字制图生产和应用过程中必须要解决的问题。在配置各级居民点地名时，遇到类似问题，解决方案主要有：① 本挂图采用的是汉仪字体，经过试验比较，与之相近的为方正字体，由于方正字库比汉仪字库大，遇到汉仪字库不能识别的字体则改用方正字体代替，然后转换成曲线。② 采用拆字、拼字的方法对生僻汉字进行匹配，创造出新字。例如，地名中安徽省亳州市中的“亳”在汉仪字库中不能识别，可以先写出“亳”字，再通过 CorelDRAW 软件打散，用造型工具创建此字。

（4）数字环境下地图综合

选取：根据地图综合指标，依据相关的补充资料来选取，如河流的选取和分级主要依据“河流资料图”，山脉注记选取和分级依据“山脉资料图”等。

概括：图形概括，主要包括对图形弯曲的概括和对部分要素分类分级的化简。道路上的弯曲按比例尺不能表达时，要进行概括（图 5-3）。

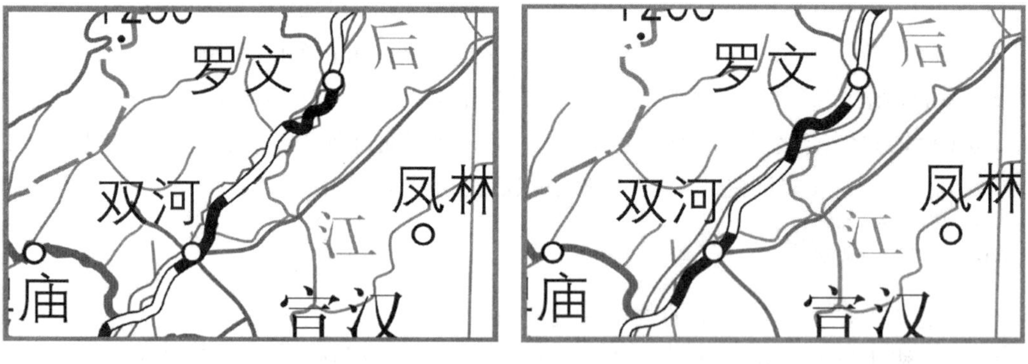

(a)概括前（1∶100万）　　(b)概括后（1∶250万）

图 5-3　道路弯曲概括

大于 0. 5mm^2 的岛屿要选取在图上。有的岛屿很小，但所处位置如位于重要航道上，标志着国家领土主权范围的都应表示在地图上，如钓鱼岛列岛等。在交通网综合时应将其作为网格看待，根据网眼面积来取舍低等级道路，我国高速公路网、铁路网密度较小，可完整地表示出来，只要舍去短小的枝杈等。

(5) 彩色地貌晕渲的制作

生成地貌晕渲的 DEM 数据源是 1∶25 万数据库中的数字高程模型数据。高程模型采用 1980 坐标系，6°分带的高斯投影，3′×3′的间隔，以地理坐标方式记录。

由于 DEM 数据源的格式不能被数字地貌晕渲生成软件 Atlas3D 直接接受，并且其投影方式与新编图的投影也不一致，因此必须对其进行数据格式转换和投影变换。对数据源的加工处理是在 Arc/Info 软件中完成的，具体是将数据库中的 DEM 文件格式转换为能够被 Atlas3D 直接接受的 ASC 格式的文件，投影由地理坐标变换成与矢量数据一致的双标准纬线等角正割圆锥投影。制作地貌晕渲的流程如图 5-4 所示。

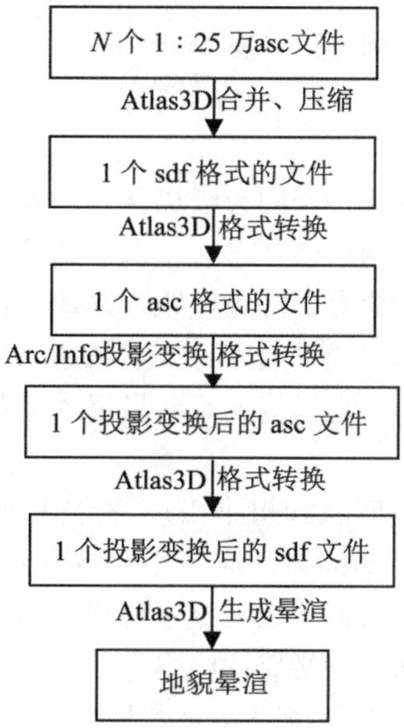

图 5-4 制作地貌晕渲的流程图

11. 制图要素关系的处理

(1) 道路关系的处理

在地图上，应当把道路作为连接居民地的网线看待。

① 道路连接、相交时的关系处理。不同等级的道路相连接的地方，在实地上有时没有明显的分界线，但在地图上则用了两种符号配置其属性。为了使它们之间的关系表示合理、清楚，表示时相接的两条道路中心线一致（图 5-5）。

道路相交时，主要指道路间的压盖问题，即道路图层顺序的设计。

一般情况下，道路压盖顺序（从高等级到低等级道路排列）为高速公路→建筑中高速公路→铁路→建筑中铁路→国道→ 省道→一般公路→其他道路。但也存在特殊情况，如铁路在高架桥上经过，而高速公路在桥下，在地图上就应做相应的调整修改。

② 道路要素间冲突时的关系处理。随着地图比例尺的缩小，地图上的符号会发生占位性矛盾（如道路的重叠问题）。比例尺越小，这种矛盾就越突出。通常采用舍弃、移位

图 5-5　道路连接的关系处理

等手段来处理。

当道路要素发生冲突时，特别是当同等级道路在一起时，一般会采用舍弃的方式。即便是不同等级的，若构成的道路网格密度过大，也应选择舍弃。一般情况下优先选取该区域内等级相对较高的道路，选择舍弃低等级道路，以达到符合要求的道路网密度。但对于作为区域分界线的道路，通向国界线的道路，沙漠区通向水源的道路，穿越沙漠、沼泽的道路，通向如机场、车站、隘口、港口等的重要目标的道路，这些具有特殊意义的道路需优先考虑。

当不同类别的符号发生冲突时，如果不采用舍弃其中一种的方法，就采用移位的方式。具体做法是：当二者重要性不同时，应采用单方移位，使符号间保留正确的拓扑关系。如保持高等级道路的现状，对低等级道路进行相应的移位；若当二者同等重要时，采用相对移位的方法，使二者之间保持必要的间隔。

进行移位后，关系处理后应达到：各要素容易区分，要素的移动不能产生新的冲突，局部空间关系和点群的图案特征必须保持，为了保证空间完整性与方位相对正确性，移动的距离应当最小。经过数据格式转换、比例尺的缩小，在地图中各级道路难免会重叠在一起，这就需要对道路进行移位。对道路格网密度过大的区域，采取舍弃的方法。图 5-6（a）为道路关系处理前的情形，即直接从 1∶100 万地图数据库中转换得到的矢量图，只对其进行了符号化、配置注记。可以看出道路的关系杂乱，互相压盖严重，很难辨别出道路之间的关系位置，而且道路显得很凌乱，低等级道路较多且存在断头路。因此，就必须对其进行关系处理。基本采取移位、舍弃等方法。图 5-6（b）是关系处理后的结果，从图中很容易看出道路关系表达明确，能够很快地辨认出各级道路的方位、走向等。各区域道路格网密度适中，达到了很好的视觉效果，突出了地图的一览性。

（2）水系与其他要素关系的处理

陆地水系主要包括河流、湖泊、水库、渠道、运河和井泉等方面。河流起到了骨架的作用，如果移动河流则会引起与地貌冲突。因此要保持河流的精确位置。鉴于上述原因，地图上河流与交通网、境界等人文要素之间，在符号化、配置其属性后发生冲突时，解决此问题的原则是：要保证高层次线状要素的图形完整，低层次线状要素与高级别线状要素的重合部分应隐去。

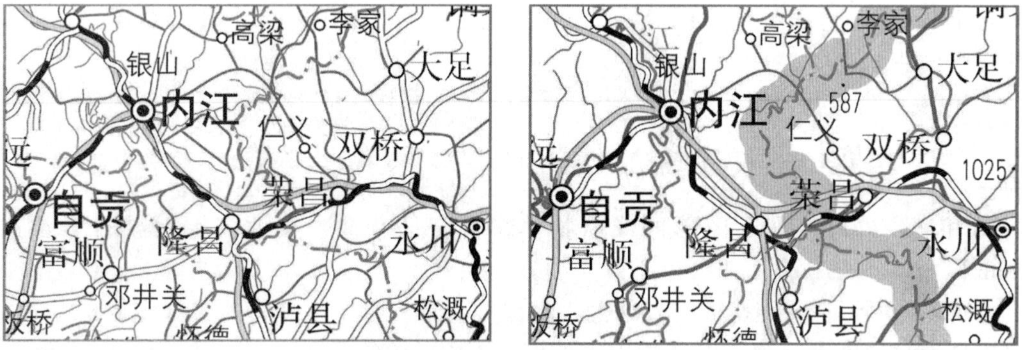

(a)处理前（1：100万）　　(b)处理后（1：250万）

图 5-6　道路关系处理

① 河流与道路要素之间的关系处理。地图上如铁路、公路、河流等这些都有固定位置，它们以符号的中心线在地图上定位。当其符号发生矛盾时，根据其稳定性程度确定移位次序，例如：道路与河流并行时，需要首先保证河流的位置正确，移动道路的位置。有些区域的道路走向是沿着河流的流向。当它们之间发生冲突时，移位后道路的走向应与河流流向一致。在小比例尺普通地图上，道路通过河流等水系要素时原则上不断开，即不绘制桥梁符号。但对于长江、黄河流域著名的桥梁（如武汉长江大桥）可以象征性地表示出来。

② 河流与境界要素之间的关系处理。在很多种情况下，境界是以河流为分界线，或以河流中心线，或沿河流的一侧为界。这就需要对境界进行跳绘。在小比例尺普通地图上，主要遵循：① 以河流中心线为界时，应沿河流两侧分段交替绘出。但要注意：由于国界、省界和地级界是点线相间构成的，进行跳绘时，应保持点与线的连续性；② 沿河流一侧分界时，境界符号沿一侧不间断绘出（图 5-7）。

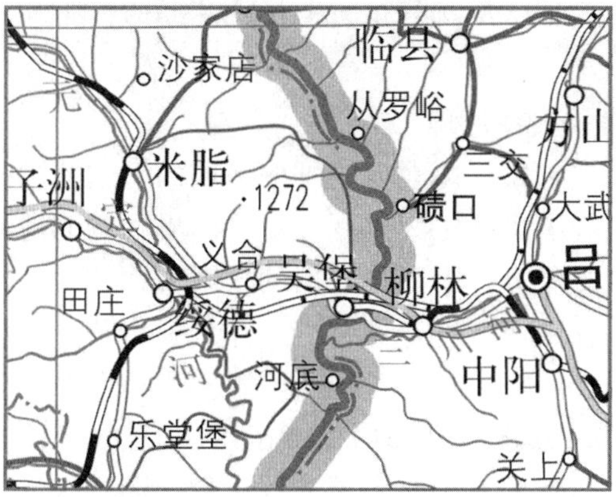

图 5-7　境界在河流两边跳绘

（3）居民地和其他要素关系的处理

在小比例尺普通地图上，各级居民地一般是以不同大小的圈形符号表示的。它与其他要素的关系表现为：同线状要素具有相接、相切、相离三种关系；同面状要素具有重叠、相切、相离三种关系；同离散的点状符号只有相切、相离的关系。其中与线状要素的关系最具有代表性。

① 相接：当线状要素通过居民地时，圈形符号的中心配置在线状符号的中心线上；

② 相切：当居民地紧靠在线状要素的一侧时，表示相切关系，圈形符号切于线状符号的一侧；

③ 相离：居民地实际图形同线状物体离开一段距离，在地图上两种符号要离开0.2mm以上。

当居民地圈形符号与境界、经纬网、道路等要素一起发生冲突时，如图5-8所示，宁夏回族自治区吴忠市（地级市）的位置处理。图中的纬线是38°N，其位置的实际情况为：吴忠市位于北纬37°多；在高速公路的左边，与其相离；在该条地级市界转折处的上方；与国道相接。但由于在小比例尺地图上表示，则不能按其上述方位标注。解决的方法是只保证圈形符号的中心点与纬线、高速公路、地级市界相离；配置在国道的中心线上。

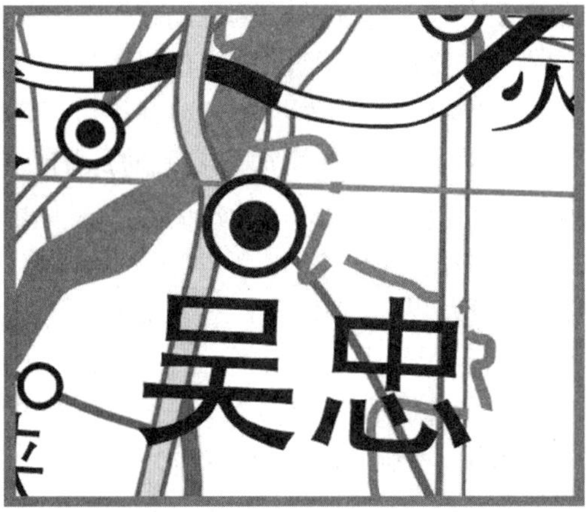

图5-8 居民地和其他要素关系的处理

（4）境界与其他要素的关系处理

境界是区域的范围线，它象征性地表示了该区域的管辖范围。就国界而言，国界的正确表示非常重要，它代表着国家的主权范围。对于国界两侧的地物符号及其注记都不要跨越境界线，应保持在各自的一方，以区分它们的权属关系。

12. 地图数据的接边处理

《全图》分成9个图块，这样既减少了每幅图的数据量，又可供多人同时作业，提高成图速度。采取分块的数据处理方式导致了成图后的图幅拼接需要进行地图数据的接边处理。接边内容包括要素的几何图形、属性和名称注记等，原则上本图幅负责西、北图廓边与相邻图廓边的接边工作，但当相邻的东、南图幅已验收完成，后期生产的图幅也应负责与前期图幅的接边。

相邻图幅之间的接边要素不应重复、遗漏，在图上相差0.3mm以内的，可只移动一边要素直接接边；相差0.6mm以内的，图幅两边要素应平均移位进行接边；超过0.6mm

的要素应检查和分析原因，由技术负责人根据实际情况决定是否进行接边。

《全图》地图数据根据各分幅图幅的相对坐标，可以较容易实现图幅的拼接。具体方法：先将分幅图中的各要素按事先的统一分层以一一对应的方式逐层输入到拼接图工作区内。接着对跨越分幅线的要素符号进行接边处理。接边主要包括保持对象的连续性和一致性的处理，保证点状要素的位置一致，不重复；线状要素和面状要素连续、自然过渡。然后，对各图幅综合选取结果进行协调处理。各分幅图是由不同的作业人员完成的，每个人在制图综合尺度的把握上都不尽一致，拼接后，须将各局部区域的综合尺度进一步统一协调。

13. 地图数据印前处理

《全图》中，地图数据印前处理包括：

① 检查各要素符号色彩模式和配色组成。《挂图》采用四色印刷，因此必须要保证所有符号均采用 C、M、Y、K 色彩模式；为保证印刷套印，要避免符号的配色组成中出现不应有的成分，例如：黑色只能是 K100，不可以再包含 C、M、Y 中的任何成分。

② 检查数据的规范性，是否有冗余数据存在。例如：是否有不能正常显示的文字注记，是否有对出片有影响的特殊效果等。

③ 根据印刷纸张的尺寸，按照设计方案对拼接好的图幅进行重新分幅，各分幅图之间保留 10mm 的重叠区域，最终得到 9 个供出 4 色胶片用的图形文件。

第二节 专题地图编制案例

一、背景材料

湖北省地图院根据省政府工作需求，于 2016 年 6 月开始编制一幅《湖北省水稻产量图》（以下简称《产量图》），反映各县水稻的单产水平和各县水稻的总产量以及它们的分布规律。为省领导、农业部门及其他管理部门了解全省水稻产量的分布情况，为省农业发展规划的科学决策服务。湖北省位于中国的中部，东经 108°21′42″~116°07′50″、北纬 29°01′53″~33°6′47″，东西长约为 725km，南北宽约为 462km。制图区范围包括整个湖北省，采用矩形图幅。考虑到湖北省平面图形的形状，采用 4 开（510×360mm），数量 30 份。《产量图》的设计、编制、编辑与输出采用数字地图制图技术和方法。由于需要的数量较少，采用高精度彩色喷墨打印机打印输出，再压膜的精装形式。

根据《产量图》编制目的和内容设计要求收集了如下最新相关制图资料：

①《湖北统计年鉴：2015》。

② 2013 年 1∶100 万数字地形图，覆盖湖北省及周边地区。

③ 湖北省 2015 年粮食播种面积和产量最新资料（到湖北省农业厅收集的）。

二、考点剖析

专题地图的特点是要先编制地理底图，然后在地理底图上添加专题要素内容。地理底图的设计与编制，专题要素的表示方法设计与编制，地图制作工艺方案设计是专题地图编制的重点。

1. 地图比例尺设计分析

用平面图形实地大小和相应的图幅尺寸分别相比，将数值较大的数取整，便得到地图比例尺分母。

① 湖北省平面图形长：

725km＝725 000 000mm

② 实地图形长与图幅尺寸长相比：

725 000 000÷510＝1 421 568. 628

③ 湖北省平面图形宽：

462km＝462 000 000mm

④ 实地图形宽与图幅尺寸宽相比：

462 000 000÷360＝1 283 333. 333

因为

1 421 568. 628>1 283 333. 333

又因为

1 421 568. 628≈1 500 000

所以，《产量图》采用比例尺是 1∶150 万。

2. 地图制图资料利用分析

① 湖北省 2015 年统计年鉴作为《产量图》的专题要素基本资料，计算出每个县的水稻单产和总产量。

② 2013 年 1∶100 万数字地形图，覆盖湖北省及周边地区，作为编制《产量图》地理底图的基本资料。

③ 湖北省 2015 年粮食播种面积和产量最新资料（到湖北省农业厅收集），作为《产量图》补充资料，对水稻产量和播种面积进行核对。

3. 地图投影设计分析

《产量图》投影设计要求变形较小，要强调区域形状视觉上的整体效果，平面图形形状不变，要用等角投影。湖北省处在中纬度地区，最适合用圆锥投影。由于地图幅面不大，而且图形呈东西方向长方形分布，所以《产量图》采用切等角圆锥投影。

4. 地图编制工艺方案设计

《产量图》的设计、编制、编辑与输出采用计算机为核心的数字地图制图技术，将地图设计、编制、编绘、清绘、数据处理和输出融为一体（图 5-9）。采用 1∶100 万数字地形图作为编制地理底图数据资料，对 1∶100 万数据进行地图投影变换、格式转换、比例尺变换、地图制图综合、地图符号化和地图注记的配置等，形成地理底图数据。再依次是专题统计数据处理，统计地图的自动生成，统计图表的自动生成。专题图层和地理底图图层数据融合和匹配，得到《产量图》数据。最后打印输出，覆膜，得到《产量图》地图产品。

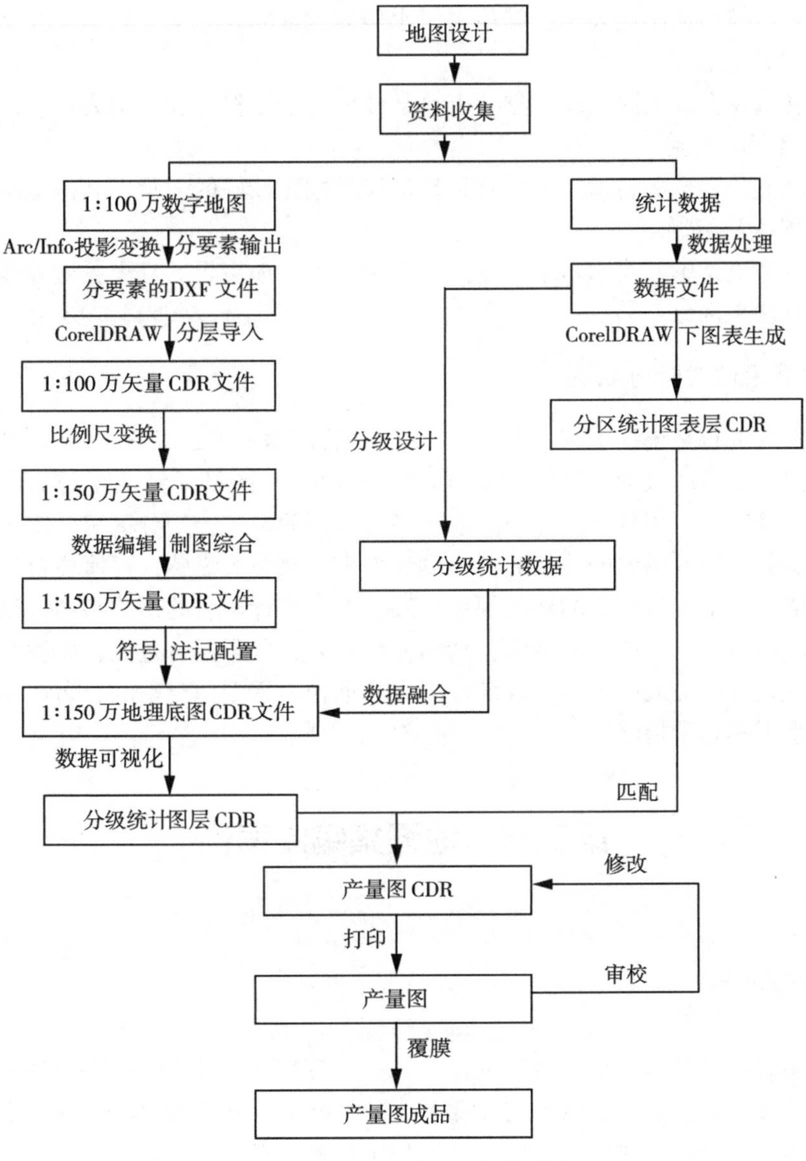

图5-9　《产量图》工艺流程图

5. 地理底图设计与编制

地理底图是转绘专题要素内容的定位依据，并提供说明专题要素与周围地理环境之间的联系。地图表示方法不同，对底图内容要求也是有差异的。一般对于统计地图来说，底图内容应少一些。地理底图内容的选取，既要明确其空间分布位置，又要考虑到地图的易读性；底图内容太少时，不能充分表示专题要素和地理环境的关系，如果底图内容太多，则会干扰地图主题内容，影响地图主题信息的感受效果。

（1）水系要素的编制

河流≥8mm应选取，主流加注记，要正确反映河流的主支流关系；水库重点表示大型水库，用平面图形加注记表示；其他水库水域面积≥8mm^2。

（2）居民地的编制

只表示县级以上的大居民地，省、市、县政府驻地用符号和注记表示。

（3）道路网的编制

铁路、高速公路全部表示，主要公路只选连贯性比较好的表示，其他道路不表示。

（4）境界线的编制

因为以县为统计单元表示水稻产量，只表示省界、地市界、县界；境界线的等级用线划的粗细和形状来区分。

6. 专题要素的设计与编制

专题要素的资料是统计资料。就《产量图》的用途而言，主要是帮助省一级领导和农业管理部门了解各区域的经济实力，作对比分析用。《产量图》从相对和绝对两方面描述各区域的经济状况。用分级统计图法表示各县水稻的单产，用分区统计图表法表示各县水稻的总产。分级统计图法的分级颜色要设计合理，要有等级感，过渡要自然，单产高的地区颜色要浓、鲜艳，单产低的地区颜色要浅、淡。统计图表的形式新颖，以增加图面的生动和活跃。图表采用立体表示手法，利用光影效果，色彩混合过渡，如发光的圆柱、立体方柱。分级统计图法最适合与分区统计图表法配合表示专题要素的分布规律，分别表示现象的平均水平和总量指标。

第三节 地图集编制案例

一、背景材料

根据深圳市政府工作需求，为迎接香港回归，深圳市国土规划局于1996年6月开始编制《深圳市地图集》（以下称为《图集》），为市领导和管理部门了解城区环境特征，掌握各种自然和社会经济现象的分布、变化和相互关系服务在现代城市管理、城市规划与发展的决策中发挥作用。设计制作《图集》的目的在于建立一个运用时空两个方面展示深圳市基础地理信息、社会经济和自然环境等内容，配合照片和文字，使之成为图文并茂、易读实用的综合信息库。

深圳是中国南部海滨城市，毗邻香港特别行政区。位于北回归线以南，东经113°46′至114°37′，北纬22°27′至22°52′。地处广东省南部，珠江口东岸，东临大亚湾和大鹏湾；西濒珠江口和伶仃洋；南边深圳河与香港相连；北部与东莞、惠州两城市接壤。制图区范围包括整个深圳市，由于有些地图采用矩形分幅，还有图幅涉及香港和与深圳市相邻的一些区域。

《图集》在选题上，重点反映深圳市自设立特区以来，在城市建设、经济发展、资源利用、物资交流和信息传输等方面的伟大成就，显示深圳市在全国乃至世界上的重要地位，以及它的发展潜力和美好前景。《图集》重点突出深圳市是我国的南大门，是我国对外交流的窗口和重要通道，是闻名的旅游胜地；反映出深圳与香港之间经济上的相互联系和支持。

采用现势性强和权威性高的地图资料，设计编制反映基础地理信息的普通图组，详细表示区域土地利用和城区建筑层次分类，提高《图集》的实用性。《图集》要充分利用各图幅面，尽可能反映较多的信息量，用多种表示方法的配合和叠加，附以图表、照片、文字说明等手段，增加《图集》的实用性和知识性。

《图集》的设计应充分体现当代的先进科技水平。在《图集》的总体设计和内容选择等方面，体现新的学术思想，并与深圳市规划国土信息系统的内容相衔接，采用遥感、数字地图制图等新技术。

二、考点剖析

地图集的开本、比例尺和投影的设计、专题底图的地理底图设计与编制、普通图组的设计与编制，专题图组的设计与编制是地图集编制的重点。

1.《图集》的开本、比例尺和投影的设计

《图集》的开本和比例尺存在着相互制约的关系。通常情况下，开本由《图集》的用途、内容制图区域面积大小和形状确定，《图集》的开本与制图区域分幅情况和比例尺有关。

《图集》是一本雅俗共赏的综合性科学作品，不仅能为各级领导和管理部门的宏观决策提供科学依据，而且可作为对外宣传和招商引资的工具，同时作为馈送嘉宾和外宾的精致礼品，再考虑到深圳市的平面图形的形状，采用 8 开本（255mm×360mm），展开页为 4 开（510mm×360mm）。《图集》采用 157 克进口铜版纸（787mm×1 024mm）及 CMYK 四色印刷方式，装帧采用压膜的精装形式。

在考虑到《图集》的比例尺设计之间要尽量为整数倍数关系，并且《图集》风格统一协调的情况下，《图集》的比例尺设计为：普通图组，城区详图为 1∶1 万，镇图为 1∶4万~1∶6 万，区图为 1∶6 万~1∶12 万，市图为 1∶20 万；专题图组，城区图为1∶4 万、1∶6.5 万、1∶10 万、1∶14 万和 1∶20 万，全市图为 1∶20 万、1∶30 万、1∶40 万、1∶50 万、1∶60 万、1∶70 万和 1∶80 万。

在考虑到深圳市平面图形形状，《图集》投影设计尽量和资料图相近，图形形状不变形，图形尺寸变形尽量小等情况下，城区图采用高斯投影，全市图采用单标准纬线等角圆锥投影。

2.《图集》的内容结构和编排体系设计

作为一本综合性的城市地图集，在内容选题上既要全面系统地反映深圳市的基础地理信息、社会经济和科技文化各个方面，又要突出显示深圳是我国最早的经济特区，是重要的对外交往的窗口、口岸和通道，是一个在改革开放中取得举世瞩目的经济建设成就，并

向现代化迈进的大都市。因此，在内容选择和图幅编排次序上要突出重点，反映深圳市的特色。

《图集》分五个图组，其分配见表 5-1。

表 5-1　　　　　　　　　　　　**《图集》分组**

图组名称	页数	%	地图	图表	照片	航片	卫片
序图	12	6.9	10	1	16	4	1
区域详图	68	38.9	35		5		
社会经济	64	36.8	92	142	118		
自然环境	20	11.5	29	11	14		
发展规划	10	5.7	11		9	2	
合计	174	100.0	177	154	162	6	1

各图组主要内容如下：

① 序图组包括深圳市的地理位置、历史、政区、地势地形、城市面貌、建筑风格和深圳市特有的宏伟气势，深圳市在全国率先进行改革的领域和经济发展处在全国最前列的行业，为了解深圳市的基本情况提供了必要的背景材料。

② 区域详图组包括福田、罗湖、南山、宝安和龙岗这 5 个区的区图，20 个镇（街办）的镇图，20 幅城区详图。区图是对 5 个区的居民地、水系、地貌、交通网、植被和境界等基础国土信息作了较全面的表示。城区详图是对深圳市城区的基础国土信息作了极为详细的表示；城区土地利用分为十类表示，房屋建筑高度分六类表示；与人们日常工作和生活息息相关的设施信息如商店、邮局、银行、酒店、影剧院、学校、旅游景点、医院、停车场和加油站等都十分详细地表示在地图上。镇图对各镇（或街办）的基础国土信息作了比区图更详细的表示。

③ 社会经济图组包括人口素质和分布、劳动力、社会发展水平、城市建设、城市道路交通、水、电、气、通信、环境质量、工业、对外经贸、财政金融、商业、房地产、农业、交通运输、旅游、科教文卫和体育等图幅。主要反映深圳市人口素质和分布，社会经济发展水平、实力和分布，城市建设成就以及经济辐射面。

④ 自然环境图组包括地质、水文、土壤、地貌、气候、水资源、水务工程、森林资源、土地利用等内容，反映自然资源状况及分布。

⑤ 发展规划图组包括城市发展、土地利用整体规划、近期重大项目规划和深圳市中心区规划等，反映深圳市的发展和对未来的展望。

按以上顺序编排，把人们比较关心的区域详图、社会经济两个图组放在图集的前半部分，把反映自然资源状况及分布的自然环境图组放在图集的后半部分，使读图者先接受到自己最想了解的地图信息。一改过去按“发生学”原理的编排顺序，提高了图集的地图信息传输效率。

3. 图集的图面配置设计

图集的图面采用矩形地图与岛状地图混合配置。凡内容与邻区有联系或有较复杂的地图内容采用矩形截幅图，内容较单纯的专题图（尤其是统计图）或与邻区关系不大的地图主题采用岛状图形。图集采用地图、图表、照片和文字混合编排，以地图、图表为主，照片为辅，少量文字说明作补充。图集的图面配置做到既活跃、新颖、美观，又保持图面整齐、端正。

4. 图集的色彩设计

色彩在视觉图形传输中，不仅能增加地图的信息载负量，而且能提高地图作品的艺术感染力。图集的色彩设计除了遵循常用的规律外，更加注重把色彩作为重要的表现手段，紧紧围绕地图内容来选择主色调，增强色彩的对比度，运用色彩对视觉的冲击力，使色彩设计不仅贴切地反映地图内容，还可以增加图形的清晰度。一改过去图集的“清淡素雅”的设色模式，带给读图者耳目一新的感觉。在色彩设计中，运用图形制作软件，在数字环境下，利用色彩数据控制全图集色彩变化规律，不仅设色速度快，而且确保全图集色彩的统一协调。

5. 地理底图的设计与编制

《图集》的地理地图是转绘专题内容的定位依据，并提供说明专题要素与周围地理环境之间的联系。影响地理底图内容选取的因素有专题内容、比例尺和表示方法等。例如，反映自然环境的地图——地质、土壤、土地利用等，则要较详细地表示河流、居民地、道路等内容。当地图的比例尺较大时，底图内容较详细；比例尺较小时，底图内容要简略些。地图表示方法不同，对底图内容要求也有差异。一般来说，统计地图底图内容应少一些。地理底图内容的选取，既要明确其空间分布位置，又要考虑到地图的易读性；底图内容太少时，不能充分表示专题要素和地理环境的关系，如果底图内容太多，则会干扰地图主题内容，影响地图的感受效果。

根据上述设计原理，将《图集》的地理底图设计为城区底图、全市底图、规划底图、全国底图和世界底图五大类十八种。根据《图集》所表示的专题内容的需要，在底图内容的选取，比例尺系列等方面都作了周密的考虑。为了保证各比例尺地理底图之间内容、符号、线划和注记的统一协调，同类底图都由同一基础图派生，并随比例尺的缩小，内容依次删减，符号、注记及线划随之变小、变细。

设计编制了1∶4万、1∶6.5万、1∶10万、1∶14万和1∶20万共五种比例尺城区底图；根据专题要素内容的详细程度不同，选择不同的比例尺底图。

设计编制了七种不同比例尺全市地图，1∶20万、1∶30万、1∶40万作为表示全市专题要素分布的地理底图，1∶50万、1∶60万、1∶70万、1∶80万主要作为统计地图的地理底图。

根据规划地图的特殊需要，设计编制了1∶20万、1∶40万和1∶50万三种底图。

全国底图是按照中国地图出版社1989年出版的《中华人民共和国地形图》设计编制的。世界底图是按照中国地图出版社1992年出版的《世界地图》设计编制的。

6. 普通图组的设计与编制

采用现代地图制图理论和技术，对地名数据库、近期实测大比例尺地形图和最新航空影像进行综合处理，合成现势性很强的区域详图。

（1）区图的设计与编制

区图表示各区的基础地理信息，居民地表示到行政村。考虑到制图区域的形状、面积大小以及行政地位，分幅设计和编排顺序如下：福田区、南山区（合幅）、罗湖区、宝安区、龙岗区。其中，南山区的内伶仃岛采用移图表示，宝安区和龙岗区均采用破图廓表示。

地貌采用等高线加分层设色表示，显示地形起伏的分层设色高度表全采用绿色调，不仅反映了地形起伏，而且表示深圳市绿化程度高。

（2）城区详图的设计与编制

为了详细地显示城区基础地理信息，设计编制了 20 幅 1∶1 万的城区详图，并在城区详图前放置一幅索引图，方便读图。

索引图的设计：深圳市城区范围用 1∶8.5 万的地图表示。城区详图按从上到下，从左到右的顺序分幅编号。每分幅块之间用不同深浅的近似色表示，整个图面显得非常活跃。

城区详图的设计与编制：城区详图由近期航测成图的 1∶1 万地形图和 1995 年 12 月的 1∶8 000 彩红外航空像片合成；并在 1996 年 8 月进行实地调绘，重点更新建筑物、道路、立交桥、水库和河流等易变的要素；利用地名数据库更新地名。楼房表示到单幢，街道全部表示。将房屋建筑高度分 6 级表示：平房（1 层）、低层建筑（2~5 层）、多层建筑（6~8 层）、中高层建筑（9~17 层）、高层建筑（18~30 层）、超高层建筑（大于 30 层）。分级的依据是：1 层为平房；2~5 层主要依据城市建筑行业的标准，一般认为低于 5 层的楼层可考虑拆除重建；8 层以下不安装电梯，所以 6~8 层作为一级；在深圳市高于 18 层认为是高层建筑，因此，9~17 层为一级；一般认为高于 30 层则为超高层建筑，所以最后两级为 18~30 层和大于 30 层。土地利用分为空地、建筑用地、果园、灌木林、花园、草地、公园绿地、街道绿化带、林地、菜地这十大类；这些植被的分布采用不同的绿色普染色叠置花纹和符号表示。

（3）镇图的设计与编制

宝安区、龙岗区的十八个镇和两个街办的地图分别用大于区图比例尺 2~3 倍的地图表示。居民地表示到自然村，重要地名全表示；水系、交通网、地貌比区图显示得更详细。根据各镇的平面形状和面积大小设计为 16 页，其中，松岗镇、公明镇、光明街办三镇合幅表示，斜方位定向；龙岗镇、坪地镇和坑梓镇合幅表示，斜方位定向，破图廓表示。

7. 专题图组的设计与编制分析

对数以万计的统计数据进行分析选择，运用专题制图理论、地图美学理论，表现成为具有科学内涵，高度艺术表现力的专题图和图表综合体。

（1）统计地图的设计与编制

《图集》中大部分专题地图属于统计图图型。这些图的资料大多是统计资料。从《图集》的用途而言，主要是帮助市一级领导和管理部门了解各区域的经济实力，作对比分析用。这些图一般从相对和绝对两方面描述各区域的经济状况。全市性的统计资料一般不以地图为背景，而以统计图表的形式安排于该主题图的空白处。凡是那些在空间呈复杂分布或不易获得具体分布状况的现象，如人口、工农业、商贸、金融、房地产、环境质量、教育、卫生等一般用统计制图方法。统计制图中一般用分级统计图表法表示相对指标为主的现象，而用分区统计图表法表示绝对指标为主的现象。统计图表的形式必须多样、多变，以增加图面的生动和活跃度。分级统计图表法最适合与分区统计图表法配合，分别表示现象的平均水平和总量指标。

（2）分布图的设计与编制

分布图是图集中的一种主要图表类型，反映以点状、线状和呈间断成片为特征的现象分布。如工业企业、电站、商业网点、金融机构、医院、学校、酒店、港口等以点状为特征，各种交通线和管网设施等以线状为特征，工业区、蔬菜基地、渔场、旅游区、森林等呈间断成片分布特征。凡是内容要素在图上呈点状分布的，均以符号法表示；用符号的形状或颜色反映其质量特征，用符号的大小表示其数量特征。凡是内容要素呈线状分布特征的，均以线状符号表示；用线状符号的颜色或图案反映质量特征，用线状符号的粗细反映重要性及等级差异。凡是内容要素呈间断成片的面状分布的，均以范围法表示。界限范围明确的以轮廓线表示。同一幅图可表示呈点状、线状和面状三种特征的现象，用符号法、线状符号法和范围法配合表示。

（3）动线图的设计与编制

为了反映深圳市与国外、港澳台和国内的经济联系，以带矢状的线状符号表示。这种带矢状的动线符号除起止点必须定位于深圳市及联系的区域外，动线的轨迹不表示具体的路径。有些现象的移动，动线的轨迹表示移动路径，如对台风的表示。动线的颜色表示质量特征，宽度表示数量特征。

（4）等值线图的设计与编制

《图集》中地势图的等高线，气候图的等温线，反映降水状况的等降水线，水资源图中反映陆地水的年径流深度等值线；不同内容可用不同颜色的等值线。在同一系统内等值线的颜色及色阶要按统一规定，以便在进行不同时期比较时，得出正确的概念。等高线用变距间隔，其他图幅用等距间隔。

（5）类型图的设计与编制

《图集》中的地质图、地貌图、土壤图和土地利用图等类型图大多以大比例尺的野外实测图为基础，具有比较精确的界限范围和科学的分类系统。在制图综合中应力求图斑细致，最小图斑为 $2mm^2$；图斑的取舍与归并应如实反映其分布规律。类型图的色彩要鲜艳，能分辨出各种类型，但又要按照各种地图的已有规定或约定俗成的习惯。利用多层平面的成图原理，使底色、晕线、花纹和点状、线状符号配合，层次分明。像地质、土壤、土地利用等以全地域为对象或划分类型的以质底法表示。类型图之间的统一协调，主要建立在自然界规律和自然现象之间的相互联系的基础上。深圳市地域东西长，南北短，因此，因纬度差异产生的水平地带性规律不明显，因高度差异、垂直起伏变化引起的垂直地带性规律表现明显。这些均以地质、地貌、土壤和土地利用等图幅来体现。所以，这些图幅现象的分类都采用多级制，在相同比例尺（1∶20 万）的地图上采用大致相当的分类等级。

专题图组充分利用各图幅面，在有限的图幅内，尽可能反映较多的信息量；用多种表示方法配合和叠加，附以图表、照片、文字说明等手段，增加《图集》的实用性和知识性。图表、符号采用立体表示手法，利用光影效果，色彩混合过渡，如发光的圆柱、立体方柱；照片加立体阴影，毛边处理等手段增加地图的感受效果和吸引力。

8.《图集》的工艺方案设计

《图集》的设计、编制、编辑与出版采用计算机为核心的数字地图制图技术，即微机集成环境下的地图桌面出版技术（简称地图 DTP）。将地图设计、编制、编绘、清绘和印前准备融为一体，从而大大缩短了成图周期，极大地提高了《图集》质量。

以往在制图作业中要在一本《图集》里 0.1mm 的线划绘得一样粗细，注记水平或垂直放置，柱状统计图表绘成等宽，图例行距等间隔排列等看起来十分简单的工作，手工制图无法实现，而数字地图制图技术能轻而易举地完成。由于计算机屏幕上可以任意移动地图各项内容的位置，这样在计算机上进行版面设计，可形成若干个设计方案供比较和选择，使《图集》的版面设计更加完美。以往地图设计颜色，主要是凭个人经验和想象，一幅地图色彩效果究竟如何，只能在印刷打样图出来后才能断定。由于印刷打样图难以修改，往往在地图设色时力求稳妥，不敢大胆创新。为了节约成本，让印刷工序少翻（拷）版次，避免多次套翻（拷）版所带来的误差，不能为地图设计太多的颜色，从而影响了地图色彩的丰富性。数字地图制图，四色印刷免除了这些后顾之忧，能直接在计算机上进行地图色彩设计，并在屏幕上看出色彩搭配的效果，从而为《图集》色彩设计的大胆创新提供了便利条件，为地图设色提供了无限的想象空间。

《图集》工艺方案的设计，实现了地图设计、生产的根本变革。《图集》的印前数据为《图集》更新、再版提供了极为便利的条件。《图集》的印前数据可用来制作电子地图，《图集》中的大部分地图数据都可以直接用来制作《深圳市电子地图集》。

《深圳市地图集》的工艺流程如图 5-10 所示。

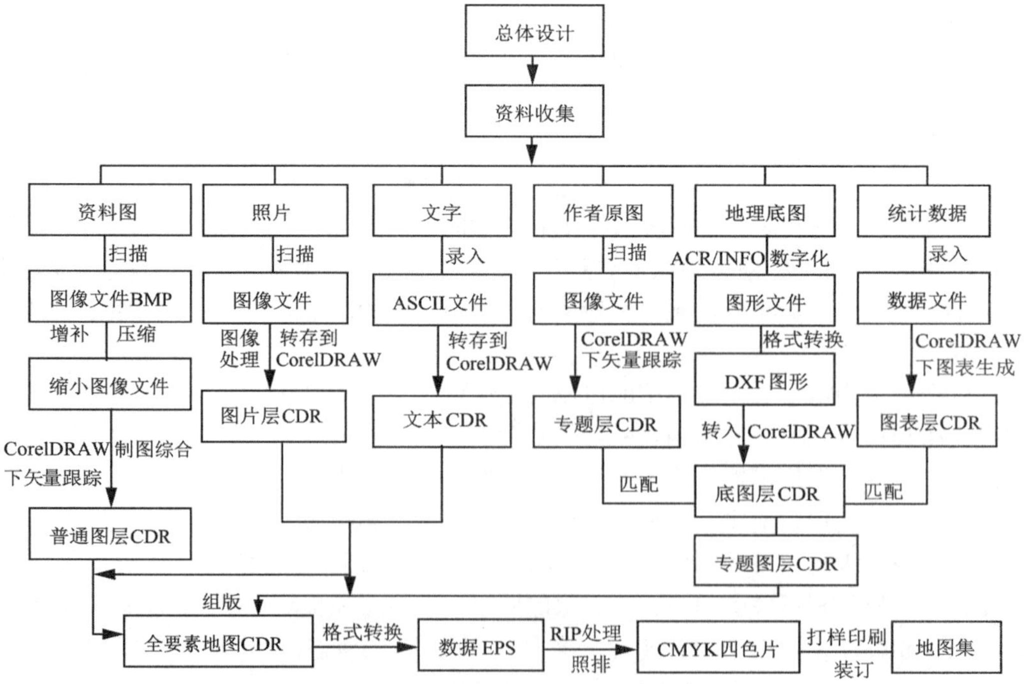

图 5-10　《深圳市地图集》工艺流程图

第四节　影像地图编制案例

一、背景材料

广州市领导经常到基层实地考察，需使用地图；有些政府管理部门常常需要在野外用图，但纸质地图携带不方便，容易折破。根据领导和管理工作用图需要，广州国土测绘处于2016年6月编制《广州影像（丝绸）地图》（以下简称《影像（丝绸）地图》）来提升广州市测绘地理信息服务政务工作水平。广州市地处中国大陆南方，广东省的中南部，珠江三角洲的北缘，接近珠江流域下游入海口，隔海与香港、澳门特别行政区相望，其范围是东经112°57′至114°3′，北纬22°26′至23°56′，南北方向长约为171km，东西方向宽约为116km。《影像（丝绸）地图》设计为标准全开，尺寸为787mm×1 092mm，便于印刷，使用携带方便，比较大气。根据广州市主图的轮廓形状，图例宜放置在图内左下方，图面配置视觉上要显得比较平衡、稳重。《影像（丝绸）地图》是广州市历史上第一幅采用遥感数据制作的影像丝绸地图，以最新的表现形式、以形象直观的地图语言反映广州市的城市建设现状、交通、水系、地形地貌等基础地理信息，地图以精美的写真影像结合地图符号、注记全面地反映了广州市城市建设成就、优美的自然环境以及与人们日常生活息息相关的其他地理信息，从而可提升测绘地理信息服务保障水平。

《影像（丝绸）地图》编制前收集编图资料如下：

① 2016年3月的分辨率为20m的全市彩色卫星影像数据，基础色调为灰绿色，由于影像获取时间不完全一致，有色差。

② 2013年的1∶5万广州市数字地形图（DLG）。

③ 2016年5月的1∶20万广州市交通旅游图。

④《2016年广州市行政区划简册》。

⑤《2016年广东省行政区划简册》。

二、考点剖析

影像地图编制需重点掌握影像数据处理、矢量数据处理、地图符号与注记设计以及影像地图制作技术流程等内容。

1.《影像（丝绸）地图》比例尺和版式设计

用平面图形实地大小和相应的图幅尺寸分别相比，将数值较大的数取整，便得到地图比例尺分母。

① 广州市平面图形长：

171km＝171 000 000mm

② 实地图形长与图幅尺寸长相比：

171 000 000÷1 092=156 593.407

③ 广州市平面图形宽：

116km=116 000 000mm

④ 实地图形宽与图幅尺寸宽相比：

116 000 000÷787=147 395.172

因为

156 593.407>147 395.172

又因为

156 593.407≈160 000

所以《影像（丝绸）地图》采用比例尺是1∶160万。

南北方向长>东西方向宽，所以采用竖版版式。

2. 地图资料利用分析

① 2016年3月的分辨率为20m的全市彩色卫星影像数据，作为《影像（丝绸）地图》影像基础数据。

② 2013年的1∶5万广州市数字地形图（DLG），作为居民地、道路、水系和山峰等注记，道路、境界要素等基础数据；居民地、水系图形数据可以作为修饰影像数据的参考。

③ 2016年5月1∶20万广州市交通旅游图作为更新道路、旅游景点参考资料。

④《2016年广州市行政区划简册》，用于更新广州市行政区划界线、行政驻地居民地名称。

⑤《2016年广东省行政区划简册》，用于更新广州市相邻的行政区划界线、行政驻地居民地名称。

3. 影像数据处理

由于数据的来源不同、影像采集时的条件不同，所获影像存在着色差，破坏其整体性，所以需要对影像数据上存在色差的地方进行匀色处理，使其与周围一致。利用最先进的影像处理软件对影像数据加工处理，对色彩进行统一调配、匀色，主区的影像颜色要明亮、鲜艳，这样矢量要素就突出、明显。对河流、湖泊和海洋等水域色调的处理，是将水域设为蓝色，这种设色既能保留原来的水面质感，也能活跃和衬托图面效果。用Photoshop中的“笔工具”，通过描绘水域面的边界来选取相应的面状区域并进行设色，还可以利用Photoshop下的“魔棒工具”选取大面积水域并予以赋色，使其保持边线的柔和感。原始数据影像的分辨率比较高，过高的影像分辨率使得影像显得破碎而且占用存储空间，可以通过适当降低影像的分辨率来减少存储空间，但影像数据必须是在保证印刷需要的分辨率情况下进行压缩。

4. 矢量数据处理

矢量数据制作时需要在影像上叠加交通网、境界、水系名称、道路名称、行政驻地、旅游景点、单位、山峰名称、地名信息等。1∶5万广州市数字地形图（DLG）矢量数据和影像数据投影方式不同，需要对矢量数据进行投影变换。

需要借助 AutoCAD 软件下的 DXF 的数据格式，将其作为两种不同数据之间转换的桥梁，将现有的矢量数据转换成 CorelDRAW 中能直接利用的数据。可将线状和面状的矢量数据转换成 CorelDRAW 能读取的数据格式，而点状数据不能通过 DXF 完成数据转换。在将点状数据进行格式转换之前，先利用缓冲功能对点状矢量数据进行缓冲，将其转换成面状数据，再利用上述转换方法完成点状矢量数据格式的转换。

在 1∶5 万广州市数字地形图（DLG）上选取在影像图上需要表示的交通网、境界线、行政驻地、重要地名、旅游景点、山峰名称等信息，并对道路数据进行适当的综合。再依据 1∶20 万广州市交通旅游图对矢量数据道路、旅游景点进行更新。依据《2016 年广州市行政区划简册》，更新广州市行政区划界线，行政驻地居民地名称。依据《2016 年广东省行政区划简册》，更新广州市相邻的行政区划界线，行政驻地居民地名称。

5. 地图符号设计

在《影像（丝绸）地图》中，清晰、易读的影像已经充分传递了大量地物信息，大大增加了地图信息的载负量，符号和注记主要用于在地图上反映各种地物的质量特征及其属性。在设计地图符号时，充分合理地运用颜色、亮度、形状、方向、大小等基本图形变量，以产生图面所必需的整体感和差异感。

符号的设计分为颜色设计和图形设计两个方面。符号颜色设计的基本原则是既要能够清晰地表现要素，同时又要能够与影像整体的色彩相协调。在四色印刷的过程中，丝绸上同一区域的着色量随着套印次数的增加而减少，最终的结果是印刷的颜色出现失真。在无法改变印刷工艺的情况下，只能从颜色的设计入手，尽量使用比较纯、比较简单的颜色，减少在同一区域套印的次数。在符号的图形设计方面，因为丝绸的纹理比一般的纸张大，所以丝绸上符号应该设计得比同等规格的纸质地图上的符号大，结构更加简单，才能够清晰地表示地物的信息。

根据符号形状的不同，在设计时将地图的符号分为面状符号、线状符号、点状符号。

制图区域中大片的山、林、田等区域基本被植被覆盖，经过影像色调的调整，呈明亮的嫩绿色，再结合自然呈现的层次感，印制在丝绸上美观且具有艺术性；相反，叠加面状符号不仅使影像信息损失而且显得突兀，所以对这些区域一般不使用面状符号。《影像（丝绸）地图》的比例尺比较小，一些细小的常年河在影像上不能明显地目视识别，需要使用单线表示。为了保持水系的连贯性，应该同时使用面状水系符号与单线进行配合，否则就会出现河流断头的现象。因此《影像（丝绸）地图》上应设计使用面状符号表示水系。青色（C30）明度较高，能够发挥出丝绸的光泽，又与周围的影像对比较弱，能够自然地融合，可以作为水系颜色的填充。

线状符号表示的内容主要包括道路网、境界线以及单线河。

道路网是地图的骨架，是重点表示的内容。道路的颜色设计应考虑到以下几点：① 道路应该与丝绸的整体气质相符，所以道路的颜色应该有一定的明度；② 为减少在印刷中套印的次数，丝绸地图上的道路颜色应该尽量简单；③ 单一的道路符号面积较小，应该使用影像底图的互补色或者对比色进行填充，才能清晰地表示；④ 整体上看，同一等级的道路在图面上分布的范围广，总面积大，大量使用饱和度比较高的颜色会使图面的色彩对比过于强烈，显得杂乱，与影像不协调。因此，道路的颜色可以采用白色、粉红色和橙色，这些颜色明度适中，至多使用两种颜色即可合成；与影像有一定对比，既能突出道路又不与底色相冲突。公路的等级按照从高速路、市内快速路、国道、省道、县道、市区主要道路的顺序逐渐降低。等级比较高的道路在图面上起到了骨架的作用，而且疏密适中。在现实中，这些道路贯通联系着主区与其他地区，体现主区交通设施的完善及其通达性，需要着重使用平行的双线进行表示。道路的等级通过双线的宽度和双线间填充的颜色进行区分。丝绸的纹理比较粗，所以道路双线的宽度最小为 0. 15mm，并随着道路等级的增加而增加。县道和市区主要道路线划长度短而且数量多，不应该采用与影像对比较强的颜色，以免显得破碎。这两个等级的道路沟通的范围只限于市外和市内，重要性相对比较低，只需选取相对比较重要，用来保证道路的连通性的道路，使用与影像相接近的浅棕色和白色单线表示，线的宽度在不小于 0. 5mm 的前提下只要能够覆盖影像上明显的道路即可。按照习惯，铁路符号使用黑白相间的线划表示，线划白色的部分能够在影像上比较明显地展示线划的位置和走向趋势，且白色部分有规律地出现，在视觉中形成连贯成线的整体效果。

境界线是人文要素，在影像上不能直接目视获取，需从数据库中调取 DLG 数据并进行匹配。境界线采用黑色点线交替方式表示，不同等级境界使用不同的点线组合区分。为了保证表达的精确性，境界线划不宜太粗。较细的境界线划在影像深色区域易与背景混淆，影响判读，需配合使用色带。黑色细线保证了境界线精确度，色带可以使境界线和影像区分开，便于识别；整体上，色带能清晰界定主要表示区域范围。为了尽量减少色带对影像信息的遮挡，可设置色带透明度，使下方影像可见。

点状符号表示的要素内容为行政驻地、旅游景点和山峰。只需要采用定点符号法用点状符号表示出这些主图对象的具体位置和定名属性等即可。点状符号面积小、分布范围广，要特别考虑到在影像颜色比较深的地方符号也能醒目地显示。

行政驻地采用圈形符号表示，以圈形符号的结构、大小、颜色变化表示行政等级。符号的颜色采用红色、黄色、白色等纯色的组合，不仅满足上文所述丝绸对符号颜色的要求，而且使点在影像上任意区域都能清晰表示。圈形符号内圈的最小直径为 0. 1mm、轮廓笔最细为 0. 2mm、内外圈之间直径最小应该相差 1mm，才能够在丝绸上有清晰的表达效果。

丝绸地图上符号的结构不宜复杂，丝绸影像图的设计风格为简约大气，故而旅游景点的符号采用直径为 1. 2mm 的红色圆点配合白色的轮廓笔表示即可。

山峰符号通常采用黑色等腰三角形表示。为避免黑色符号在影像深色区域显示不清，可在三角形符号外围添加白边，使符号得以凸显，避免与影像背景混淆。

6. 地图注记设计

注记的设计与符号的设计一样，也要考虑到丝绸的特性。

丝绸比较粗大的纹理上无法印刷出注记中比较精细的笔画，宜采用笔画比较粗、弯折比较圆融的字体。为了使注记笔画清晰，丝绸地图挂图上注记的最小尺寸为 2. 5~2. 7mm，比普通纸质挂图上最小尺寸 2. 25~2. 5mm 稍大。

丝绸材质高贵，注记宜选用鲜明、大气的颜色，避免使用沉重色调破坏整体美感。为了防止印刷时出现颜色失真，注记也应该使用比较简单的色彩。为了使注记的表达更加清晰，其颜色还应与影像的主色调有一定的对比。

综合以上两点，《影像（丝绸）地图》的注记主要采用隶书、黑体、准圆等字体，填充红色或黑色。为了增强视觉冲击力，可以使用反白字或者给注记添加白色描边，描边宽度不应小于 0. 5mm，以确保丝绸印刷效果。根据注记内容的不同，注记的字号采用 2. 5mm 到 6. 4mm，并在图面上进行合理配置。

7. 《影像（丝绸）地图》的制作技术流程

《影像（丝绸）地图》采用现代数字地图制图技术方法制作，其制图技术流程如图5-11所示。首先，利用最先进的影像处理软件对影像数据加工处理，色彩进行统一调配、匀色。影像数据在保证印刷需要的分辨率情况下进行压缩。根据图幅尺寸，将影像数据匹配到数字地图制图软件中。其次，在数字地图制图软件中制作地图矢量要素，主要包括：水系、道路、境界、居民点、山峰、旅游景点，地图符号配置、地图注记配置，采用全数字地图制图技术对矢量要素进行处理，使地图数据满足丝绸印刷地图要求。再次，对矢量数据和影像（栅格）数据进行融合，得到《影像（丝绸）地图》数据。将《影像（丝

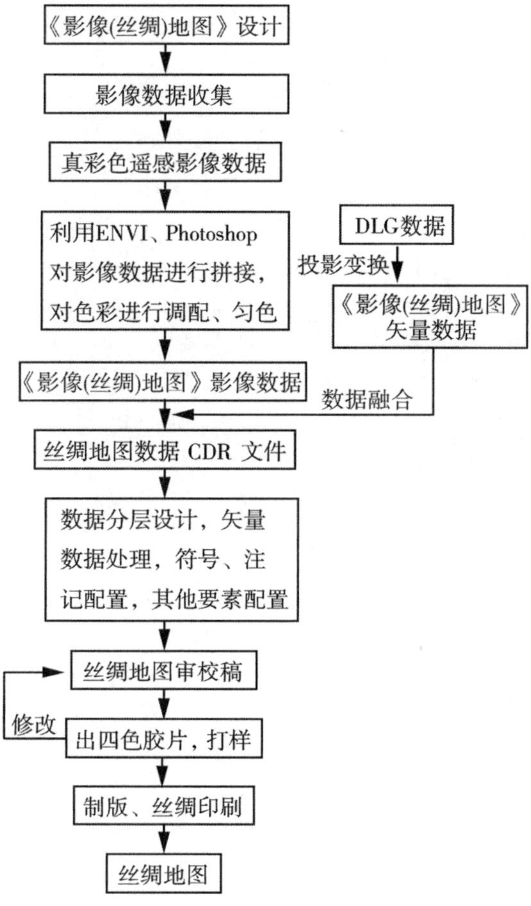

图 5-11　《影像（丝绸）地图》数字制图技术流程图

绸）地图》数据提交审查，根据审查意见对《影像（丝绸）地图》数据进行修改。修改完之后，将《影像（丝绸）地图》数据再次提交给审查，再根据审查意见对《影像（丝绸）地图》数据进行修改。最后，将《影像（丝绸）地图》数据输出四色胶片，制版、印刷成图。

第六章　地理信息工程

第一节　数据整合处理案例

一、背景材料

国家地震局计划建设“地震观测网络”，将全国地震探测城市所完成的“活断层探测与地震危险性评价”的成果数据存储于数据库系统，基于地理信息系统平台加以展示，以便于“活断层探测及地震危险性评价”工作的研究成果向相关政府部门上报和为社会提供分层次的咨询服务，从而为活断层的深入研究，为国土规划、重大工程选址、城市抗震防灾等工作提供空间信息服务。其建设任务之一是建立“活断层探测区基础地理信息管理系统”，为其活断层探测与地震危险性评价提供基础地理数据，成果数据要求为WGS-84坐标系，高程基准为1985国家高程基准。根据《中国地震活动断层探测技术系统技术规程》（JSGC-04）的有关规定，“地震活断层探测与地震危险性评价”项目（以下简称项目）所需使用数据源包括1：25万、1：5万、1：1万基础地理数据。现收集数据资料如下：

① 1：25万基础地理数据，数据生产单位：原国家测绘地理信息局。

② 1：5万基础地理数据，数据生产单位：原国家测绘地理信息局。

③ 1：1万基础地理数据，数据生产单位：各省（市）测绘部门、城建规划部门。

1：25万数据用于覆盖主要城市活断层探测的工作区，1：5万数据覆盖主要城市活断层探测的目标区；1：1万数据覆盖主要城市活断层探测的研究区。1：1万数据由各城市地震单位收集，其来源单位不一，并且由于我国在1：1万基础地理数据的生产方面尚无统一的强制性国家标准，因此各城市1：1万基础地理数据之间在投影与坐标系统、数据格式、技术指标、甚至数据模型等方面都会存在较大出入，与1：25万和1：5万数据之间也存在很多的不一致，需要进行大量的加工处理与整合工作。

二、考点剖析

基础地理信息数据整合处理主要包括数据预处理、数据格式转换、坐标系统检查、图层调整与属性结构定义、代码转换、要素识别与属性添加、图形要素处理、图层合并等过程。

1. 数据资料可利用程度分析

1∶25 万、1∶5 万基础地理数据直接来源于原国家测绘地理信息局的国家基础地理信息数据库，因此其数据质量、数据规范性均能得到较好保证，只需进行面向项目具体应用需求的转换与整合工作。

1∶1 万数据由各城市地震单位收集，其来源单位不一，并且由于我国在 1∶1 万基础地理数据的生产方面尚无统一的强制性国家标准，因此各城市 1∶1 万基础地理数据之间在投影与坐标系统、数据格式、技术指标，甚至数据模型等方面都会存在较大出入，与 1∶25万和 1∶5 万数据之间也存在很多的不一致，需要根据本项目需求制定统一的技术规范，进行大量的加工处理与整合工作，才能形成标准统一、形式规范的基础地理数据，进行一体化的数据建库和应用、管理。

根据 1∶1 万基础地理数据具体情况，分为三类——A 类数据：按照要素类别进行分层，有要素分类代码，个别要素有名称、高程等属性信息，但其要素分类代码需要规范和统一，部分属性需要补充采集，有一定的数据整合工作量；B 类数据：仅有简单分层，无分类代码和其他属性信息，整合工作量较大；C 类数据：在数据模型方面，数据为 CAD 数据，地理要素完全按照模拟图再现的形式采集，没有按照要素类别分层，也缺乏必要的属性信息，因此该类数据向 GIS 数据模型改造的工作量最大。

2. 坐标系统的转换

根据项目需求，各类数据必须转换到统一的坐标系统。原始数据为定位参考系，采用 1980 西安坐标系，高程基准为 1985 国家高程基准。成果数据要求为 WGS-84 坐标系，高程基准为 1985 国家高程基准。坐标系统的转换可以在数据整合并质量检核之后，统一进行转换。

3. 数据整合技术流程

由于 1∶25 万、1∶5 万基础地理数据直接来源于国务院测绘地理信息主管部门管理的国家基础地理信息数据库，其数据质量、数据规范性、数据一致性均能得到较好保证，个别城市数据为获取更新信息需对该部分数据进行更新。项目主要针对 1∶1 万基础地理数据（包括数字矢量地图数据（DLG）和数字高程模型数据（DEM））进行整合处理，解决其存在的投影与坐标系统、数据格式、技术指标、数据模型等方面的不一致问题。

根据项目要求，结合每个城市数据源的不同情况，数据整合的技术流程主要包括数据预处理、数据格式转换、坐标系统检查、图层调整与属性结构定义、代码转换、要素识别与属性添加、图形要素处理、图层合并等过程，其技术流程如图 6-1 所示。

4. 数据整合处理

原始数据的数据分层、数据结构、要素处理方式与项目要求不一致，必须严格按照项目对基础地理数据要求进行整合处理。数据整合处理的主要工作包括：

（1）数据预处理

根据收集的资料在原始数据打印图上进行数据预处理，如标注道路名称、道路编号、

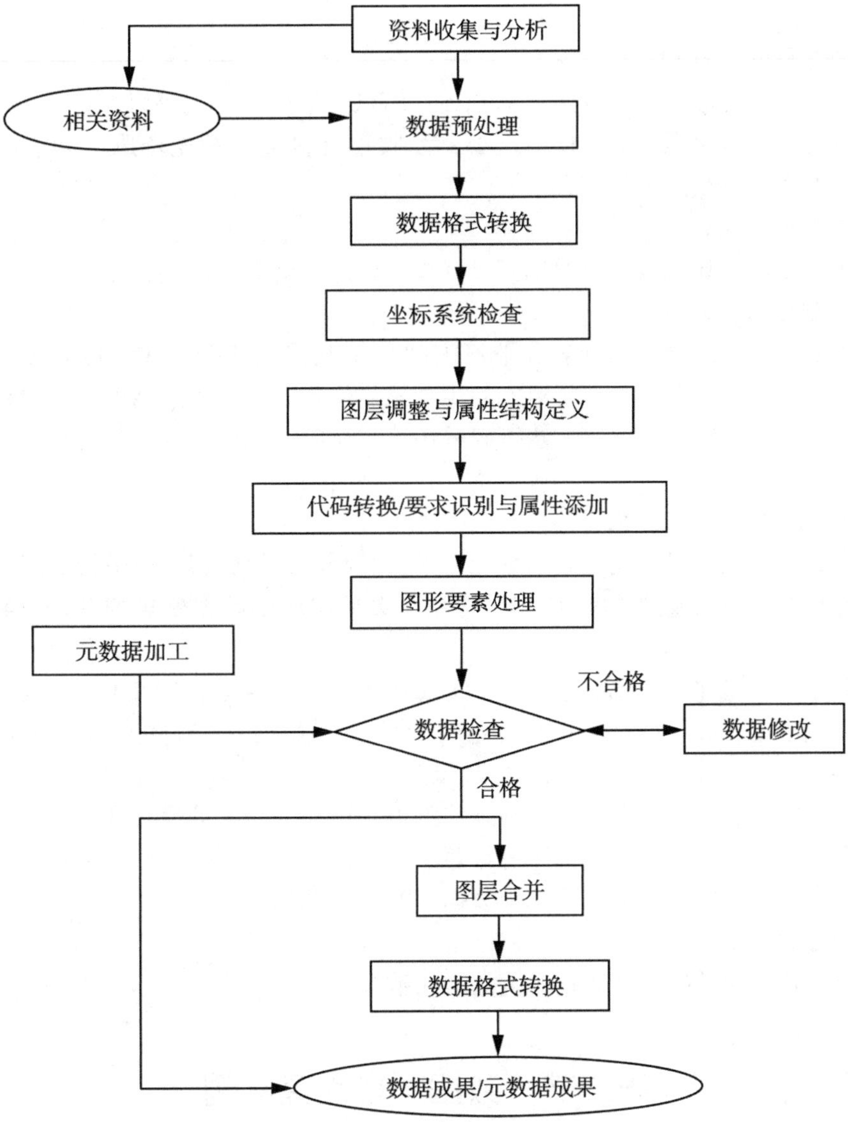

图 6-1　数据整合处理技术流程图

居民地级别等内容。

如果原始数据无标准分幅图廓线，不能利用理论图廓检核数据坐标系统是否与说明相符，可利用同一地区其他尺度或其他专题的数据进行要素套合检查，确认原始数据的坐标系统。

（2）格式转换

将原始数据进行格式转换，转换为数据处理软件所支持的格式，以便进行数据处理，包括图形要素的处理、要素属性处理和代码转换。

（3）图形要素处理

按照项目对基础地理数据规范要求，对原始数据中采集方式不符合要求、拓扑关系处理不严格（如境界线未连续采集、植被点采集、水系线面不吻合、道路悬挂点等）的图面要素进行处理。

（4）要素属性处理和代码转换

对要素代码进行检查，并按照《基础地理信息要素分类与代码》(GB/T 13923—2022)进行代码转换，对属性不全或属性有误要素，收集资料进行补充修改（如道路分级、居民地分级、等高距一致性处理等）。

（5）数据分层调整

按照项目要求的基础地理数据规范对资料数据进行要素分层调整。

（6）数据接边和检查

检查数据接边（图幅之间或者作业区之间）情况，包括图形和属性的接边，对不符合要求的进行修改。数据检查包括对空间参考系、位置精度、属性精度、接边精度、完整性、逻辑一致性等的检查，检查方法可以采用人工对照、程序自动、人机交互检查等多种方式。

（7）坐标系统检查与转换

如果原始数据无内图廓线等数学基础要素，需利用其他数据资料进行数据坐标系统正确性检查，并将处理完成的1980西安坐标系统数据向成果数据要求的WGS-84坐标系统转换。

我国常用的大地坐标系统包括1954北京坐标系统、1980西安坐标系统及2000国家大地坐标系统，还包括城市常用的独立坐标系。网络GIS（地图）常用WGS-84坐标系统。

如果获取的数据源没有说明其坐标系统，可利用同一地区其他尺度或其他专题的数据进行多种坐标系统转换后，与数据源进行要素套合检查，如转换的某坐标系统的数据与数据源基本套合，则可确认该坐标系统为数据源的坐标系统。

（8）元数据加工

按照项目要求的基础地理数据规范填写元数据。

第二节　数据质量检查案例

一、背景材料

某省需要对数字线划地图数据进行建库。数字线划地图数据库（以下简称DLG数据库）是采用矢量数据结构形式，采集和存储包括地貌、水系、居民地、交通、境界、地形要素内容，数据成果符合地形图精度要求，采用了以地形图为主要数据源，选取相对重要的要素内容，应用SPOT卫星影像、航空影像、车载GPS采集的国省道数据、地名数据成果等对数据内容进行更新。

数据质量检查是DLG数据库建库过程中最重要的工作内容之一，矢量数据又是各种数据中数据关系最复杂的数据，数据质量控制的技术复杂、工作量巨大。

入库检查是建库阶段按照数据库设计要求开展的对生产成果的数据检查工作，可参考国家标准、行业标准或项目规范等。数据质量检查验收主要包括空间参考系、位置精度、属性精度、完整性、逻辑一致性、时间精度、表征质量、附件质量等方面检查。

二、考点剖析

地理信息数据质量检查主要包括数据质量检查内容和检查方法。

1. DLG 数据质量检查方法

地理空间数据质量检查常用的技术方法主要有人工对照检查、程序自动检查和人机交互检查三种。不同的检查方法具有各自的优势，对于大型空间数据库的质量检查需要组合使用。根据不同的要素或内容，选择合适的方法。

（1）人工对照检查

通过人工检查核对实物、数据表格或可视化的图形，从而判断检查内容的正确性，具有简便、易操作的特点。

（2）程序自动检查

通过设计模型算法和编制计算机程序，利用空间数据的图形与属性、图形与图形、属性与属性之间存在一定的逻辑关系和规律，检查和发现数据中存在的错误。

（3）人机交互检查

数据中很多地方靠程序检查不能完全确定其正确与否，但程序检查能将有疑点的地方搜索出来，缩小范围或精确定位，再采用人机交互检查方法，由人工判断数据的正确性。

在深入研究和分析 DLG 数据采集技术规定，以及生产工艺流程、使用资料情况、建库要求等技术的基础上，提出影响数据质量的各项数据质量因子与指标，并针对每一项质量因子，确定采用可操作的检查方法。

DLG 数据入库检查的技术复杂、工作量巨大，采用常规的方法难以完成，一方面不能保证数据的质量，另一方面要耗费大量的人力、财力，还会影响工程的进度。检查软件功能较为齐全，使用方便，检查结果正确。除必须使用人工核对的地方外，其余大部分的检查项目基本上都使用计算机程序进行检查。许多内容根据检查结果，就可以直接判断是否正确。对于有些内容，检查结果是将可能出错的地方提示出来，再由人工检查核实。

2. DLG 数据质量检查内容

数据质量检查一般包括空间参考系、完整性及结构一致性、位置精度、属性精度、接边精度、更新精度、要素关系一致性和元数据质量等方面。

（1）空间参考系

空间参考系主要包括大地基准、高程基准和地图投影。

（2）完整性及结构一致性

完整性及结构一致性包括数据组织、图号、分幅的正确性，数据层命名、数据层格式和数据层的完整性，数学基础的完整性，拓扑关系、属性表及结构一致性等。

（3）位置精度

位置精度检查包括要素遗漏、多余的要素，几何位移精度、节点错误、线段错误和多边形错误，数字化方向、图形综合取舍程度。

（4）属性精度

属性精度检查包括要素分层的正确性，属性值域检查、属性项之间的逻辑一致性，相同属性值要素之间的连通性，河流湖泊水库的代码及名称的正确性，各层数据中要素名称的正确性，铁路编码的正确性、公路编码的正确性，境界数据的正确性，其他属性项的正确性。

（5）接边精度

接边精度检查主要包括图廓接边、图形接边和属性接边精度检查。

（6）更新精度

更新精度检查主要包括更新要素的完整性，已更新要素的合理性，更新要素属性的正确性，关系处理的合理性检查。

（7）要素关系一致性

要素关系一致性检查主要是水系与等高线的关系、水系要素与河流编码数据的关系，居民地与公路的关系、居民地与地名库的关系，公路与铁路的关系、公路与骨干交通网的关系、公路附属设施与公路的关系、公路与水系的关系等一致性检查。

（8）元数据质量

元数据质量主要是元数据的结构正确性、值正确性。

第三节　基础地理信息数据建库案例

一、背景材料

原国家测绘地理信息局某部门计划建设 1∶5 万数字地图（DLG）数据库。数据库系统不仅要提供多种检索方式，对数据内容进行实时浏览，从而能够准确迅速地确定所需数据的种类、内容及范围，而且还要提供对数据库中各种数据进行基本操作的功能，如数据裁切、数据拼接、数据格式转换、专题图制作等功能。

DLG 数据库建设的目的是向用户提供数据产品和信息服务。传统的图幅管理及供需方式已经不适应空间地理数据服务需求。用户对数据的需求主要体现在：对空间数据目标要素的需求、数据格式的转换，以及相应的技术支持。所以，良好的数据库结构才能满足用户多种多样的需求。因此，DLG 数据库在数据查询检索、数据产品制作、数据分发服务及数据的应用开发等方面，必须满足用户的需求。

数据建库主要包括：对数据采集生产的成果进行检查和处理，对生产数据进行转换处理，形成规范统一的数据集；设计 DLG 数据库组织结构和系统功能，基于网络环境开发数据库管理系统，实现对 DLG 数据的有效管理与分发应用，并与其他数据库进行数据库集成。

二、考点剖析

数据建库，一般包括入库数据检查验收、入库前数据处理、数据库设计、数据入库、管理系统设计与开发等。

1. DLG 数据库空间数据管理模式设计

随着数据库技术的发展，空间数据库技术逐渐代替了传统的基于文件的管理模式，对象-关系数据库管理系统是较为流行的解决方法，它是将复杂的数据类型作为对象放入关系数据库中，并提供索引机制和简单的操作，即在空间数据源之上增加一层软件（空间数据引擎）——空间数据管理系统（Spatial Database Management System，SDBMS），实现对空间数据和属性数据的一体化管理。

ArcSDE 空间数据引擎（Spatial Database Engine）是 ESRI 公司针对空间数据的存储问题推出的一套空间数据库管理软件，从空间数据管理的角度可以将其看成一个连续的空间数据模型，借助这一模型，可将空间数据加入到关系数据库管理系统（RDBMS）中去。

通过上述分析，针对 DLG 数据库集成业务的需求，结合现有的软件环境和 DLG 数据库集成建库技术的路线，DLG 数据库建库将采用 Oracle+ArcSDE 的空间数据管理模式，以满足对 DLG 数据库海量数据的集成管理。

2. DLG 数据库系统结构设计

在 DLG 数据库系统结构中，系统 C/S 结构部分主要是核心业务模块，包括数据入库检查、安全管理、视图管理、查询检索、元数据管理、数据输出、数据分析、专题图制作、数据库维护等模块。这些模块在客户端通过中间件直接与数据连接，对数据进行操作。系统 B/S 结构部分主要是系统的数据服务模块，用户可以通过浏览器浏览数据的一些基本情况，如数据类型、数据范围、元数据信息等，确定数据订单，并通过中心内网传递到数据库，产生数据服务请求信息；同时，用户可以通过浏览器查询到订单的状态，如正在处理、已经处理完毕等。

应用服务层主要是解译应用层发出的请求，通过空间数据引擎 ArcSDE 对数据库进行相应的操作，并将结果通过中间件 ArcGIS Engine RunTime 或 ArcIMS 反馈到应用端。应用层主要指系统的应用模块，包括浏览查询、数据服务、数据库安全管理等业务应用。

3. DLG 数据库建库流程分析

数据建库，一般包括入库数据检查验收、入库前数据处理、数据库设计、数据入库、管理系统设计与开发等。DLG 建库流程如图 6-2 所示。

（1）数据入库检查

DLG 建库数据入库检查验收是对生产单位汇交上来的数据，按建库要求实施的质量控制过程。入库检查从全局范围，把握一些重大的质量问题，注重检查和处理各单位生产的数据之间、不同区域的数据之间、不同图幅数据之间的不完整、不一致等问题，以及要素之间的关系协调等。

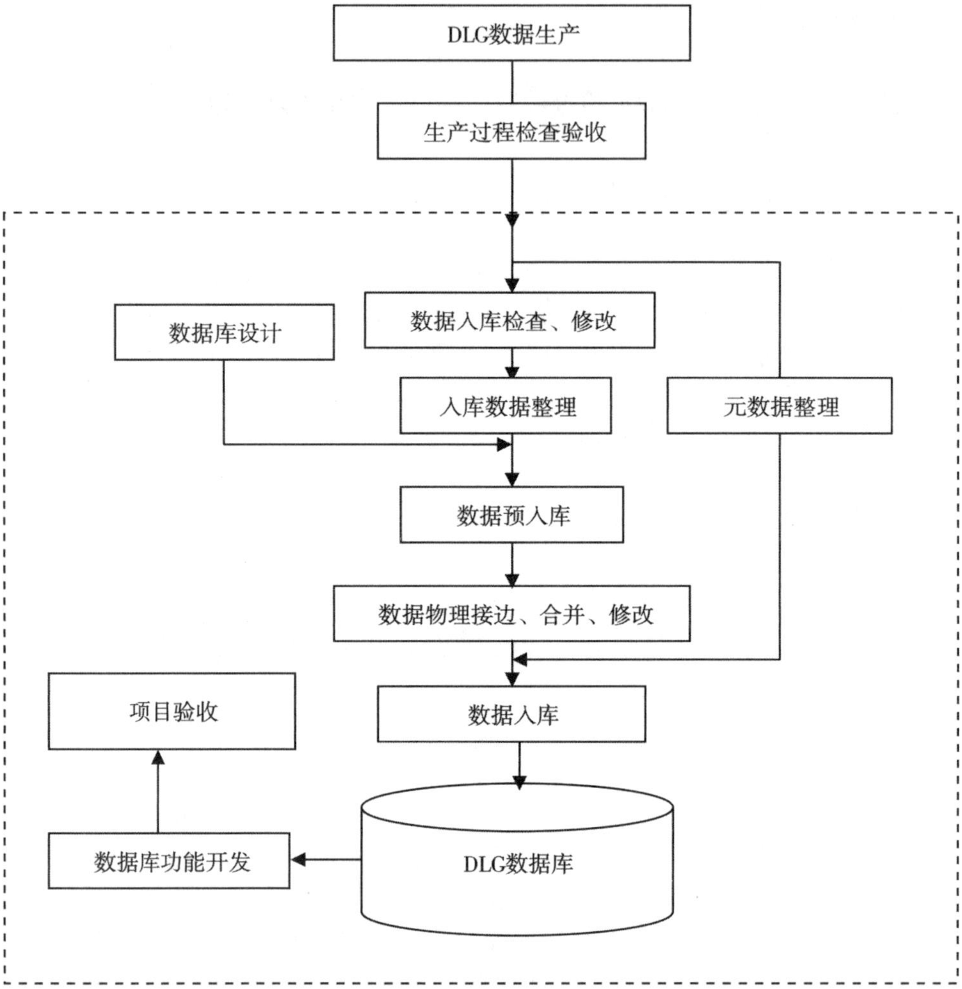

图 6-2　DLG 建库流程图

(2) 数据整理

由数据生产单位提交的 1∶5 万矢量数据是 6°高斯分带数据，入库时需要将数据投影转换到地理坐标；另外，生产数据中部分层中属性项的名称为中文，为了统一，入库前需要将中文名称更改为英文名称。

(3) 数据的预入库

根据数据库整体结构的设计和百万图幅范围将生产数据按照数据的存储要求入库到相应的数据层，这期间数据不做任何处理。产生的临时数据库供下一步数据处理。

(4) 数据处理与修改

由于在产生临时数据库时矢量数据是按照图幅为单元存放的，在临时数据库中虽然同一类要素存放在同一个数据集中，但是在图幅接边处可能会存在要素目标的断线，因此，在这个过程中，对于线要素，要将要素在图幅分割处进行连接使其连续；对于面要素，要将由于图幅分割成的多个目标进行合并，生成一个目标。另外，对于公路网、铁路网、行政区域等要将对应的原始数据进行重新整合生成。

(5) 元数据整理

DLG 数据的元数据是按图幅为单位以文件方式进行组织的，该流程需要将元数据进行汇总整理，并将文本格式转换为关系表格形式，以利于元数据的入库。

(6) 数据正式入库

把经过处理符合数据库设计要求的数据进行正式入库，形成正式的数据库成果。

(7) 数据库功能开发

根据数据库功能设计，开发出一套方便对 DLG 数据库进行管理的功能模块。

第四节　专题地理信息系统建设案例

一、背景材料

某单位针对某河套灌区的实际业务需求，计划建设“某河套灌区信息管理系统”。利用 GIS 空间数据管理与操作功能，通过 RS 技术手段获取最新信息和动态数据，以基础地理信息为空间定位和控制骨架，将该灌区所有的水利专业数据集成起来，实现多尺度、多类型、多时态数据的统一管理、综合分析和可视化表达。在此数据库基础上，开发研制满足灌区各种业务需求的应用功能，并与水资源信息自动采集系统、水质监控系统、计算机网络系统、通信系统等相结合，共同形成业务化、网络化运行体系。利用 GIS 应用平台通过空间分析、专题制图、三维模拟显示等手段处理干渠、分干渠各节制闸监控数据与水质监测数据，从而提高灌区业务信息化水平，同时为灌区适时调配、合理利用水资源业务提供辅助管理和决策支持，对突发水利事件作出快速反应，以便采取应对措施，提高工作效率。

按照灌区内地理范围的不同，收集了 1∶5 000、1∶1 万、1∶5 万、1∶25 万系列比例尺的地形数据、地名数据、数字栅格地图数据、数字正射影像数据、数字高程模型数据；还需要灌区内专题应用数据，包括土地利用分类数据以及灌区水利信息数据；同时，与灌区业务相关的多媒体数据也是不可或缺的，包括图片、声音、录像与文字等各种类型数据。

建设“某河套灌区信息管理系统”的主要工作有：多尺度空间数据库的建立，系统应用软件平台的研制，业务化、网络化运行体系的建立。

二、考点剖析

应用地理信息系统的建设一般包括空间数据库的建设和专业应用功能的研制，重点掌握数据库和应用功能的设计。数据库设计主要包括概念设计、逻辑设计、存储设计、元数据设计等，应用功能设计主要针对实际业务需要开展具体的功能模块设计。

1. 数据源的利用和处理分析

（1）地形图数据资料

1∶5 000、1∶1 万、1∶5 万、1∶25 万等四种比例尺的地形图数据资料，其中1∶5 万、1∶25 万地形图采用原国家测绘地理信息局编制出版的最新测绘成果，1∶5 000、1∶1万地形图采用各省市测绘局（院）编制出版的最新测绘成果。

1∶5 万和 1∶25 万比例尺地形图采用 1980 西安坐标系，投影采用高斯 6°带；1∶1万比例尺地形图采用 1980 西安坐标系，投影采用高斯-克吕格 3°带；1∶5 000比例尺地形图采用地方坐标系，投影采用高斯 3°带。

资料覆盖范围根据比例尺的不同而不同。1∶25 万比例尺资料覆盖河套灌区行政区域范围，1∶5 万比例尺资料覆盖河套灌区；1∶1 万比例尺资料覆盖沿黄河某盟段及总干渠宽 3km 范围；1∶5 000比例尺资料覆盖若干县市等政府所在地共 150km^2 范围，以及拦河闸、总干渠五个枢纽。

（2）影像资料

影像资料包括最新的卫星影像和航空影像资料，具体有 IKONOS 1m 分辨率影像数据，SPOT 全波段 2.5m 和 10m 分辨率影像数据，Landsat-7 卫星 ETM+全色 15m 分辨率和多光谱 30m 分辨率的影像数据。与相应的比例尺矢量地图数据配合显示基础地理信息。

（3）数字高程模型（DEM）

DEM 是区域地形的数字表示，它由规则水平间隔处地面点的抽样高程矩阵组成，灌区或水利工程三维可视化分析便建立在 DEM 的基础上。

对基础地理数据、专题空间数据和多媒体数据按照一定的技术标准和要求进行集成，实现各种数据的整合与一体化管理。平面坐标系采用 1980 西安坐标系；投影采用高斯-克吕格投影，按 3°分带。统一数学基础为 1980 西安坐标系、1985 国家高程基准、地理坐标。

2. 数据库概念设计

"某河套灌区信息管理系统"数据库库体内容由三部分构成：基础地理数据、专题空间数据、多媒体数据。具体库体内容如图 6-3 所示。

基础地理数据包括地形线划数据（DLG）、栅格地图数据（DRG）、正射影像数据（DOM）、高程模型数据（DEM）、地名数据（PN）。这些数据库从 GIS 数据模型的角度可以分为矢量数据与栅格数据，其中 DLG、PN 属于矢量数据，DOM、DRG、DEM 属于栅格数据。通常的 GIS 空间分析基于矢量数据，三维模拟显示功能基于 DEM，DOM 可以是矢量数据更新的参考，同时也可以作为三维显示的纹理表面与 DEM 进行叠加或是作为干渠监测的数据源，DRG 可作为 GIS 应用平台的显示背景。

专题空间数据是与灌区水利业务紧密相连的空间数据，包括土地利用分类数据（LU）与水利专业数据。土地利用分类数据是灌区内土地利用状况的空间描述，水利专业数据包括水系、枢纽、水工建筑物、观测站（井）、井泵、水库、湖泊等的空间位置与属性信息。

多媒体数据是与灌区各项业务相关的各种类型的图片、声音、录像与文字等数据。

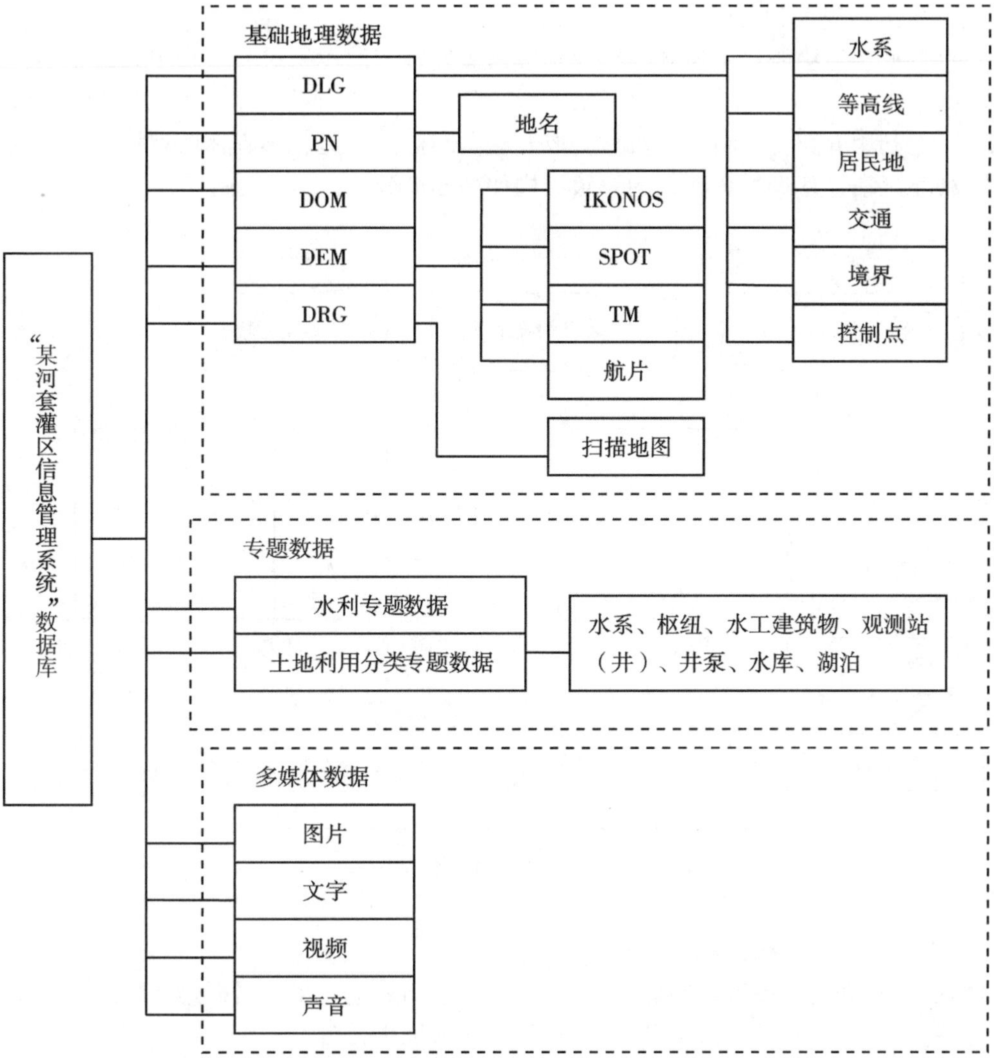

图 6-3　“某河套灌区信息管理系统”数据库库体内容

3. 数据库逻辑设计

“某河套灌区信息管理系统”数据库中需要存储基础地理数据、专题空间数据、多媒体数据，数据源、类型和格式都是多样的，这就需要一个能够有力地管理这些复杂数据的数据库逻辑模型。在 GIS 应用中多采用二维表的关系模型，将数据按照数据集、数据区与数据层三个逻辑单元进行组织与存储。

将空间数据（包括矢量、栅格、影像、三维地形等）及其相关的属性数据统一存放在工业标准的数据库管理系统 DBMS 中，空间要素集合，即图层对应了 DBMS 中的表，而具体的一个要素则是表中的一条记录。具有共同空间参考的一组空间要素集合又可以组成更大的结构，称为数据集。

“某河套灌区信息管理系统”数据库的逻辑设计总体上按照分幅、分级、分专题（分类）的方式进行规划和设计，将面向不同应用的、不同比例尺的、不同分辨率的地形图、水利信息数据、卫星航空影像和三维地形数据，按照不同逻辑单元进行组织。其中，基础地理数据（DLG、PN、DRG、DOM、DEM）可以作为一个逻辑单元，构成基础地理数据单元，土地利用分类与水利专业数据构成专题空间数据单元，多媒体数据构成多媒体数据单元，则灌区信息管理系统数据的逻辑结构如图 6-4 所示。

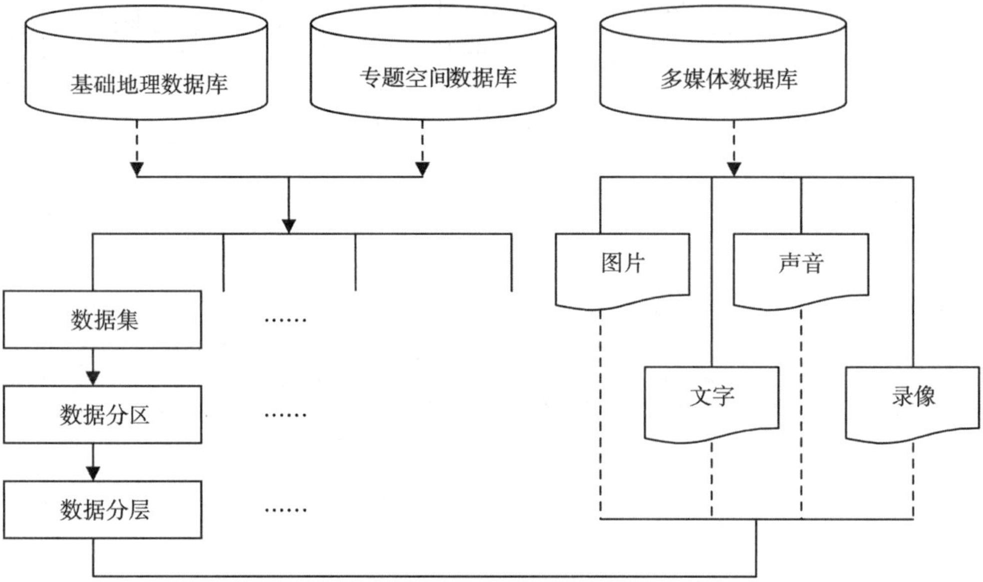

图 6-4　数据库逻辑结构

（1）基础地理数据库逻辑设计

灌区可视化信息管理系统基础地理数据库中，DLG 与 PN 数据都是二维的矢量图形数据，这些矢量数据根据不同的分区，不同的专题特征进行分类组织。在空间数据库中，矢量数据是以一种分区、分层的组织形式进行管理的，这些空间数据根据它们的特征码（用户码）与其他属性信息或者关系型数据库中的数据进行关联。栅格影像数据包括 DRG、DOM 与 DEM。

在数据库中，根据这些数据类型的不同，可以划分为不同的空间数据集，分别是矢量数据集、栅格数据集、三维模型数据集。其中，矢量数据集中保存着按照不同内容分层的矢量图层数据，这些图层数据按照图形的表现方式的不同，又可以分为点层、线层、面层和注记层等基本空间数据逻辑单元；栅格数据集在逻辑上按照不同空间分辨率的影像以栅格图层的方式组织；三维数据集根据数据类型的不同，以信息块的方式组织。

（2）专题空间数据库逻辑设计

土地利用分类与水利专业数据是专题数据库中的主要内容，这两类数据都是二维矢量数据，根据点、线、面三类空间特征，按照图层的方式构成不同的逻辑单元。其中，土地利用分类数据为面类型数据，不同的面图斑表示不同的用地类型。水利专业数据包括水系、枢纽、水工建筑物、观测站（井）、井泵、水库、湖泊等空间信息，水系河流为线类型要素，枢纽、井泵、水工建筑物、观测站（井）为点类型要素，水库、湖泊为面类型要素。

（3）多媒体数据库逻辑设计

多媒体数据库包括与灌区业务相关的各类图片、声音、录像、文字等数据，根据业务流程和工作程序建立多媒体数据块的逻辑关系。

（4）数据库之间的逻辑联系

灌区信息管理系统中的空间数据之间通过不同应用专题产生多种关联关系，主要包括两类：一是数据库表格之间的关联关系，可分为一对一、一对多或多对多；二是空间位置关系，包括空间对象之间的连通性规则、几何网络关系和平面拓扑关系。

上述各种关系统一由关系类来进行维护，如基础地理数据库与专题空间数据库中的矢量数据，其图形特征总是用用户码（User-ID）与属性信息建立关系；DEM 和影像数据的存储格式是栅格的方式，二者可以方便地通过栅格运算叠加形成三维场景，但要想使影像数据关联某一矢量图斑，在空间上是难以定位的，但影像数据和矢量数据可以利用地理坐标系，在统一地理参照系下使得 DEM、影像数据和矢量数据发生关系。

总之，灌区信息管理系统数据库中的矢量数据间既可以通过建立特征码形成一对一、一对多或多对多的关联，也可以通过空间位置建立要素间的拓扑关系；矢量数据与栅格数据通过统一的地理坐标框架产生关联；栅格数据只能通过统一的地理坐标框架关联，或是实现 DEM 与正射影像的叠加，或是实现不同波段、不同分辨率影像的融合；多媒体数据与基础地理数据或专题数据利用超媒体或超文本技术实现相互间的关联。

4. 数据库存储设计

（1）矢量数据存储设计

灌区信息管理系统数据库中的矢量数据，将依据数据库逻辑设计中设计方案，以图层为存储单元统一存储于大型关系型数据库之中。图层对应于关系数据库中的表，几何信息以二进制（BLOB）类型的字段存储。非空间数据的存储自然与空间数据相同，即二维表。这意味着几何与属性数据以相同的格式存储，数据的管理将更加有效，可以用标准的 SQL 对数据库进行查询。

（2）栅格影像数据存储设计

栅格影像数据同样利用关系型数据库来存储与管理，通过数据压缩、建立影像金字塔、影像物理分块三种技术手段实现 RDBMS 中栅格影像数据的存储。数据压缩的目的是通过压缩减少影像的数据量，建立影像金字塔虽然会占用一定的磁盘空间，但是可以提高影像显示速率。影像物理分块是为了在局部操作时减少数据量，提高分析处理效率。

5. 空间元数据设计

空间元数据是关于空间数据的描述性数据信息，它反映了空间数据所包含的内容、质量、空间参考、生成转换等信息。生成空间元数据可以方便分布在灌区内的业务系统精确地查找目标数据源，帮助用户浏览目标数据的相关信息以判断数据是否满足他们的应用要求，为用户提供正确处理和使用目标数据的技术信息服务。

（1）空间元数据管理设计

灌区可视化信息管理系统的空间元数据管理以数据库为基础，每一个空间数据库有一个元数据文件，该文件为一表格数据，它由若干项组成，每一项表示元数据的一个特征，其记录为每一个要素集合（图层）的元数据内容，该表存储于关系型数据库中，空间元数据管理设计如图 6-5 所示。

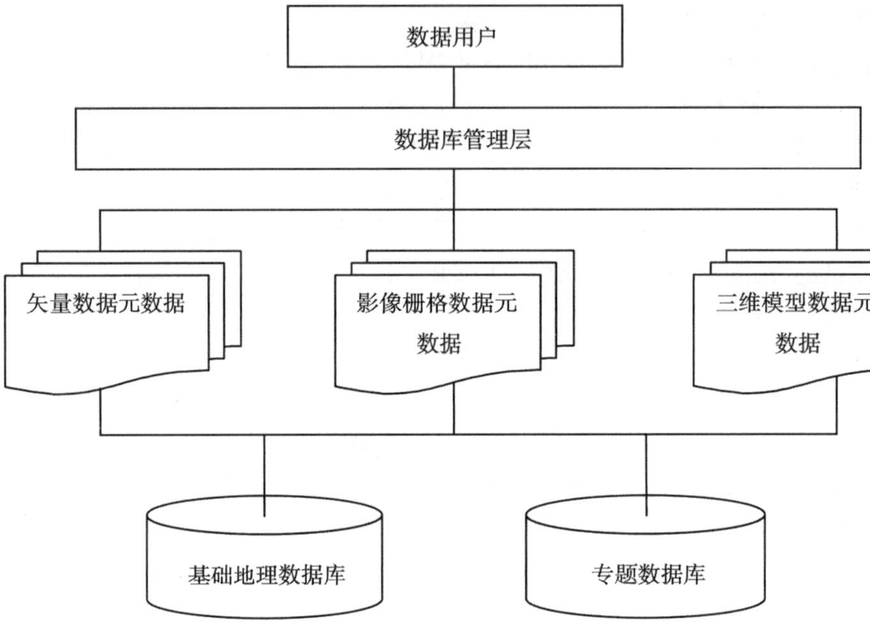

图 6-5　空间元数据管理设计

（2）空间元数据格式设计

灌区信息管理系统空间数据由基础地理数据与专题数据组成，这些数据按照数据模型的不同分为矢量数据与栅格数据。空间元数据格式的设计就是依据不同数据模型的需要分别描述，其中，DEM 数据虽然是栅格数据，但其自身又具备一些独有特点。下面分别对矢量数据和栅格数据的空间元数据格式设计进行讨论。

矢量数据元数据由数据描述、空间参考、属性描述三部分内容构成。其中，数据描述包括数据集概况、数据集状态、数据集存储与访问信息、数据集更新时间、数据集来源、比例尺与数据集格式等内容；空间参考描述了数据集的投影与坐标系统、数据集范围；属性描述定义了数据集属性字段的含义、类型、取值范围等信息。

栅格影像数据元数据由数据描述、空间参考两部分内容构成，其中数据描述包括栅格影像数据概况、状态、存储与访问信息、产生时间、来源、格式、波段与空间分辨率等内容；空间参考描述了栅格影像数据的投影与坐标系统、范围。

6. 应用平台设计

应用软件平台能否具有强大的生命力，主要看应用软件平台对事务的处理是否满足业务应用的要求，应该根据用户的具体业务工作要求，设计开发适用的应用软件平台，以保证系统总体目标的实现。该系统具有以下功能：

① 利用数据库、GIS、GPS 及网络等技术，实现河套灌区的管理和监测；
② 采用 C/S 和 B/S 混合结构进行开发，充分实现资源共享；
③ 系统与业务的紧密集成，为河套灌区管理工作提供了集成支持平台；
④ 实现对现有数据的标准化、数字化、数据库建设、数据格式转换等功能；
⑤ 系统对今后类似业务系统的建设具有明确的指导意义和示范作用。

针对河套灌区可视化管理的业务要求进行功能体系结构设计，在统一标准体系、数据规则的前提下，将灌区所有业务和问题集成到地理信息系统平台上，进行统一存储、管理、关联，提供符合灌区管理业务实际要求的专业化业务模块和各类业务综合分析功能，具体包括基础数据管理、通用数据查询、桌面业务处理、专题地图制图、辅助分析决策、动态数据交换、网络信息发布、运行维护管理这八大功能模块（图 6-6）。

（1）基础数据管理功能

按照统一的空间坐标系统和标准的信息分类体系将灌区管理过程中所参照和产生的图文信息进行规范化采集与组织分类，形成基于网络的空间数据无缝连接且图文信息动态连接的综合信息资源，实现全灌区水利要素的空间地理数据和专题数据的整体集成存储、管理与更新。

① 空间图形信息和专题信息的初始建库，包括基础地形图、专题图信息的数据输入、转换、查错与规范化、编辑处理、图形输出。

② 空间数据库信息的动态管理、维护与更新，包括图形数据的一般性查询与检索、地图拼接与切割维护、制图和输出功能、基本的 GIS 分析功能（如地形分析、网络分析、叠加分析、缓冲区分析等）以及量算功能等。

③ 文本信息的输入、处理、查询、分析、报表制作与统计、标准输出等。

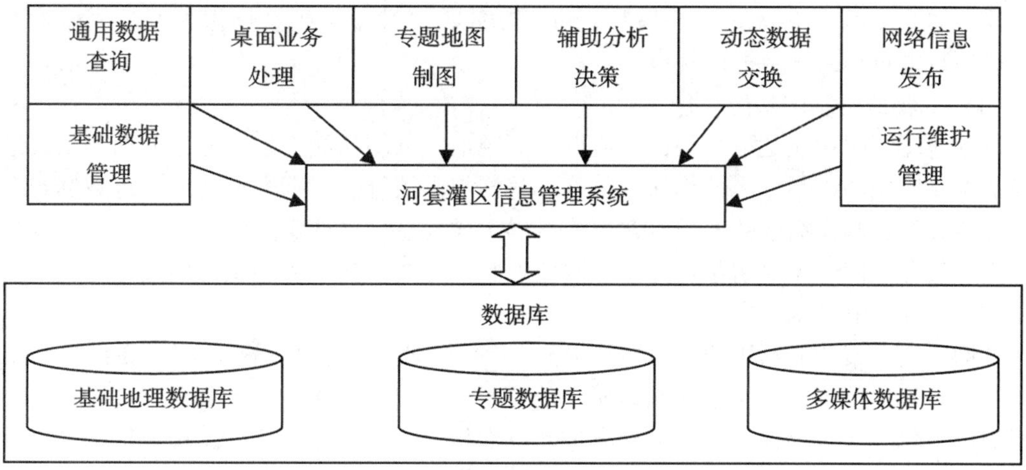

图 6-6　功能体系结构图

（2）通用数据查询功能

根据灌区管理业务模式特点设计专业化的联网查询检索方式，实现对共享图文数据资源的快速查询及可视化，包括图形属性双向查询、逻辑查询、模糊查询、图形综合查询、属性组合查询、业务材料查询等功能。

① 属性到图形的查询：通过构造数据库 SQL 语句查询属性信息在空间上的位置与分布，空间定位功能也是通过这个方式实现的。

② 图形到属性的查询：查询地理空间单元的属性信息。

③ 图形与图形间的查询：根据图形临接、相交、包含拓扑关系，查询与某一空间单元发生这些关联的空间单元的位置与分布。

（3）桌面业务处理功能

针对灌区管理业务工作特点，设计开发适用的桌面处理工具，实现灌区管理业务的便捷化处理。

① 对空间数据层与属性的操作：根据具体应用的需要调出空间数据库中的空间数据，这些数据按层组织在 GIS 平台上，可以设置层属性，如颜色、注记等，也可以调整层顺序以保证各类信息不被相互压盖，通常顺序是由上到下为点、线、面、影像，同时可以依赖不同的属性信息显示不同的地图标注信息。

② 图形数据的显示与浏览：可视化地显示空间参考数据，提供放大、缩小、漫游、鹰眼导航等空间数据浏览显示工具。

③ 定位工具：提供方便实用的图形定位显示工具，包括图幅号、直接图形选择、地名选择、坐标定位等。

④ 图幅整饰与地图输出：为了增强输出地图的通俗性、可读性，需要图幅整饰和输出功能，包括图廓生成、加入专题信息、图例、指北针设置、比例尺设计、添加注记、编辑注记和注记自动生成等功能。

⑤ 几何与属性数据编辑：提供图形捕捉、画线、图形编辑、属性编辑、标注等多种编辑工具，支持几何信息的增删改操作，以及属性信息的录入、删除、修改。其中，几何编辑需考虑到图形的拓扑关系，并具备 Snap 功能；属性编辑则需提供类型与值域检查功能，确保数据符合系统数据库规范。

（4）专题地图制图功能

专题地图制图功能是指发展面向应用的专题地图制图功能，提供专用的图形工具进行各类业务专题图的绘制、属性标注、量算、整饰与出图等。根据数据库中已有数据与灌区实时监测数据，制作灌区的各类专题图，可以生成任意区域的实时灌溉进度图、灌溉效果图、需水量分布图、实时水位流量图、水费计收情况图、实时种植结构图等专题图。

（5）辅助分析决策功能

辅助分析决策功能利用 DEM 数据与栅格影像数据叠加生成三维模型，提供水利工程虚拟三维可视化及分析，实现水文地质等地下水变化的可视化、灌区景观三维可视化、规划景观可视化等功能；提供专用的全方位灌溉面积计算、水量计算、工程量地图量算等分析功能，辅助水资源优化调配时的分析与决策；提供丰富的空间分析功能，作为灌区管理分析决策的技术手段。

矢量空间分析，包括缓冲区分析、空间叠加分析、空间量算等。

栅格空间分析，基于统一的基础底图将矢量图形的点、线、面数据生成栅格格式；将离散点生成连续表面；从点要素生成密度图；创建生成数字高程分布图、坡度图和坡向图；对多层栅格数据进行逻辑分析与代数运算；进行栅格图的分类和制图，以及基于像素的地图分析等。

矢量与栅格一体化分析，通过矢量和栅格数据的叠加进行分析。

（6）动态数据交换功能

动态数据交换功能是指能进行水雨情数据自动实时采集，可以监测灌区任意区域的气象、土壤墒情、作物结构、作物面积、作物含水率、长势、旱情、水质状况、水污染状况、水土流失状况、汛情的实时动态及对土壤盐碱化、沙地、荒地、林地的普查等，并能将监测采集的数据动态地纳入到专题数据库中，可以接收 GPS 的点位数据到数据库，实现数据库的动态更新。

设立在各节制闸的实时监测设备可获取干渠与分干渠大量的水资源与水质信息，这些信息通过监测数据输入接口进入 GIS 平台，并且与后台空间数据库中的数据结合进行空间分析、专题制图与三维可视化分析，为灌区管理工作各类决策服务。同时，将各种平台提供的空间数据完整地转换成系统要求的统一数据格式，通常需要转换的数据格式包括：CAD、DGN、COVERAGE、E00、DWG、DXF、TIFF、IMG、SHAPE FILE 等数据的转换功能。

（7）网络信息发布功能

建立数据发布机制，具有数据通知和数据源路径通知功能。设计开发 WebGIS 功能，通过 WebGIS 的应用将空间信息及其应用成果通过局域网或城域网分别发给网络分中心用户，客户端的用户则在自己的浏览器中嵌入浏览工具来浏览与查看信息。

（8）运行维护管理功能

设计良好的运行维护管理功能，可以实现用户权限设置、图库更新与扩充、数据添加、数据备份以及故障快速恢复，提供用户管理、口令管理、权限管理、日志管理等操作功能，保证系统的正常运行。

7. 数据处理与建库技术流程

在 GIS 应用系统中，一般包括地形数据（DLG）、数字栅格数据（DRG）、数字正射影像数据（DOM）、数字高程模型数据（DEM）、地名数据（PN）和土地利用数据（LU），以及与应用业务相关的多媒体数据。各类数据要采用相应的技术方法进行加工处理，在数据处理时，必须注意要素之间关系的协调，尤其是矢量要素数据库与地名数据库、影像数据库之间关系的协调。对一个应用系统的数据处理与建库流程如图 6-7 所示。

8. 系统运行的网络体系结构设计

为适应分布在不同区域的多用户使用系统的特点，并考虑系统中部分数据属于保密信息的情况，系统应分别采用 C/S 和 B/S 两种分布式访问模式，以适应并支持局域网和城域网（或互联网）两种网络环境。系统在用户中心内部局域网内采用 C/S 架构，具备数据入库、操作与分析功能的客户端层构成 Client 端，空间数据引擎与数据库构成 Server 端；在全用户范围的城域网内采用 B/S 架构，仅能浏览、查询、检索空间数据库的客户端层构成 Browser 端，空间数据引擎、WebGIS 服务器与数据库服务器构成 Server 端。

从逻辑结构上讲，系统可以分为三层体系结构，即客户端层、应用服务层、数据服务层。客户端层包含两部分功能：一部分在局域网范围内实现对数据服务器中数据的入库、

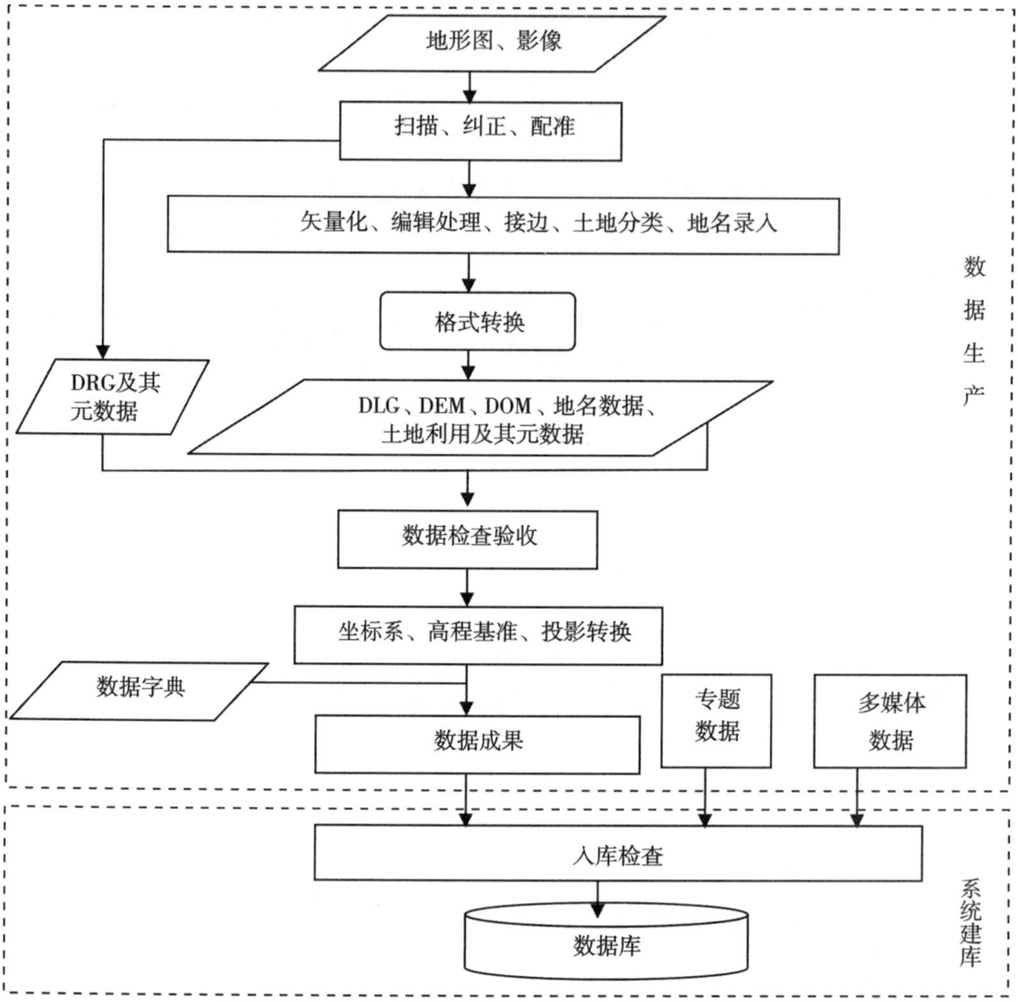

图 6-7　数据处理与建库流程图

操作与分析，另一部分通过互联网实现空间数据的浏览、查询与检索；应用服务层由空间数据引擎与 WebGIS 服务器构成，其中空间数据引擎是系统与空间数据库进行交互的通道，而 WebGIS 服务器为空间数据的发布提供服务；数据服务层由基础地理数据库、专题数据库和多媒体数据库构成。

第五节　应用系统设计与开发案例

一、背景材料

随着经济建设的发展和土地有偿使用制度的实施，土地已成为极为重要的市场资源。

为进一步摸清市土地资源状况，全面掌握可利用建设用地的情况，方便管理可利用国有建设用地，某市国土资源局计划开发可建设用地管理信息系统，提高土地管理的工作效率。

可建设用地信息管理系统要求实现可建设用地数据的浏览、编辑和分析，主要包括可利用建设用地信息统计图和分级图的制作和输出功能，从而更直观地显示可利用建设用地特征；不同图件的叠加及输出功能，包括地形图、行政区域图、土地利用总体规划图、控制性详细规划图、卫星影像图等图件的叠加功能。系统具有地块信息的双向查询功能和双向更新功能（如用地流转情况的更新），可实现用户权限设置功能，通过对不同用户的权限的设置，使拥有不同权限的用户之间对数据所能进行的操作有所区别。系统具有数据管理、多源数据融合、动态更新维护的特点，有良好的可扩展性，系统功能可以进一步扩展。

根据需求，需将以下数据纳入数据库统一管理：

① 可利用建设用地数据：138km^2 土地（约3 000宗地块），采用 1980 西安坐标系；

② 全市范围 1∶1 万、1∶2 000 比例尺地形图，采用 1980 西安坐标系；

③ 覆盖全市的卫星遥感影像数据及高分辨率航空数码影像数据；

④ 全市土地利用现状图；

⑤ 全市土地利用规划图。

二、考点剖析

1. 应用系统设计与开发分析

一般来讲，GIS 应用系统的设计与开发基本上从数据库与专业应用功能两方面来考虑。

数据库设计主要包括概念设计、逻辑设计、存储设计、元数据设计等。从概念上讲数据库是由基础地理数据、专题空间数据、多媒体数据三部分构成，它们的数据源、类型、格式都是多样的，需要一个能够有力管理这些复杂数据的数据库逻辑模型。目前，在 GIS 应用中多采用二维表的关系模型，将数据按照数据集、数据区与数据层这三个逻辑单元进行组织与存储。

专业应用功能的设计和实现，要紧紧围绕用户需求，针对实际管理的业务要求和工作流程，开展应用功能设计，同时包括系统运行的网络体系结构的设计。在统一标准体系、数据规则的前提下，将所有业务和问题集成到 GIS 平台上，进行统一存储、管理、关联，提供符合用户管理实际要求的专业化业务模块和各类业务综合分析功能。

2. 空间数据存储方式设计

关系数据库是目前数据库发展的主流。利用关系数据库实现空间数据的全关系化存储已经成为许多 GIS 软件开发商和构建应用系统的一个主要趋势，它不仅可以保证几何与属性信息的无缝结合，而且方便创建与维护各类空间数据之间的关联关系，也可以实现数据的并发操作，更好地维护数据的安全。

采用空间数据库引擎（如 ArcSDE）能够实现对空间数据的高效访问。

3. 系统开发方法

组件技术在 GIS 中的应用已经非常广泛，主要的 GIS 厂商都推出了自己的组件产品，如 Esri 公司的 ArcObjects、MapInfo 公司的 MapX、SuperMap 公司的 SuperMap 等。VB、VC、C#、Delphi、.NET 等支持组件标准的可视化集成开发环境（开发语言）都支持组件式系统开发。

目前，常用的组件 GIS 开发以 ArcEngine 居多。ArcEngine 的开发主要依赖于 ArcGIS 产品体系中所提供的若干类和接口，这些类和接口分别封装在 20 多个 ArcGIS 库文件中。在开发时只需要找到对应接口，并熟悉接口调用，即能实现所需 GIS 功能。

系统采用模块化开发方式，每个模块以 DLL 或 EXE 形式存在，利用面向对象的方法集成各个模块。

4. 系统基本功能设计

可建设用地管理信息系统是基于空间数据库的应用而开发的系统平台。为实现这一功能，该系统细化为地图浏览、地图数据检索与查询、空间分析、可利用建设用地统计报表制作、可利用建设用地更新、地图输出和用户权限管理等模块。

地图浏览模块有地图文档管理，地图缩放、漫游，地图定位等功能。地图数据检索与查询有地块属性信息查询，地块空间位置查询，缓冲区查询等功能。空间分析模块有不同图件的叠加及输出功能，包括地形图、行政区域图、土地利用总体规划图、控制性详细规划图、卫星影像图等图件的叠加分析功能，可以直观地显示可利用建设用地特征。可利用建设用地统计报表制作模块有柱状图、风向玫瑰图等制作，属性数据表、统计报表等制作功能。可利用建设用地更新模块有地块图形更新，地块属性更新等功能。地图输出模块用于地图的图面设计与配置，地图制图等功能。

5. 网络体系结构设计

地理信息应用系统以处理图形数据为主，数据量大、网络传输量大、安全性要求高。针对这些特点及网络的基本要求，在进行网络设计时重点考虑以下原则：

① 网络系统应符合国际规范和标准，具有开放性，便于以后的扩充。

② 合理进行网络层次划分和网络分段，针对不同的网络层次和网段，采用不同的网络技术，以提高系统的整体性能。

③ 提高网络的吞吐量，选择良好的硬件和外部设备。

④ 保证可靠性与安全性。

⑤ 网络中尽量避免出现通道瓶颈。

根据上述设计原则，应用系统将网络设计分为两个层次：一是连接外部用的外部网，二是管理部门内部的局域网。内部局域网与外部网在物理上完全隔离；内部局域网实现数据共享和传递，构成“客户机-服务器”的工作模式，外部网建立地理信息发布服务的途径。

内部局域网选择百兆以太网，通过物理布线和配置相应级的交换机连接各前端机，采用三层网络结构，即数据库服务器端、应用服务器端和局域网客端。数据库采用双机备份机制，当其中一台数据库出现故障，另外一台能立即进入服务状态，在数据库服务器上安装 Oracle 和 ArcSDE 服务端软件；应用服务器端采用 Windows Server 和应用组件服务器，安装 ArcGIS 应用组件，实现大部分的应用逻辑，作为数据库和客户端的桥梁；客户端安装 ArcGIS 应用系统，局域网用户通过该系统实现"人"机友好交互。

对互联网的接入节点，根据信息访问量和当地提供的互联网访问途径等相应设置地理数据发布服务器，利用数字数据网（DDN）专线与互联网相连，同时设置防火墙，进行必要的安全防护措施。广域网用户可以通过互联网获取信息查询和检索等服务。

为适应分布在不同区域的多用户使用系统的特点，并考虑系统中部分数据属于保密信息的情况，可建设用地管理信息系统分别采用 C/S 和 B/S 两种分布式模式，以适应并支持局域网和城域网（或互联网）两种网络环境。系统管理工作在内部的局域网采用 C/S 架构完成，具备数据入库、操作与查询功能的客户端层构成客户端，空间数据引擎与数据库构成服务器端；在全用户范围的城域网内采用 B/S 架构，仅能浏览、查询、检索空间数据库的客户端层构成浏览器端；空间数据引擎、WebGIS 服务器与数据库服务器构成服务器端。

6. 系统安全设计

系统安全设计包括网络安全设计与软件功能稳定性安全设计。网络安全设计主要依赖于涉密专网及防火墙等硬件设施；软件功能稳定性设计可以从软件设计、编码规范、软件测试等环节加强监管，实现防范与监督的管理模式。

7. 系统设计与开发的质量管理

在系统设计与开发过程中，应遵循计算机软件工程规范，采用软件工程的方法设计和开发软件；与用户必须充分接触，开展需求调研工作，建立明确的软件需求；充分重视系统软件的正确性、可靠性、可维护性、效率、安全性、灵活性、可实用性。

技术监督组负责对工程实施中所涉及的实施方案、工程设计、技术规定以及生产和开发等技术过程和质量进行监督，组织工程建设过程中的质量检验，负责组织数据库和系统软件的测试。

实行文件化管理制度，每一步的工作及执行情况都有完整的文件记录，使工程的执行及质量情况得以明确反映。

在系统开发期间，每位开发人员要经常对自己开发的程序进行测试，对软件的每一单元都要进行认真的单元测试，并且要定期开展开发小组间的测试和整个系统的测试。重要的测试工作都由技术监督组负责组织实行。

8. C/S 结构与 B/S 结构分析

C/S（Client/Server）是建立在局域网的基础上的。B/S（Browser/Server）是建立在广域网的基础上的。C/S 客户端的计算机电脑配置要求较高。B/S 客户端的计算机电脑配置要求较低。

C/S 结构的优点：由于客户端可实现与服务器的直接连接，没有中间环节，因此响应速度快；操作界面美观、形式多样，可以充分满足客户自身的个性化要求；管理信息系统具有较强的事务处理能力，能实现复杂的业务流程。

C/S 结构的缺点：需要专门的客户端安装程序，分布功能弱，针对点多面广且不具备网络条件的用户群体，不能够实现快速部署安装和配置；兼容性差，对于不同的开发工具，具有一定的局限性；若采用不同工具，需要重新改写程序；开发成本较高，需要具有一定专业水准的技术人员才能完成。

B/S 结构的优点：具有分布性特点，可以随时随地进行查询、浏览等业务处理；业务扩展简单方便，通过增加网页即可增加服务器功能；维护简单方便，只需要改变网页，就可实现所有用户的同步更新；开发简单，共享性强。

B/S 结构的缺点：个性化特点明显减弱，无法实现具有个性化的功能要求；操作是以鼠标为最基本的操作方式，无法满足快速操作的要求；页面动态刷新，响应速度明显降低；无法实现分页显示，给数据库访问造成较大的压力；功能弱化，难以实现传统模式下的特殊功能要求。

9. WebGIS 的基本功能

① 地理信息的空间分布式获取。WebGIS 可以在全球范围内通过各种手段获取各种地理信息。将已存在图形数据语言通过数字化转化为 WebGIS 的基础数据，使数据的共享和传输更加方便。

② 地理信息的空间查询、检索和联机处理。利用浏览器的交互能力，WebGIS 可以实现图形及属性数据的查询检索，并通过与浏览器的交互使不同地区的客户端来操作这些数据。

③ 空间模型的分析服务。在高性能的服务器端提供各种应用模型的分析与方法，通过接收用户提供的模型参数，进行快速的计算与分析，即时将计算结果以图形或文字等方式返回至浏览器端。

④ 互联网上资源的共享。互联网上大量的信息资源多数都具有空间分布的特征，利用 WebGIS 对这些信息进行组织管理，为用户提供基于空间分布的多种信息服务，提高资源的利用率和共享程度。

第六节　地理信息数据库更新案例

一、背景材料

原国家测绘地理信息局某单位 2008 年更新完成的 1∶25 万数据库在国民经济建设与社会发展，以及人们的日常生活等方面得到了广泛应用。但是随着信息化速度的加快，各领域对 1∶25 万数据库的现势性要求越来越高，尤其在各级政府管理部门，领导在了解国情省情、地方视察、突发事件处理、宏观管理和决策等方面急需现势性较好的基础地理信息数据。为此，该单位决定启动 1∶25 万基础地理信息数据库更新工作。

工作主要内容是充分利用已有的各种资料完成对 1∶25 万数据库的更新，以提高数据的现势性。

目前已收集到的资料包括2008版1∶25万数据库、1∶5万核心要素地名数据、1∶5万数据库更新工程最新境界数据、1∶5万更新道路整合数据成果、共建共享收集的专业资料及其他资料，以及中巴资源卫星影像数据。并以更新后的矢量数据重新内插生产数字高程模型数据。更新后的数据成果采用2000国家坐标系。

综合利用1∶5万数据库更新工程境界最新成果、道路整合成果、中巴资源卫星影像资料、共建共享收集的专业资料，完成对全国816幅2008版1∶25万数据库的更新，整体现势性至少达到2015—2016年年底。其中，境界数据现势性达到2017年，公路、铁路和地名数据现势性达到2016年年底，水系数据现势性达到2015年年底。

二、考点剖析

基础地理信息数据库更新的基本任务是：综合利用各种来源的现势资料，如最新航空航天影像、行政勘界资料、地面实测数据等，确定和测定全国范围内基础地理要素，如道路、水系、居民地、地形、地名、行政界线等的位置变化及属性变化，对原有数据库要素进行增删、替换、关系协调等处理，生成新版数据体，并更新用户数据库。

1. 数据整合处理

数据整合处理是指采用匹配、合成、链接等方法，将多尺度的基础地理数据、基础地理数据与非基础地理数据、基础地理数据与其他专业部门地理数据集成起来，形成新的空间数据集。

2. 数据库更新技术路线设计

1∶25万数据库采用最新的《基础地理信息要素分类与代码》（GB/T 13923—2022），利用收集到的各种资料，重点更新境界、国省县乡道、铁路、乡镇以上居民地、大型水利设施等；等高线、水系、植被等数据为次重点更新。经过更新处理后，再经坐标转换和数据整理建库，形成现势性较好的1∶25万地形数据库（2016）成果。1∶25万数据库更新技术路线如图6-8所示。

3. 数据更新作业流程

数据更新作业流程如图6-9所示。

4. 要素更新的技术方法

更新要素主要包括境界、公路、铁路、居民地、地貌和水系等。

（1）境界要素更新

境界更新数据源采用1∶5万数据库更新工程境界成果，更新内容包括全部境界数据。更新时参考《中华人民共和国行政区划简册（2017）》进行区划代码核定。对境界数据更新时，参照1∶5万数据库更新工程境界成果与河流、道路、等高线的关系，按照1∶25万数据库中的河流、道路、等高线确定境界位置，不应简单地将境界数据拷贝到1∶25万

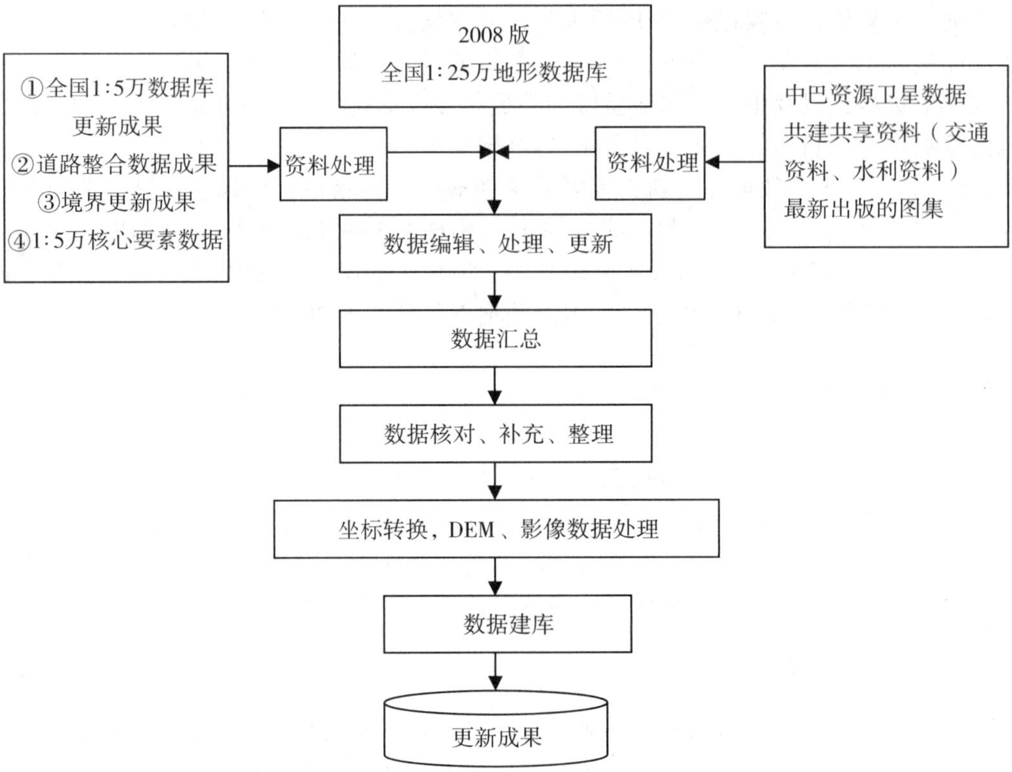

图6-8　1∶25万数据库更新技术路线

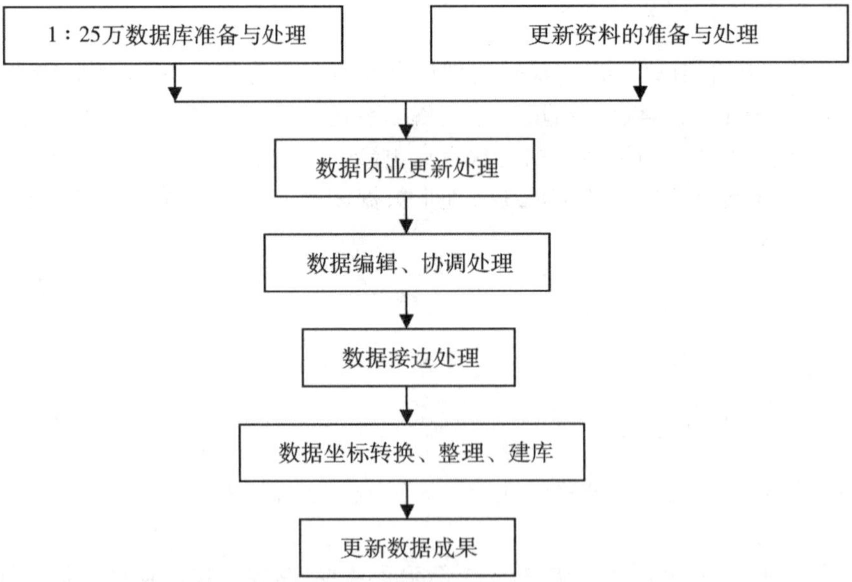

图6-9　1∶25万数据更新作业流程图

数据库中。对于以河流和道路为界的境界线，在更新河流和道路数据层时将新更新的线划数据拷贝到境界层，并赋相应属性。

（2）公路要素更新

公路数据层更新的主要内容为国道、省道、县道、乡道等，以影像为背景，参考1∶5万数据库更新工程道路整合成果、交通专业资料等进行更新。县乡以下等级道路更新，以影像为背景，参考1∶5万核心要素道路层数据进行更新。公路名称代码参考《1∶50 000数据库更新工程_ 全国国省道路线名称代码（试行稿）》赋值。公路桥、隧道等附属设施可根据交通专业资料进行更新。城市道路中心线的更新应保持道路的连通。利用交通专业资料、最新图集参考核对公路信息。

（3）铁路要素更新

铁路的更新以影像为背景，参考《中华人民共和国铁路地图集》及1∶5万核心要素，对铁路要素的图形及属性进行更新。铁路编号代码RN项的填写采用新的代码标准，将全部1∶25万铁路数据层的铁路代码按照《全国铁路路线名称代码（试行稿）》（1∶50 000数据库更新工程）填写，车站名称按照《全国铁路车站名称代码（试行稿）》（1∶50 000数据库更新工程）填写。

（4）居民地要素更新

1∶25万面状居民地层更新，以影像数据为背景，参考1∶5万核心要素面状居民地数据，进行图形和属性的更新。1∶25万点状居民地层更新，参考收集的地名资料，主要对建制村及以上等级的点状居民地的点位、行政等级、名称等进行更新。1∶25万更新数据中地名数据在1∶5万地名数据中必须存在，若不存在，应收集相关资料进行确认。

（5）地形地貌要素更新

利用SRTM数据生成等高线，替换更新原数据中的草绘等高线数据。更新后等高线数据的等高距原则上采用50m，在中山、高山地区等高线过密时，可采用100m等高距。处理等高线、地貌与其他要素间的关系。

（6）水系要素更新

水系要素更新应能体现出区域水系的特征，应注意与其他要素间的协调关系处理。水系更新以影像为背景，参考其他资料对水系属性进行确认。更新对象主要为五级及以上河流、渠道、大型湖泊、水库等，六级河流可根据掌握资料情况更新，六级以下河流不进行更新。河流、湖泊、水库等更新可参考水利专业资料进行。水闸、拦水坝、水库坝等水利设施更新参考利用专业资料进行。

第七节　在线地理信息数据集生产案例

一、背景材料

根据原国家测绘地理信息局与某省测绘地理信息局要求，准备建设“某省地理信息公共服务平台公众版（天地图·某省）”，其中主要任务之一是以某省现有基础地理信息数据为基础，提取、编辑、加工公共地理框架数据，基于互联网向政府、专业部门、公众提供服务。

现计划利用某省测绘地理信息局的现有数据资源，按照地理信息公共服务平台相关数据规范，加工省级公共地理框架数据集，为“天地图·某省”生产在线地理信息数据集。

基于最新某省省级地理信息数据资源（如交通、区划、地名、街区、房屋、水系等）、优于2.5m（0.2~2.5m）分辨率的卫星或航空影像数据，生产某省省域范围内的省级地理实体数据、地名地址数据，以及15~17级线划电子地图数据、影像电子地图数据。采用2000国家大地坐标系，以度、分、秒为单位。

应尽可能融合第三方数据资源，增加本地兴趣点（POI）、三维建筑物模型、街景，以及相关的社会、经济、人文、交通、行政、旅游等信息。

地理实体与地名地址数据应符合《地理信息公共服务平台地理实体与地名地址数据规范》（CH/Z 9010—2011）要求，矢量电子地图与影像电子地图应符合《地理信息公共服务平台电子地图数据规范》（CH/Z 9011—2011）要求。其中，道路数据的几何表达与拓扑关系表达应尽可能遵循《导航地理数据模型与交换格式》（GB/T 19711—2021）与《车载导航地理数据采集处理技术规程》（GB/T 20268—2006）要求。

所有数据须依据国家有关规定过滤，删除涉密信息内容，降低空间精度，降低影像分辨率，形成可在非涉密网环境中使用的公开数据集，并应经过地图审核。

现有数据资源情况：

① 1∶1万地形图数据。

② DEM 5m分辨率。

③ 影像数据包括全省1m分辨率DOM，地级及县级市主要建成区范围0.6m QuickBird卫星影像，局部区域0.5m航空影像。

④ 地名地址数据：全省建制村及以上行政名称、自然村名称、自然地理名称、单位名称等；地级及县级市主要建成区POI点。

⑤ 交通专题数据：全省公路局2016年GPS数据，含道路网、收费站、服务区和出入口等信息。

⑥ 旅游专题数据：包括星级旅游点、主题旅游点、国家级和省级自然保护区、国家级和省级森林公园等。

二、考点剖析

在线地理信息数据集生产主要包括地理实体数据设计、地名地址数据设计、地理实体数据处理设计和电子地图数据设计等。

1. 地理实体数据设计

地理实体数据是根据相关社会经济、自然资源信息空间化挂接的需求，对基础地理信息数据进行内容提取与分层细化、模型对象化重构、统计分析等处理而形成的。地理实体数据采用实体化数据模型，以地理要素为空间数据表达与分类分层组织的基本单元。每个要素均赋以唯一性的要素标识、实体标识、分类标识与生命周期标识。通过这些标识信息能够实现地理要素相关社会经济、自然资源信息的挂接，还能够灵活地进行信息内容分类分级与组合，并实现地理要素的增量更新。

地理实体数据包括基本地理实体和扩展地理实体两类。其中，基本地理实体包括境界与政区实体、道路实体、铁路实体、河流实体、房屋院落实体等。扩展地理实体是指在基本地理实体的基础上，根据具体数据源及应用情况而定义的地理实体，扩展的实体必须遵循《地理信息公共服务平台地理实体与地名地址数据规范》（CH/Z 9010—2011）中定义的概念数据模型。

各类实体的最小粒度应与相应基础地理信息数据所采集的最小单元相同，如 1∶5 万比例尺政区与境界实体的最小粒度应至三级行政区（市辖区、县级市、县、旗、特区、林区）及相应界线。

1∶2 000 及大比例尺的境界与政区实体的最小粒度应至四级行政区（区公所、镇、乡、苏木、街道）及相应界线。（注：苏木，源自蒙古语，是一种高于村级的行政区划单位。）

（1）境界与政区实体

境界与政区实体包括行政境界及其所围区域。行政区域实体按不同级别行政单元划分，包括国家、省（直辖市、自治区、特别行政区）、地区（地级市、自治州、盟）、县（市辖区、县级市、自治县、旗、自治旗、特区、林区）、乡（区公所、镇、苏木、民族乡、民族苏木、街道）等；行政境界是行政区域的边界，每个行政境界实体都由相邻行政区域单元定义。

（2）道路实体

道路实体按道路名称划分，以道路中心线表达。将具有同一名称的道路的中心线定义为表示该道路的实体；所有道路实体构成连通的道路网；不同尺度数据集中的所有道路都需以中心线表达，并构成连通的网络；对于源数据中没有名称的道路，按其中心线的最小弧段定义实体。

（3）铁路实体

铁路实体按铁路名称或专业编号划分，以铁路中心线表达。将具有同一名称或专业代码的铁路中心线定义为表示该铁路的实体；所有的铁路实体构成连通的铁路网；不同尺度数据集中的所有铁路都须以中心线表达，并构成连通的网络；对于源数据中没有名称或专业代码的铁路，按其中心线的最小弧段定义实体。

（4）河流实体

河流实体按河流名称划分，以河流骨架表达。将具有同一名称的河流的骨架线定义为表示该河流的实体；所有河流实体构成连通的水网；不同尺度数据集中的所有河流都须以中心线表达，并构成连通的网络；对于源数据中没有名称的河流，按其骨架线的最小弧段定义实体。

（5）房屋、院落实体

房屋实体定义为表示能够独立标识的房屋外轮廓的封闭多边形；院落实体定义为表示单位、小区等院落外轮廓的封闭多边形。

2. 地理实体数据处理设计

地理实体数据是对数据源进行内容提取、模型重构、规范化处理、脱密处理、一致性处理后形成的，地理实体数据生产流程图如图6-10所示。

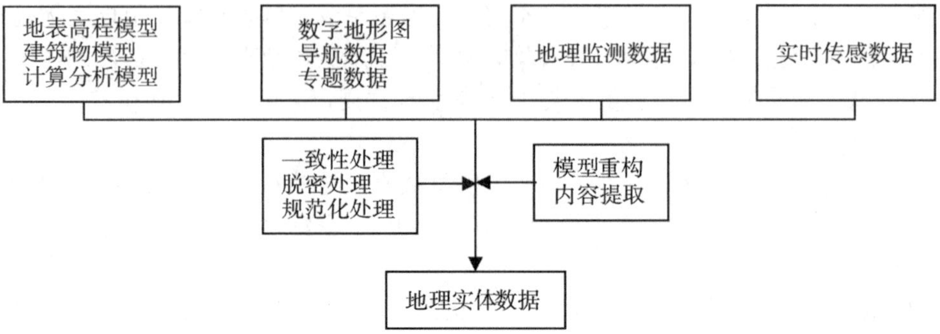

图6-10 地理实体数据生产流程图

在地理实体数据生产过程中，需要特别注意的是数据建模、数据组织和属性赋值等。

（1）地理实体数据建模

地理实体的概念模型由图元与实体两个层次构成。图元为地理实体的构成单元，用点、线、面表达，以图元标识码唯一标识。实体由一个或多个图元构成，用图元或图元的组合表达，以实体标识码进行标识。

在进行地理实体数据建模时，以线表达的水系、交通等要素应保证线段的连续性，以面表达的政区、院落、房屋等要素应保证面的封闭性，还要保证要素间空间关系的合理与逻辑一致性。

同一地理实体在不同尺度的数据集中表达的形式可有不同，一般情况下地理实体表达的最小粒度应与对应源数据的比例尺相适应。

（2）地理实体数据组织

地理实体数据以空间无缝、内容分层的方式组织，由图元表和实体表构成，两表间通过图元标识码建立关联。数据生产时，可以将实体表合并到图元表中。具体做法是在图元表中添加“地理实体标识码”字段，如果出现一个图元同属于两个或两个以上实体，可通过顺序增加“地理实体标识码”字段的方式解决这一问题。为使字段不重名，在增加的字段后添加顺序号。

（3）地理实体数据的基本属性项

地理实体的基本属性项包括地理实体标识码、图元标识码、信息分类码、地理实体名称等，前三者为必填属性。

3. 地名地址数据设计

（1）地名地址数据内容设计

地名地址数据以坐标点位的方式描述某一特定空间位置上自然或人文地理实体的专有名称和属性，是实现地理编码必不可少的数据，是专业或社会经济信息与地理空间信息挂接的媒介与桥梁。

地名地址信息以地址位置标识点要素来表达。现实世界任一地理实体均可以利用地名地址信息（地址位置标识点）来实现其地理定位。通过地址匹配，与某一地理实体相关的自然与社会经济信息（如法人机构、POI、户籍等）可以挂接到地址位置标识点上，也可以通过地址位置标识点的地理实体标识码实现与相关地理实体的关联。同一地理实体如果可以抽象为不同类型的多个要素，其均应继承该地理实体的地名地址信息。

地名地址数据必须包含标准地址（地理实体所在地理位置的结构化描述）、地址代码、地址位置、地址时态等信息，还需包括与其相关的地理实体的标准名称（根据国家有关法规经标准化处理，并由有关政府机构按法定的程序和权限批准予以公布使用的地名）以及地理实体标识码等信息。

（2）地名地址数据处理方案设计

地名地址数据是对数据源进行内容提取、模型重构、规范化处理、脱密处理、一致性处理后形成的，生产流程图如图 6-11 所示。地名地址数据遵循的技术标准主要是《地理信息公共服务平台地理实体与地名地址数据规范》（CH/Z 9010—2011）。

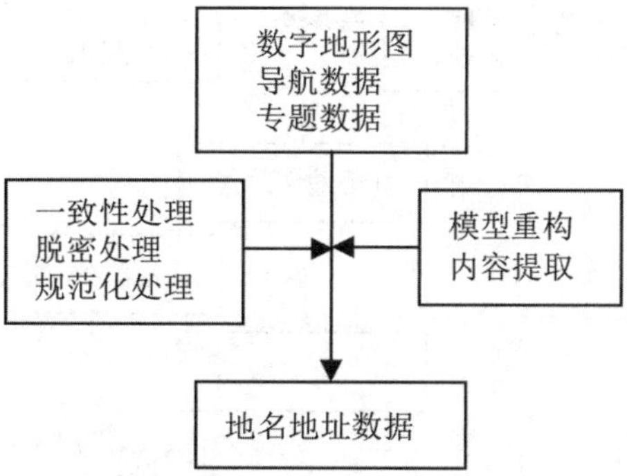

图 6-11　地名地址数据生产流程图

在地名地址数据生产过程中，需要特别注意数据建模、数据组织、属性赋值等。

① 地名地址数据建模：地名地址以地理位置标识点来表达。地理位置标识点的定义规则如下：

区域实体地名的地理位置标识：包括行政区划的政治、经济、文化中心所在地的点位，行政区划内标志性建设物的点位，面状区域的重心点点位。

线状实体地名的地理位置标识：包括线状实体中心点的点位，线状实体中心线系列点的点位，线状地物（河流、山脉等）的标志点。

局部点的地理位置标识：包括门（楼）址标牌位置或建筑物任意内点的点位，标志物中心点的点位，兴趣点门面中心点或特征点的点位，自然地物的中心点或标志点。

② 地名地址数据组织：地名地址数据以地名地址数据表来表达。

③ 地名地址数据基本属性：地名地址的基本属性项包括结构化地名地址描述、地名地址坐标、地名地址代码、地理实体名称、地名地址分类等，前两者为必填属性。

4. 电子地图数据设计

（1）电子地图数据内容设计

电子地图数据是针对在线浏览和标注的需求，以各类数据源为基础，经过内容选取组合、符号化表达、图面整饰后形成的各类视频显示地图。电子地图的表达内容一般需依据服务对象和信息负载量而设定，可采取不同维度的线划图、影像地图、地形晕渲图等多种形式。

（2）电子地图数据处理方案设计

大多数在线地理信息数据在进行网络发布之前均需经过内容提取、模型重构、规范化处理、一致性处理、脱密处理、符号化表达、地图整饰、地图瓦片生产等处理，电子地图数据生产流程图如图 6-12 所示。

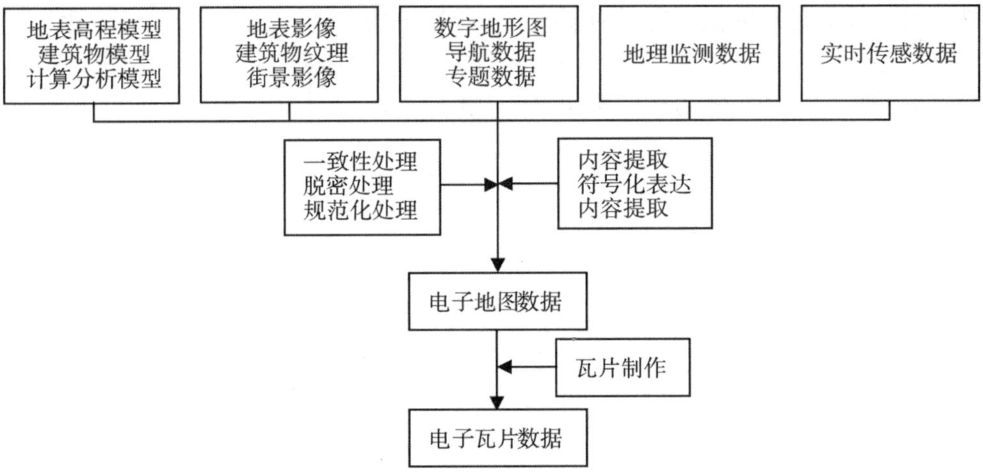

图 6-12　电子地图数据生产流程图

在电子地图数据生产过程中，需要特别注意的是地图分级、地图表达以及地图瓦片规格与命名等。

1）地图分级

按照显示比例尺或地面分辨率一般将地图分为 20 级。制作电子地图时，每级要素内容选取应遵循以下原则：

① 在每级地图的地图负载量与对应显示比例尺相适应的前提下，尽可能完整保留数据源的信息。

② 下一级别的要素内容不应少于上一级别，即随着显示比例尺的不断增大，要素内容不断增多。

③ 要素选取时应保证跨级数据调用的平滑过渡，即相邻两级的地图负载量变化相对平缓。影像数据应根据影像分辨率的不同，按照相应层级的地面分辨率进行分级对应。

2）地图瓦片

地图瓦片分块的起始点从西经 180°，北纬 90°开始，向东向南行列递增。瓦片分块大小为 256×256 像素，采用 PNG 或 JPG 格式。地图瓦片文件数据按树状结构进行组织和命名。

3）地图表达

不同显示比例下符号与注记的规格、颜色和样式，以及电子地图配图应按《地理信息公共服务平台电子地图数据规范》（CH/Z 9011—2011）进行。如遇未涵盖要素，可自行扩展符号或注记，但样式风格应协调一致。

5. 公众版在线地理信息数据脱密处理

公众版在线地理信息数据脱密处理主要包括数据内容与表示、空间位置精度和影像地面分辨率等。

数据内容与表示需符合《基础地理信息公开表示内容的规定（试行）》（国测成发〔2010〕8号）、《公开地图内容表示规范》的要求。

空间位置精度需符合《公开地图内容表示规范》的要求，即地面平面精度应当不优于10m（不含），高程精度应当不优于15m（不含），等高线的等高距应当不小于20m（不含）。

影像数据应符合《遥感影像公开使用管理规定（试行）》（国测成发〔2011〕9号）的要求，即空间位置精度不得高于50m，影像地面分辨率不得优于0.5m，不标注涉密信息，不处理建筑物、构筑物等固定设施。

6. 数据源利用处理分析

某区域内含两个城市，现有数据资源情况如下：

① 覆盖全区域的1∶1万数字地形图数据，现势性为2011年；

② 覆盖A市建成区的1∶1 000数字地形图数据，现势性为2014年；

③ 覆盖B市建成区的1∶500数字地形图数据，现势性为2013年；

④ 覆盖A、B两市郊区的1∶5 000数字地形图数据，现势性为2015年；

⑤ 覆盖全区域的道路骨干网数据、POI数据，现势性为2016年。

请根据上述数据资源情况做出该区域在线地理信息数据生产数据源利用方案。

首先，利用道路骨干网数据和POI数据对全区域1∶1万、A市和B市郊区1∶5 000、A市1∶1 000、B市1∶500数字地形图进行更新，使所有数据集中的道路骨干网、POI的现势性都达到2016年。

然后，利用更新后的数字地形图数据进行15~20级电子地图数据生产。其中，A市建成区使用更新后A市1∶1 000数据，B市建成区使用更新后B市1∶500数据，A市和B市郊区使用更新后1∶5 000数据，其余区域使用更新后1∶1万数据。

第八节　实景三维建设案例

一、背景材料

实景三维作为真实、立体、时序化反映人类生产生活生态空间的时空信息，是国家重要的新型基础设施，通过“人机兼容、物联感知、泛在服务”等技术实现数字空间与现实空间的互联互通。实景三维中国建设是面向测绘地理信息事业服务经济社会发展和生态文明建设的新定位、新需求，对传统基础测绘业务的转型升级，是测绘地理信息服务的发展方向和基本模式。

2022 年 2 月自然资源部办公厅印发《关于全面推进实景三维中国建设的通知》，要求各省全面推进实景三维建设。实景三维是某省数字建设的三维空间基底和数字强省建设的基础支撑，是新型基础测绘的重点任务。

为保障某省实景三维建设的顺利实施，按照《实景三维中国建设总体实施方案（2023—2025 年）》要求，基于“实景三维中国”整体框架，突出某省特色，统一规划、分级实施实景三维某省建设。至 2025 年，1m 格网、分辨率优于 0.2m 的地形级实景三维将实现对全省陆域及主要岛屿覆盖，分辨率优于 0.05m 的城市级实景三维实现对县级以上城市城镇开发边界范围内全覆盖。构建起城乡统筹、陆海一体、水上水下、地上地下、全域全空间的实景三维某省，建成省市县多级实景三维在线与离线相结合的管理服务系统，形成数字空间与现实空间实时关联互通能力，为数字某省、数字政府和数字经济提供三维空间定位框架和分析基础，50%以上的政府决策、生产调度和生活规划可通过线上实景三维空间完成。

地形级实景三维聚焦宏观层面，重点对农业、生态空间实现数字映射，是城市级和部件级实景三维的承载基础；城市级实景三维聚焦中观层面，重点对城镇空间实现数字映射；部件级实景三维聚焦微观层面，重点满足专业化、个性化应用需求。

二、考点剖析

某省实景三维建设主要内容包括实景三维数据生产、物联感知数据接入与融合、数据库系统建设、服务系统建设与支撑环境建设。

1. 实景三维数据生产

省级获取全省陆域优于 1 点/平方米激光点云，制作 1m 格网的数字高程模型（DEM）和数字表面模型（DSM）；获取全省陆域优于 0.2m 分辨率数字航空影像，制作数字正射影像（DOM）；补充省内重点湾区水下地形数据，制作近岸海域 10m 以浅数字高程模型；开展与近岸海域、内陆水库、地质三维模型等数据融合，形成陆海一体、水上水下、地上地下的高精度、高分辨率地形级地理场景。基于上述工作及已有成果，生产基础地理实体数据，探索地形级地理实体与地理场景的组装集成，形成一体化复合产品。

市县结合需求开展本区域更高精度的地形级实景三维建设。获取分辨率优于 0.05m 的 Mesh 三维模型倾斜影像数据，构建覆盖县级以上城镇开发边界以内的城市级地理场景。

（1）陆域数字高程模型、数字表面模型

省级完成地表 1m 格网 DEM、DSM 制作，覆盖全省陆地范围及主要岛屿，建立变化发现机制实现时序化更新；市县完成地表 0.5m 格网 DEM、DSM 制作。

（2）近岸海域 10m 以浅数字高程模型

结合重点湾区水下地形测量工作，完成近岸海域 10m 以浅 DEM 制作。海岸线至 0m 等深线滩涂区域按照 2m 格网 DEM 要求开展制作，0m 至 10m 等深线区域基于已有数据资料和重点湾区水下地形测量工作开展补测，按照 1∶10 000 数字水深模型成果要求生产，并完成成果的高程/深度基准转换与融合接边，建立陆海一体的数字高程模型（DEM），后期按需开展时序化更新。

（3）数字正射影像

省级完成覆盖全省陆域和主要岛屿的 0.2m 分辨率 DOM 制作；分辨率优于 0.5m 的 DOM 以年度为周期进行时序化更新。市县按需开展分辨率优于 0.2m 的影像获取及 DOM 制作。

（4）基础地理实体数据

省级基于基础地理信息、自然资源调查监测等数据，通过数据转换、实体编码赋值、语义关系建立，完成全省农业和生态空间地形级基础地理实体数据的转换生产，并基于年度地理场景开展地理实体数据时序化采集更新。通过整合市县负责的城镇空间城市级基础地理实体数据，形成覆盖全省的基础地理实体数据成果。

（5）部件级数据生产

部件级实景三维是对城市级实景三维的分解和细化表达，用于精细刻画和服务个性化应用建设。内容包括建（构）筑物结构部件、建筑室内部件、道路设施部件、地下管网管廊、地下空间等各类部件模型。鼓励有条件地区结合自然资源和不动产统一确权登记、自然资源资产配置和权益管理等实际需求，开展分层分户等部件级实景三维建设，支撑三维地籍等应用探索。部件级实景三维建设时应建立与城市级实景三维的语义关联关系。

市县级单位根据国土空间规划实施需求，收集和构建本区域重要公共设施部件级实景三维，并鼓励社会力量参与建设。

2. 物联感知数据接入与融合

通过实时接入与时空化处理，采用空间身份编码等技术实现物联网感知数据与基础地理实体数据的语义关联，支持自然资源领域视频监控资源、无人机航拍、气象监测等数据与实景三维的深度融合。

物联感知数据接入与融合包括数据接入、数据解析、数据清洗、时空关联、数据融合等步骤，主要采用时空统计与空间分析等方法，将相关物联感知数据关联到基础地理实体上，支持空间计算、分析、模拟与可视化应用。

（1）数据接入

结合实际应用需求，综合考虑数据源提供方式、数据格式、数据时效性约束、数据采集频率等因素，选择合适的接入方式。主要接入方式包括：SOCKET 通讯服务器方式、WebService 方式、URL 地址方式、网络爬虫方式、RPC 远程过程调用方式、FTP 服务器共享方式。

（2）数据解析

物联感知数据解析主要包括数据库表的数据解析、各类报表（Excel、CSV）的数据解析、网络服务交换格式 json、xml 等结构化数据解析，以及文本、HTML 网页、图像和音频/视频信息等非结构化数据解析。

（3）数据清洗

通过需求分析，制定清洗方案；通过异常数据定位与筛选，进行数据检测；分析问题数据产生原因，确定质量问题性质及位置，确定问题修正方案；通过问题数据标记、不可用数据删除、重复记录合并与过滤、空值与缺失数据的估计与补全、抖动数据插值等方式进行数据修正；对修正后的数据进行清洗结果验证。

（4）时空关联

主要指点、线、面、体物联感知数据，通过空间位置进行关联接入，如通过关联空气质量监测站点数据，实现基于三维场景的展示 AQI（空气质量指数）信息。主要工作包括时空化处理、一致性处理、时空关联。根据物联感知数据采集地点或提取的地名及地址信息，统一到相同的参照系下，其中空间信息统一转换为 2000 国家大地坐标系，时间信息统一转换为“公元纪年和北京时间”作为时空基准，建立物联感知数据与基础地理实体之间的关联关系。

（5）数据融合

将真实世界中的接入数据融合到实景三维空间中，构建实时反映真实世界动态变化与表达的三维场景，主要的融合方式包括：静态数据融合、实时视频融合、模拟数据融合。如基于视频相机的空间位置，将视频图像与三维场景的同名点进行配准，将画面逐个像素的坐标从本地坐标系转变到视锥体裁剪坐标系中，将视频帧图像以投影纹理的方式与场景中实体的进行实时融合；如通过接入的局部区域气象监测站点数据，通过空间拟合或者数值模拟方法等，构建气流扩散与三维实体相互作用的场模型，实现实景三维中风场的动态模拟推演。

3. 数据库系统建设

实景三维数据库系统包括实景三维数据库、数据库管理系统和服务系统，支撑数据成果的存储、管理与发布等功能，为三维服务提供基础支撑。

（1）数据库系统总体设计

实景三维数据库由省级统一设计、集中建设，确保全省时空数据基础底板统一。总体架构以标准规范体系及运维与安全保障体系为基础，由以下四层构成：

①设施层。基于自然资源局域网、电子政务外网、互联网等网络环境，利用政务云提供的存储和服务资源，结合现有软硬件设施升级，实现数据存储、传输与计算能力。

②数据层。汇聚 DEM、DOM、Mesh 模型等形成地理场景分库，汇聚山体、水系、院落、建筑物等数据形成基础地理实体分库，结合元数据分库，构成实景三维山东数据库，统一管理实景三维山东数据成果。

③服务层。将通用业务逻辑封装成为标准化服务 API 或工具，提供三维场景服务、实体数据服务等基础服务，以及满足不同业务需求的定制服务。

④应用层。面向自然资源等政府部门、企事业单位和社会公众提供在线应用服务。

（2）数据库建设

实景三维数据库采用统一标准框架，物理设计遵循统一规范，便于数据的集中和使用，包括地理实体分库、地理场景分库及元数据分库等，各分库根据数据内容细化为不同子库，各子库根据数据内容分为若干数据集。

地理实体分库包含自然地理实体、人工地理实体、管理地理实体以及地理实体关联信息等；地理场景分库包含地形级地理场景、城市级地理场景和部件级地理场景等；元数据分库由各类数据成果的相应元数据信息构成。

（3）数据库管理系统建设

实景三维数据库管理系统主要由数据建库、数据管理、空间应用、产品组装等模块构成，用于实现对实景三维数据的一体化汇聚、存储、管理、应用分析和产品组装制作。

①数据建库模块。采用开放式、可定制的系统框架构建数据质检、预处理、数据入库等功能，面向运维人员和数据库管理员，提供地理实体和地理场景数据建模与存储规划、预处理与质检以及数据入库的全流程完整建库能力。主要功能包括：数据预处理、入库检查、数据入库数据格式转换、瓦片构建、矢量渲染索引构建、轻量化、三维模型构建等。

②数据管理模块。实现地理实体数据、地理场景数据以及其他相关数据等的时空一体化管理，提供数据编目、查询展示、统计分析、语义化管理、数据提取、数据更新等功能。主要功能包括：二三维地理实体展示和各级地理场景展示；实体对象查询和图属联动查询等；定量化指标统计与统计结果展示；地理实体数据的标签管理和地理实体关系图谱构建；按范围、类型、时态等提取符合条件的地理实体与地理场景；地理实体和地理场景时序化管理；地理实体增量更新、编辑更新以及地理实体和地理场景替换更新等。

③空间应用模块。依托比对分析、时空模型、知识推理等关键技术，开展二三维空间分析、变化发现分析、时空演变分析以及图谱关联分析等，深度挖掘蕴藏在地理实体数据中的规律与认知，支撑基于数据的业务决策。主要功能包括：三维空间分析，变化发现分析，图谱关联分析，时空演变分析，三维量算，三维分析等；对多期地理实体数据进行对比分析，形成分析结果；分析与目标实体（或集合）关联的地理实体，以图谱形式进行展示表达；基于地理实体编码与多期数据，对地理实体进行历史变化分析。

④按需组装模块。根据空间范围或类别、粒度、模态和属性结构等，从基础地理实体数据库中抽取相关的地理实体及其地理场景数据进行适配组装，形成 4E 标准化产品。支持通过地理实体、地理场景的适配组装派生 4D 产品。该模块包括实景三维产品组装制作、组合聚合实体集组装制作、无级化地图表达产品制作等功能。主要功能包括：实景三维产品制作、组合聚合实体集制作和无级化地图表达产品制作等功能。具体而言，通过按需抽取各类地理场景数据，组装制作地形级、城市级和部件级实景三维产品；通过数据抽取、冲突处理实现组合聚合实体集制作；基于实景三维数据库，自动生成任意范围、任意尺度的无级化地图表达产品；同时，通过地理实体和地理场景制作 4D 产品。

4. 实景三维服务系统建设

该系统实现实景三维海量数据的统一管理、场景浏览、空间叠加、统计分析，同时支持多源海量物联网感知数据实时接入、调用与立体展示，真实、实时展示自然资源现状和自然地理格局，为自然资源管理和各行业应用提供统一的数字空间底座。系统主要包括服务发布模块、在线应用模块和运维监管模块等，实现对实景三维数据的在线服务应用，提供通用性、标准化服务接口，实现系统间的互联互通与协同共享。系统兼容市场上主流软件数据格式，如三维模型以 3DTiles、S3M、I3S 等格式提供服务，地理实体以 WFS、WMS 等 OGC 标准提供服务。

（1）服务发布模块

基于统一数据库接口规范，发布实景三维建设成果数据服务，支持地理实体数据、三维模型数据、地形数据、影像数据、矢量数据、矢量瓦片数据、专题数据等数据服务发布，实现数据库系统平行节点之间的横向联通、省市县节点之间的纵向贯通。

（2）在线应用模块

通过高效率服务调度访问引擎，实现实景三维数据高效浏览、查询、统计和数据挖掘等功能，形成全省实景三维成果的在线服务能力。主要功能包括：地理实体、地理场景、物联网感知数据、多媒体数据等展示，POI 查询、实体对象查询、空间查询、统计分析、空间量算、视域分析、日照分析、淹没分析、土方分析、剖面分析、坡度分析、天际线分析、路径分析、叠置分析及拓扑关系分析等。

（3）运维监管模块

面向硬件资源、软件环境、网络链路、系统安全、服务运行等内容，通过全链条运行监测与多层次权限管理，提供稳定高效的服务运维监管能力。主要功能包括：硬件资源监控、软件运行监控、网络链路监控、系统安全监控、服务资源管理、服务状态监控、服务访问统计、服务异常预警、目录管理、权限管理、日志管理等。

5. 支撑环境建设

省市县应按照自主可控的原则，充分利用现有局域网、政务云等基础设施环境，关键信息基础设施须采购安全可信的网络产品和服务。合理配置软硬件资源，满足数据获取、传输、处理、管理和应用需求。在核心基础软硬件方面，优先选用国产化自主创新品牌，并适配国产操作系统及数据库软件，以保障实景三维数据库系统建设及应用等工作需求。

6. 实景三维构建技术与方法

由于数据获取手段多样、数据存储格式和表达方式众多、数据的多时空性和尺寸性等特点，使得三维可视化技术在多源异构数据管理方面面临巨大挑战。

（1）基于多源三维数据的场景构建

针对传统的倾斜摄影建模建筑物摄影盲区存在扭曲、破洞，以及细小的道路部件设施建模不完整、道路植被漂浮等问题，采用全空间数据立体获取与融合建模技术，基于特征点的 ICP 点云配准算法实现了多源点云数据精准融合，利用点云与多视影像融合建模方法实现了多源数据融合建模。该方法显著提升了建模效果，有效改善了复杂结构的表现，优化了模型的完整性，充分利用车载和背包数据捕捉地面近景的优势，提升了道路部件建模的完整性。

在航空影像构建地理场景方面，首先利用航空摄影平台搭载倾斜数字航摄仪获取倾斜影像，完成对原始航空影像及 POS 数据的预处理后，对影像进行预处理（色彩增强）、特征提取、同名点匹配、自由网光束法平差、GPS 辅助的刚性变换、刺点、带有控制点约束的光束法平差、影像畸变纠正、密集匹配、点云合并与去噪、2.5D 三角网构建、纹理映射及模型修补，最终生成高精度实景三维模型。

对于倾斜影像构建地理场景，同样利用航空摄影平台搭载倾斜数字航摄仪获取倾斜影像，完成对原始航空影像及 POS 数据的预处理后，对倾斜影像进行预处理（色彩增强）、特征提取、同名点匹配、自由网光束法平差、GPS 辅助的刚性变换、刺点、带有控制点约束的光束法平差、影像畸变纠正、密集匹配、点云合并与去噪、三维三角网构建、纹理映射及模型修补，生成实景三维模型。

在机载激光雷达与多角度影像地理场景构建中，首先利用航空摄影平台搭载激光扫描仪获取点云及影像数据，经点云解算、航带拼接和系统误差改正完成数据预处理。随后对点云数据进行噪音点剔除、三维三角网构建、纹理映射及模型修补，生成实景三维模型。

单（多）波束水下场景的构建需利用单（多）波束水深测量方法获取海底地形数据。首先进行近岸控制测量，再经验潮站布设、验潮站高程控制、验潮站观测、测线布设、声速测量、外业施测等步骤，完成定位数据与水深数据测量。在数据处理过程中，需对潮位数据进行粗差剔除、大气压改正及偏移改正等处理；再对测量数据进行换能器吃水改正、声速改正及潮位改正；最后根据修正后的水位文件与断面数据文件，计算各测点的海底高程，并通过内插生成水下地形图，完成近海水下实景三维场景构建。

（2）实景三维信息轻量化处理

针对倾斜摄影数据分块标准各异、加载效率低等问题，采用精细层重构技术结合人机交互方法，选择最佳数据层级，将相邻空间范围内更高清、更高效的Tile文件作为根节点入库，显著提升图层加载效率与视觉效果。通过设计统一的三维数据组织模型，将多源异构数据转换为统一的数据组织层级。应用空间索引优化技术批量重建索引并压缩存储，在提高单位索引数据的包含量和处理效率，有效节省数据库空间。采用S3M格式统一三维地理数据逻辑结构，以支持海量多源数据传输、交换及高性能可视化，在满足不同终端需求的同时节省存储。最后，通过空间数据格式转换与轻量化处理，融合多源异构的实景三维数据，不仅提升大体量数据的下载加载性能，更实现实景三维成果在多终端的高效应用。

（3）实景三维信息集成渲染

基于浏览器-服务器（browser/server，B/S）架构，通过服务器端的数据集中化管理和客户端轻量化插件部署，实现多源空间信息的整合与共享。建立二维/三维空间信息浏览器共享机制，促进信息资源的优化配置，增强了跨部门间的数据协同能力，缓解了数据孤岛与资源冗余的困难。具体步骤如下：

①二维数据标准化发布流程。利用网络要素服务（web feature service，WFS）与网络地图服务（web map service，WMS）标准，对位于服务器端的二维空间数据进行规范化处理与发布。借助Windows集成信息服务（integrated information service，IIS）平台，确保数据安全、高效地向浏览器用户分发。

②三维场景构建。首先，采用先进的数据融合技术，将影像数据与高程数据进行集成，构建高精度三维地形模型。其次，通过精确的坐标配准技术，将二维数据与三维地形模型进行整合，并确保三维模型的地理位置准确，形成完整的三维场景。

③三维场景插件化集成。利用二次开发工具将步骤②中的三维场景封装为ActiveX插件，无缝集成至浏览器环境，并通过IIS发布机制送达客户端，确保用户无须复杂配置即可体验。

④二维/三维信息协同展示。通过精细的坐标匹配算法，实现步骤①发布的二维数据与步骤③集成的三维场景在同一浏览器界面下的实时同步展示。从系统设计层面，采用分布式分层架构，服务器集群作为数据处理与管理中心，各部门通过网络接口接入。这不仅巩固了数据管理的集中性，还为跨地域的数据共享提供了便利。尤其在二维数据处理模

块，WFS 与 WMS 标准的采用，显著提升数据格式的通用性与互操作性。

（4）建筑物模型自动纹理映射技术

建筑物模型纹理自动映射流程主要包括目标几何模型面片分解、自动纹理映射、多视纹理融合及匀光匀色处理。具体步骤如下：

①几何模型面片分解。对目标几何模型进行面模型、体模型、混合模型等面片分解，得到模型分解面片。

②最优纹理选择。对建筑物模型纹理进行基于位置、面积和角度的筛选，选择到最优纹理。

③多视纹理融合。对面片 UV 图进行展开，然后对多视纹理进行拼接查找，最后对多视纹理多波段进行混合融合。

在最优纹理选择后，对多视纹理进行纠正与融合，最后进行纹理贴图，确保建筑物模型纹理的真实性与美观性。

（第一部分测试题及答案）

第二部分　试 题 解 析

（一）2013 年注册测绘师资格考试测绘案例分析仿真试卷与参考答案

第一题（18 分）：

某测绘单位承接了某城市 1∶500 地形图测绘任务，测区范围为 3km×4km，测量控制资料齐全，测图按 50cm×50cm 分幅。

依据的技术标准有《城市测量规范》(CJJ/T 8—2011)，《1∶500　1∶1 000　1∶2 000 外业数字测图技术规范》(GB/T 14912—2005)，《数字测绘成果质量检查与验收》(GB/T 24356—2009)等。

外业测图采用全野外数字测图。其中某条图根导线边长测量时采用单向观测、一次读数。图根导线测量完成后发现边长测量方法不符合规范要求，及时进行重测。碎部点采集了房屋、道路、河流、桥梁、铁路、树木、池塘、高压线、绿地等要素。经对测量数据进行处理和编辑后成图。

作业中队检查员对成果进行了 100%的检查，再送交所在单位质检部门进行检查，然后交甲方委托的省级质检站进行验收，抽样检查了 15 幅图。

问　题

1. 上述图根导线边长测量方法为什么不符合规范要求？
2. 按照地形要素分类，说明外业采集的碎部点分别属于哪些大类要素？
3. 测量成果检查验收的流程和验收抽样比例是否符合规范要求？请说明理由。

参考答案

1. 上述图根导线边长测量方法为什么不符合规范要求？

根据《1∶500　1∶1 000　1∶2 000 外业数字测图技术规范》（GB/T 14912—2005）要求可知，图根导线测量的边长采用测距仪单向施测一测回，一测回进行两次读数。而本项目的图根导线边长测量时采用单向观测、一次读数。显然，图根导线边长测量方法不符合规范要求。

2. 按照地形要素分类，说明外业采集的碎部点分别属于哪些大类要素？

根据《基础地理信息要素分类与代码》（GB/T 13923—2022）标准，地形图要素主要包括八大类：① 定位基础；② 水系；③ 居民地及设施；④ 交通；⑤ 管线；⑥ 境界与政区；⑦ 地貌；⑧ 植被与土质。

按照地形要素分类，上述外业采集的碎部点所属地类要素如下：

河流、池塘属于② 水系类；房屋属于③ 居民地及设施类；道路、铁路、桥梁属于④ 交通类；高压线属于⑤ 管线类；树木和绿地属于⑧植被与土质类。

3. 测量成果检查验收的流程和验收抽样比例是否符合规范要求？请说明理由。

测量成果检查验收的流程：测绘成果通过“二级检查，一级验收”的方式进行控制，即测绘成果应依次通过测绘单位作业部门的过程检查，测绘单位质量管理的最终检查和项目管理单位组织的验收或委托具有资质的质量检验机构进行质量验收。

测量成果检查验收的流程和验收抽样比例符合规范要求。因为过程检查和最终验收采用全数检查，验收一般采用抽样检查。抽样检查样本量按表 1 执行。

表 1　**批量与样本对照表**

批 量	样 本 量
1～20	3
21～40	5
41～60	7
61～80	9
81～100	10
101～120	11
121～140	12
141～160	13
161～180	14
181～200	15
≥201	分批次提交，批次数应最小，各批次的批量应均匀

注：当样本量等于或大于批量时，应全数检查。

由题可知，该项目图幅总共有 192 幅，按照表 1 可知，抽样检查样本量应为 15 幅。所以，测量成果检查验收的流程和验收抽样比例符合规范要求。

第二题（18 分）：

某测绘单位用航空摄影测量方法生产某测区 1∶2 000 数字线划图（DLG）。测区概况：测区总面积约 300km^2，为城乡综合地区，测区最低点高程为 29m，最高点高程为 61m；测区内分布有河流、湖泊、水库、公路、铁路、乡村道路、乡镇及农村居民地、工矿设施、水田、旱地、林地、草地、高压线等要素，南面有一块约 2km^{2}的林区。

项目已于 6 个月前完成整个测区的彩色数码航空摄影工作，所用航摄仪焦距为 120mm，摄影比例尺为 1∶8 000。但在航空摄影完成后，该测区内新开工建设了包括一条高速公路和若干住宅小区在内的建设项目。

已完成测区内像控点布设与测量、解析空中三角测量等工作，成果经检查合格，供

DLG 生产使用。DLG 生产采用“先内后外”的成图方法，高程注记点采用全野外采集，其他要素在全数字摄影测量工作站上进行采集，并进行外业调绘、补测、数据整理和成图等工作。

问 题

1. 计算本测区的摄影基准面、相对航高、绝对航高。
2. 简述本项目解析空中三角测量加密时在林区的选点要求。
3. 列出 DLG 生产的作业流程。
4. 简述本项目外业补测的工作内容。

参考答案

1. 计算本测区的摄影基准面、相对航高、绝对航高。

本测区的摄影基准面、相对航高和绝对航高计算如下：

$$\text{摄影基准面}=\frac{\text{最高点高程}+\text{最低点高程}}{2}=45\text{m};$$

$$\text{相对航高}=\text{航摄仪焦距}\times\text{摄影比例尺分母}=0.12\times8\ 000=960\text{m};$$

$$\text{绝对航高}=\text{相对航高}+\text{摄影基准面高程}=1\ 005\text{m}。$$

2. 简述本项目解析空中三角测量加密时在林区的选点要求。

林区的点位应尽量选在林间空间的明显点上，如选不出来时，可选在相邻航线和左右立体像对都清晰的树顶上。

3. 列出 DLG 生产的作业流程。

本项目 DLG 生产流程主要包括资料准备、技术路线设定、外业像片控制测量、空中三角测量、定向建模（内定向、相对定向、绝对定向）、立体测量地形要素、野外补测和调绘、内业矢量数据编辑、数据质量检查、数据成果整理与提交等。DLG 生产的作业流程如图 1 所示。

4. 简述本项目外业补测的工作内容。

DLG 生产采用“先内后外”的成图方法，除了高程注记点外其他要素全部内业采集，而航空摄影完成后，测区新开工建设的一条高速公路和一些住宅小区，它们的要素无法利用 DOM 影像内业获取，因此外业补测的主要工作内容是：

① 高程注记点；

② 新修的一条高速公路及附属设施；

③ 新建的一些住宅小区；

④ 内业中隐蔽地区地物和影像不清晰的地物需要补测。

第三题（18 分）：

某沿海港口在航道疏浚工程完成之后，委托某测绘单位实施航道水深测量，以检验疏

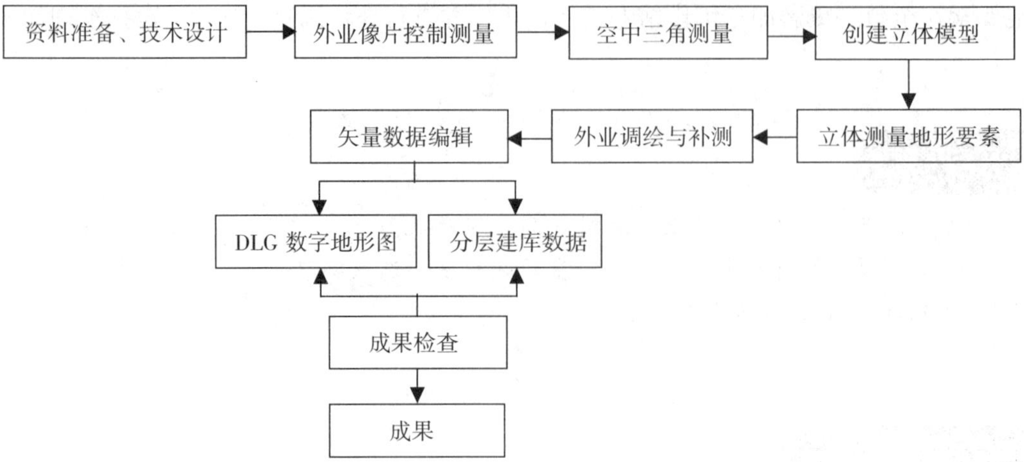

图 1　DLG 生产的作业流程图

浚是否达到 15m 的设计水深要求，有关情况如下：

1. 测量基准：平面采用 2000 国家大地坐标系，高程采用 1985 国家高程基准，深度基准面采用当地理论最低低潮面。

2. 测区概况：附近有若干三等、四等和等外控制点成果，分布在山丘、码头、建筑物顶部等处，港口建有无线电发射塔、灯塔等设施。

3. 定位：采用载波相位实时动态差分 GPS 定位。选择港口附近条件较好的控制点 A 作为基准台，测量船作为流动台，基准台通过无线电数据链向流动台发送差分信息。测量开始前收集了 A 点高程 h_A 和在 1980 西安坐标系中的平面坐标（x_A、y_A），以及 A 点基于 1980 西安坐标系参考椭球的高程异常值 ζ_A。另外，还收集了 4 个均匀分布在港口周边地区的高等级控制点，同时具有 1980 西安坐标系和 2000 国家大地坐标系的三维大地坐标。通过坐标转换，得到 A 点 2000 国家大地坐标系的三维大地坐标（B_A、L_A、H_A）。

4. 验潮：在岸边设立水尺进行验潮，水尺零点在深度基准面下 1m 处。

5. 测深：在测量船上安装单波束测深仪，经测试，测深仪总改正数 ΔZ 为 2m。在航道最浅点 B 处，测深仪的瞬时读数为 16.7m，此时验潮站水尺读数为 4.5m。

问 题

1. 简述 A 点作为差分基准台应具备的条件。

2. 根据已知点成果资料，本项目最多可以计算得到几个坐标系转换参数？分别是什么参数？

3. 简述将 A 点已知高程 h_A 转换为 2000 国家大地坐标系大地高 H_A 的主要工作步骤。

4. 计算航道最浅点 B 处的水深值，并判断航道疏浚是否达到设计水深。

参考答案

1. 简述 A 点作为差分基准台应具备的条件。

A 点作为差分基准台应具备以下条件：

① 应便于安置接收设备和操作，视野开阔，应有 10°以上地平高度角的卫星通视条件且视场内障碍物的高度角不宜超过 15°；

② 远离大功率无线电发射源（如电视台、电台、微波站等），其距离不小于 200m；

③ 远离高压输电线和微波无线电信号传送通道，其距离不应小于 50m；

④ 附近不应有强烈反射卫星信号的物件（如大型建筑物等）；

⑤ 交通便利，并利于其他测量手段扩展和联测；

⑥ 地面基础稳定，避开易产生振动的地带，易于标石的长期保存；

⑦ 充分利用符合要求的已有控制点；

⑧ 选站时，应尽可能使测站附近的局部环境（地形、地貌、植被等）与周边环境保持一致，减少气象元素的代表性误差。

2. 根据已知点成果资料，本项目最多可以计算得到几个坐标系转换参数？分别是什么参数？

本项目最多可以计算出 1980 西安坐标系和 2000 国家大地坐标系之间的变换参数，描述两个坐标系之间变换的参数一共有 9 个，分别是 3 个平移参数、3 个旋转参数、1 个尺度变化参数，还包括 2 个地球椭球元素变化参数 da、db。

3. 简述将 A 点已知高程 h_A 转换为 2000 国家大地坐标系大地高 H_A 的主要工作步骤。

将 A 点已知高程 h_A 转换为 2000 国家大地坐标系大地高 H_A 的主要工作步骤如下：

① 通过 4 个高级控制点求解 1980 西安坐标系和 2000 国家大地坐标系之间的变换参数，建立从 1980 西安坐标系转换到 2000 国家大地坐标系之间的转换模型；

② 由高斯投影反算公式，将 1980 西安坐标系下的 A 点平面坐标（x，y）计算得到 1980 西安坐标系下的 A 点大地坐标（B，L）；

③ 根据公式：$H_{大地高}=h_{正常高}+\zeta$，计算 A 点的大地高 $H_A=h_A+\zeta_A$，结合步骤②获得 A 点在 1980 西安坐标系下的大地坐标（B_A，L_A，H_A）转换到 2000 国家大地坐标系下，从而完成任务。

4. 计算航道最浅点 B 处的水深值，并判断航道疏浚是否达到设计水深。

最浅点 B 的水深值=瞬时测深值-（水尺读数-水尺零点高度）+测深改正数

=16. 7-（4. 5-1）+2

=15. 2m

航道最浅点 B 的水深值 15. 2m>设计水深 15m，所以航道疏浚达到设计水深。

第四题（15 分）：

某市地理信息产业园从 2010 年 1 月开始建设，2013 年 6 月底完成。现委托某测绘单位对工程建设状况进行监测，并同时对该产业园区内 1：2 000 地形图数据（DLG）进行更新。

产业园位于该市城乡接合部，地势比较平坦，开工前地面上的主要地形地物有湖泊、河渠、道路、房屋建筑、工矿设施、耕地、林地等。在建设过程中，除保留一些大型建筑物、重要工矿设施及主要道路外，对其他建筑物进行拆除，并按规划新建了道路、办公大楼、酒店、文化娱乐设施及公园绿地等。

测绘单位收集到工程区 2009 年底测绘的全要素 1∶2 000 地形图数据（DLG），要素内容主要包括水系、居民地、道路、工矿、管线、境界（含村界）、地名、地貌、土质植被等；并于 2013 年 2 月对工程区实施了高分辨率航摄，生产制作了 0.2m 分辨率彩色正射影像数据（DOM），该数据与 1∶2 000 DLG 数据的坐标系统一致。

任务要求：首先采用内外业综合判调方法，利用已有的 0.2m 分辨率 DOM 数据，配合适量的外业调绘和补测，对 1∶2 000 DLG 数据更新，使其现势性达到 2013 年 6 月底；其次，从更新前后的 1∶2 000 DLG 数据中，分别提取相关的地理信息要素，应用空间分析与统计方法，监测分析出工程建设所拆除和保留的原有建筑物范围及面积、新建的房屋建筑物范围及面积，以及所占用耕地的范围及面积等，为工程管理提供依据。

问题

1. 简述本项目 1∶2 000 DLG 数据更新的步骤。
2. 列出本项目在更新 1∶2 000 DLG 数据时外业调绘和补测的主要工作及内容。
3. 简述空间分析统计获得每个村因建设所占用耕地范围和面积的方法和过程。

参考答案

1. 简述本项目 1∶2 000 DLG 数据更新的步骤。

本项目 1∶2 000 DLG 数据更新主要包括确定更新策略、变化信息获取、变化数据采集、现势数据生产、现势数据提供这 5 个步骤，具体更新步骤如下：

（1）确定更新策略：

更新内容：在建设过程中，对其他建筑物进行拆除，并按规划新建了道路、办公大楼、酒店、文化娱乐设施及公园绿地等。首先采用内外业综合判调方法，利用已有的 0.2m 分辨率 DOM 数据，配合适量的外业调绘和补测，更新 1∶2 000 DLG 数据，使其现势性达到 2013 年 6 月底。

（2）变化信息获取：

利用已有的 0.2m 分辨率 DOM 数据，配合适量的外业调绘和补测，获取变化的信息。

（3）变化数据采集：

对确定的变化信息进行数字化采集，采用数字摄影测量和全野外数字测量采集新建的道路、办公大楼、酒店、文化娱乐设施及公园绿地等变化信息。道路名、大楼名称、酒店名称和公园名称等属性变化信息采用野外调绘方法采集。

（4）现势数据生产：

将新增、消失、改变等变化信息进行相应的处理包括：

① 插入，将新增的地物信息添加到数据库中；

② 删除，将已消失的地物信息从数据库中删除；

最后形成新的集成现势数据。

（5）现势数据提供：

对 1∶2 000 DLG 更新数据（其现势性达到 2013 年 6 月底）进行检查验收合格后，提供给用户使用。

2. 列出本项目在更新 1∶2 000 DLG 数据时外业调绘和补测的主要工作及内容。

外业调绘和补测的主要工作及内容包括：

① 在室内对 0.2m 的 DOM 进行影像解译，对不能够确认的地物要素用符号进行标记，然后到实地进行核实、补调和补测。

② 对 2013 年 2 月至 6 月新建的道路、办公大楼、酒店、文化娱乐设施及公园绿地进行补测。

③ 对所有新建的道路、办公大楼、酒店、文化娱乐设施及公园绿地的名称和注记进行调绘。

3. 简述空间分析统计获得每个村因建设所占用耕地范围和面积的方法和过程。

分别将 2009 年底测绘的全要素1∶2 000地形图数据（DLG）和 2013 年 6 月底更新 1∶2 000 DLG数据输入地理信息系统软件中，然后在两份 DLG 数据中提取耕地范围，利用空间叠置分析方法，提取更新前后发生变化的耕地范围，统计出每个村因建设所占用耕地范围、面积范围和面积。

第五题（18 分）：

某城市建设一座 50 层的综合大楼，距离 I 号运营地铁线的最近水平距离为 40m，面对开挖基坑，综合大楼及相邻的地铁隧道进行变形监测，变形监测按照《工程测量标准》（GB 50026—2020）和《城市轨道交通工程测量规范》（GB 50308—2008）中变形监测Ⅱ等精度要求实施。

开挖基坑监测：基坑上边缘尺寸为 100m×80m，开挖深度为 25m，在基坑周边布设了 4 个工作基点 *A*、*B*、*C*、*D*；变形监测点布设在基坑壁的顶部、中部和底部；监测内容包括水平位移、垂直位移和基坑回弹等；基坑开挖初期监测频率为 1 次/周，随着基坑开挖深度的增加，相应增加监测频率；监测从基坑开挖开始至基坑回填结束。监测到第 12 期时，发现由工作基点 *A* 测量的所有监测点整体向上位移，而由工作基点 *B*、*C*、*D* 测量的监测点整体下沉或不变。

综合大楼监测：大楼的监测点布设在顶部、中部和基础上，沿主墙脚和立柱布设；监测内容包括基础沉降、基础倾斜和大楼倾斜等；监测频率为 1 次/周；监测从基础施工开始至大楼竣工后 1 年。

地铁隧道监测：监测范围为与综合大楼相邻的 200m 区段；监测内容包括隧道拱顶下沉、衬砌结构收敛变形及侧墙位移等；变形监测点按断面布设，断面间距为 5m，每个断面上布设 5 个监测点，每个点上安装圆棱镜，采用 2 台高精度自动全站仪自动测量；监测频率为 2 次/天；隧道监测从基坑开挖前一个月至大楼竣工后 1 年。

监测数据采用 SQL 数据库进行管理，数据库表单包括周期表单、工程表单、原始数据表单、测量仪器表单、坐标与高程表单等。监测成果包括监测点坐标数据、变形过程线及成果分析等。

问 题

1. 该段地铁隧道变形监测中，总共需布设多少个断面和监测点？对两台高精度自动全站仪的安置位置有什么要求？

2. 利用数据库生成监测点的变形工程线时，需要调用哪些表单？并说明理由。

3. 从测量角度判断由工作基点 A 测量的基坑监测点向上位移的原因，并提出验证方法。

参考答案

1. 该段地铁隧道变形监测中，总共需布设多少个断面和监测点？对两台高精度自动全站仪的安置位置有什么要求？

地铁隧道变形监测范围是 200m 区段，变形监测点按断面布设，断面间距 5m，每个断面布设 5 个点。

故总共需布设多少个断面数：

$$(200\div5)+1=41\text{（个）}$$

总共需要布设的断面监测点数：

$$(200\div5+1)\times5=205\text{（个）}$$

两台高精度自动全站仪的安置位置要求设立在基准点或工作基点上，并采用具有强制对中装置的观测台或观测墩，本项目应设在隧道底板或辅道上；测站视野开阔无遮挡；周围应设立安全警示标志，应同时具有防水、防尘设施。

2. 利用数据库生成监测点的变形工程线时，需要调用哪些表单？并说明理由。

利用数据库生成监测点的变形过程线时，需要调用周期表单、工程表单、坐标与高程表单。

原因是监测点变形过程线反映的是监测点平面位置和高程随时间的变化。水平位移变形过程曲线绘制时，一般以时间周期为横轴，坐标为纵轴，荷载为辅助因素绘制，垂直位移变形一般以时间周期为横轴，高程为纵轴，荷载为辅助因素绘制，所以调用周期表单、工程表单、坐标与高程表单。

3. 从测量角度判断由工作基点 A 测量的基坑监测点向上位移的原因，并提出验证方法。

由工作基点 A 测量的基坑监测点向上位移是因为工作基点 A 下沉造成的。

验证方法：利用变形区域外布设的基准点，采用水准测量方法观测工作基点 A、B、C 和 D 的高程变化，将测量得到的工作基准点点位与先前的高程值比较即可。

第六题（18 分）：

某省会城市为了提升测绘地理信息服务保障水平，委托某测绘单位编制一幅全市影像挂图，以最新的表现形式、形象直观的地图语言反映该市的基础地理信息现状。该市南北长约 17km，东西宽约 30km。

1. 为编制影像挂图收集资料如下：

① 2012 年全市正射卫星影像数据，分辨率为 1m。影像由于获取时间不一致，有色差，河流等水域颜色普遍比较灰暗；

② 2010 年更新的 1∶10 000 地形图数据（DLG）；

③ 2012 年出版的 1∶35 000 市交通旅游地图。

2. 影像挂图编制要求：

① 本着“突出影像，辅以矢量数据”的指导思想设计编制影像挂图；

② 影像挂图幅面为标准全开，内图廓尺寸为 707mm×1 012mm，地图投影采用等角圆锥投影；

③ 影像挂图采用数字地图制图技术方法制作。利用图像处理软件加工处理影像数据；在数字地图制图软件中处理地图矢量要素，并对矢量数据和影像数据进行融合得到影像地图数据，四色印刷成图。

问 题

1. 影像挂图的比例尺宜是多少？挂图版式宜横式还是竖式？简述理由。
2. 简述收集的各种资料在编制影像挂图中的用途。
3. 简述影像数据处理的主要内容和方法。
4. 简述矢量数据编图处理的主要内容。

参考答案

1. 影像挂图的比例尺宜是多少？挂图版式宜横式还是竖式？简述理由。

制图范围：该市南北长约 17km，东西宽约 30km。

南北长方向比例尺分母：

$$17\ 000\ 000 \div 707 = 24\ 045$$

东西宽方向比例尺分母：

$$30\ 000\ 000 \div 1\ 012 = 29\ 644$$

因为

$$24\ 045 < 29\ 644$$

又

$$29\ 644 \approx 30\ 000$$

所以，影像挂图比例尺宜为 1∶30 000。

该市宽约 30km>该市南北长约 17km，挂图版式宜选用横式。

2. 简述收集的各种资料在编制影像挂图中的用途。

① 2012 年全市正射卫星影像数据作为影像挂图影像数据基本资料使用；

② 2010 年更新的 1∶10 000 地形图数据（DLG）可作为影像挂图矢量数据基本资料使用；

③ 2012 年出版的 1∶35 000 市交通旅游地图可作为更新交通网道路、水系、旅游景点使用。

3. 简述影像数据处理的主要内容和方法。

由于获取时间不一致导致影像之间存在的色差，且影像中的河流等水域颜色普遍比较灰暗，说明影像内部色彩分布不均衡，因此需要对影像进行色彩调整，色彩调整主要包括匀光处理和影像的匀色处理。利用影像处理软件对影像数据进行加工处理，色彩进行统一调配、匀色，主区的影像颜色要明亮、鲜艳，这样矢量要素就突出、明显。需要将河流等水域颜色调整为蓝色，明亮、鲜艳。影像数据在保证印刷需要的分辨率情况下，进行适当的压缩。然后进行地图投影变换，根据图幅尺寸，将影像数据匹配到数字地图制图软件中。

4. 简述矢量数据编图处理的主要内容。

源数据 DLG 比例尺为 1∶10 000，而影像挂图比例尺为 1∶30 000，故在挂图制作过程中需要对源数据 DLG 进行制图综合。

① 由于新编影像挂图的矢量数据受到比例尺、图幅范围和载负量等的限制，导致挂图能反映的信息量有限，需要对地形图数据进行选取，选取后的矢量要素为：省界、地级市界、县界、铁路、高速公路、国道、省道、一般公路、河流、水库、水渠，以及所选要素名称注记。

② 由于地形图数据和新编影像挂图的矢量数据地图投影不一致，需要对地形图数据进行地图投影变换。

③ 地形图数据是以 Arc/Info Library 格式存储的，而新编影像挂图是在数字地图制图软件环境下进行编辑和符号化的，因此需将数据源的数据格式转换成数字地图制图软件所能接受的格式。

④ 经过地图数据比例尺的缩小，在影像挂图中各级道路难免会重叠在一起，这就需要对道路进行移位。对道路格网密度过大的区域，采取舍弃的方法。道路上的弯曲不能按比例尺表达时，要进行概括。河流与道路要素之间的关系处理，地图上如铁路、公路、河流等这些都有自己的固定位置，以符号的中心线在地图上定位。当其符号发生矛盾时，根据其固定程度确定移位次序，例如：道路与河流并行时，需保证河流的位置正确，移动道路的位置。有些道路的走向是沿着河流的流向。当它们发生冲突时，移位后道路的走向应与河流流向一致。河流与境界要素之间的关系处理，境界是以河流为分界线的，需要对境界进行跳绘。

第七题（15 分）：

某测绘地理信息单位承接了某省级地理信息公共服务平台（“天地图”）建设项目，

任务是生产在线地理信息数据，开发门户网站。

1. 现有数据源情况：

（1）覆盖全省域的数据：

① 2010 年 1∶1 万全要素地形图数据，1980 西安坐标系；② 2012 年导航电子地图道路网数据，WGS-84 坐标系。

（2）覆盖省会城市的数据：

① 2010 年 1∶5 000 全要素地形图数据，2000 国家大地坐标系；② 2012 年导航电子地图兴趣点数据，WGS-84 坐标系。

2. 在线地理信息数据生产要求：

（1）全省域线划电子地图数据：

从现有数据源中选取适当的数据集和要素，经融合处理后形成一个覆盖全省域的线划电子地图数据集，同一区域有多种数据源时保留精度高、现势性好的数据集和要素；道路网要素保证全域拓扑连通；坐标系为 2000 国家大地坐标系。

（2）全省域地名地址数据：

从适当数据源中提取地名地址数据和兴趣点数据，融合处理形成覆盖全省域的地名地址数据集。同一区域有多种数据源时保留精度高、内容全、现势性好的数据集；坐标系为 2000 国家大地坐标系。

（3）电子地图瓦片：

对线划电子地图数据进行地图整饰处理，生产 15~17 级电子地图瓦片。

3. 门户网站建设要求：

提供地图浏览、地名地址查找定位等基本功能。

问　题

1. 简述制作全省域线划电子地图数据时，对数据源的取舍利用方案。

2. 简述生产全省域线划电子地图数据（不含地名注记）的工作步骤及内容。

3. 门户网站的地图浏览、地名地址查找定位功能分别需要调用上述哪几类数据？

参考答案

1. 简述制作全省域线划电子地图数据时，对数据源的取舍利用方案。

制作全省域线划电子地图数据时，对数据源的取舍利用方案如下：

① 利用 2012 年导航电子地图道路网数据更新 1∶10 000 全要素地形图的道路网数据，使得覆盖全省城的 1∶10 000 全要素地形图的道路网数据的现势性达到 2012 年。

② 利用 2012 年导航电子地图道路网和兴趣点数据更新 2010 年 1∶5 000 全要素地形图道路网和兴趣点数据。使得覆盖省会城市的 1∶5 000 全要素地形图的道路网和兴趣点数据现势性达到 2012 年。

③ 制作省会城市的线划电子地图数据时，用更新后的 1∶5 000 全要素地形图数据。

④ 制作全省其他域线划电子地图数据时，用更新后的 1∶10 000 全要素地形图数据。

2. 简述生产全省域线划电子地图数据（不含地名注记）的工作步骤及内容。

生产全省域线划电子地图数据的工作步骤及内容：

（1）数据源的坐标转换

将2012年导航电子地图道路网数据的WGS-84坐标系，2012年导航电子地图兴趣点数据的WGS-84坐标系转换成为2000国家大地坐标系。

（2）数据源的利用

制作省会城市的线划电子地图数据时，用更新后的1∶5 000全要素地形图数据。制作全省其他域线划电子地图数据时，用更新后的1∶10 000全要素地形图数据。

（3）电子地图数据处理

全省域线划电子地图数据生产包括内容提取、模型重构、规范化处理、一致性处理、脱密处理、符号化表达、地图整饰、地图瓦片生产等处理。

电子地图数据处理基本要求：在电子地图数据生产过程中，需要特别注意的是地图分级、地图表达以及地图瓦片规格与命名等。

① 地图分级：

每级要素内容选取应遵循以下原则：每级地图的地图负载量与对应显示比例尺相适应的前提下，尽可能完整保留数据源的信息；下一级别的要素内容不应少于上一级别，即随着显示比例尺的不断增大，要素内容不断增多；要素选取时应保证跨级数据调用的平滑过渡，即相邻两级的地图负载量变化相对平缓。

② 地图瓦片：

地图瓦片分块的起始点从西经180°、北纬90°开始，向东向南行列递增。瓦片分块大小为256×256像素，采用PNG或JPG格式。地图瓦片文件数据按树状结构进行组织和命名。

③ 地图表达：

不同显示比例尺下符号与注记的规格、颜色和样式，以及电子地图配图应按《地理信息公共服务平台电子地图数据规范》（CH/Z 9011—2011）进行。如遇未涵盖要素，可自行扩展符号或注记，但样式风格应协调一致。

3. 门户网站的地图浏览、地名地址查找定位功能分别需要调用上述哪几类数据？

门户网站的地图浏览调用的是电子地图瓦片数据；地名地址查找定位功能还需要调用全省地名地址数据、兴趣点数据。

（二）2014 年注册测绘师资格考试测绘案例分析仿真试卷与参考答案

第一题（20 分）：

某单位拟在一山坡上开挖地基新建一住宅小区，范围内现有房屋、陡坎、小路、果园、河沟、水塘等。某测绘单位承接了该工程开挖土石方量的测算任务。外业测量设备使用一套测角精度为 2″的全站仪。数据处理及土石方量计算采用商用软件。

（1）距山脚约 500m 处有一个等级水准点。在山顶布测了一条闭合导线，精度要求为 1/2 000。其中，导线测量的水平角观测结果见表 2。

表 2

测站	观测点	水平角（° ′ ″）
DX01	DX05	100 32 15
	DX02	
DX02	DX01	112 10 24
	DX03	
DX03	DX02	89 10 17
	DX04	
DX04	DX03	130 05 04
	DX05	
DX05	DX04	108 02 14
	DX01	

（2）在山坡上确定了建设开挖的范围，并测定了各个拐点的平面坐标（x，y），要求开挖后的地基为水平面（高程为 h），周围坡面垂直于地基。

（3）采集山坡上的地形特征点和碎部点的位置及高程。为保证土石方量计算精度，采集各种地形特征点和碎部点，碎部点的采集间距小于 20m。

（4）数据采集完成后，对数据进行一系列处理，然后采用方格网法计算出土石方量，最终经质检无误后上交成果。

问　题

1. 列式计算本项目中导线测量的方位角闭合差。
2. 本项目中哪些位置的地形特征点必须采集？
3. 简述采用方格网法计算开挖土石方量的步骤。
4. 简述影响本项目土石方量测算精度的因素。

参考答案

1. 角度闭合差计算过程如图 2 所示。

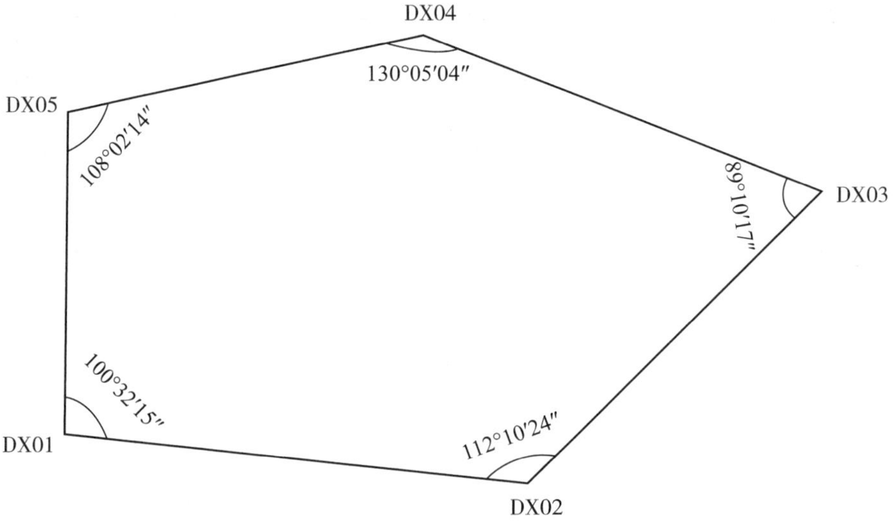

图 2　角度闭合差计算过程

多边形内角之和的理论值为

$$\sum\beta_{理}=(n-2)\times180°，即\ \sum\beta_{理}=(5-2)\times180°=540°$$

实测内角和为

$$\sum\beta_{测}=n_1+n_2+n_3+n_4+n_5$$

$$\sum\beta_{测}=100°32'15''+112°10'24''+89°10'17''+130°05'04''+108°02'14''=540°00'14''$$

闭合导线角度闭合差 f_β：

$$f_\beta=\sum\beta_{测}-\sum\beta_{理}=540°00'14''-540°00'00''=14''$$

2. 本项目中哪些位置的地形特征点必须采集？

本项目中应采集的地形特征点有：

① 水池、塘、稻田、旱田等应采集泥面高程及其周边坎的高程；

② 地形特征线，坎上、坎下高程；

③ 碎部点间距不宜大于计算要求的网格间距，地形变化处应加密碎部点；

④ 建（构）筑物应采集其周边高程及地坪高程；

⑤ 其他影响土石方量的地形、地物应采用碎部点控制其范围和高程。

3. 简述采用方格网法计算开挖土石方量的步骤。

方格网法计算开挖土石方量的步骤如下：

① 确定开挖范围，测定拐点平面坐标；

② 采集地形特征点和碎部点，要求碎部点间距小于 20m；

③ 采用商用软件进行格网化处理，间距为 20m 或者更小：

a. 确定方格网间距，绘制方格网；

b. 内插确定方格网点高程；

④ 转换至地基水平面（设计高程、零线），计算地基水平面与自然地面高程差。差值“+”为填方，“-”为挖方；

⑤ 根据格网方法计算土方量，首先计算每个格网土方量：

$$v_i = \frac{a^2}{4}(h_1 + h_2 + h_3 + h_4)$$

式中，$h_{i=1,\ 2,\ 3,\ 4}$ 为方格 4 个角总挖或填的高度，a 为方格网边长。

然后，计算出总土方量 $V = \sum_{1}^{n} v_i$。

⑥ 精度检核，成果提交并存档。

4. 简述影响本项目土石方量测算精度的因素。

影响本项目土石方量测算精度的因素有：

① 仪器观测精度；

② 人员操作选区的特征点和碎部点分布情况；

③ 格网化方法及精度，或者采用的商用软件（不同格网化方法）内插精度。

第二题（20 分）：

某测绘单位承担了某县地理国情普查项目，需要生产该县 0.5m 分辨率的数字正射影像图（DOM）。

1. 测区地理概况

该县位于平原与丘陵接壤区，城镇多位于平原区域，近年来经济发展迅速，该地变化较大。

2. 已收集的数据资料

（1）已获取该县 2013 年 7 月的 0.5m 高分辨率全色卫星影像数据和多光谱影像数据（红、绿、蓝、近红外）。

（2）收集到该县航空摄影数据，摄影时间为 2011 年 11 月，摄影比例尺为1∶25 000，分辨率为 1m。

（3）收集到该县 2012 年 5 月完成的该航摄数据的空三加密成果，成果为 2000 国家大地坐标系，1985 国家高程基准。

3. 生产要求

（1）全县范围真彩色数字正射影像图（DOM）。

（2）影像需采用数字高程模型（DEM）进行正射纠正，所需数字高程模型（DEM）由本项目生产。

（3）按 1∶1 万分幅，使用 2000 国家大地坐标系，1985 国家高程基准。

（4）根据有关规范要求，对生产的数字正射影像图进行了质量检查，主要有空间参考系、位置精度、影像质量、附件质量等。

问　题

1. 说明本项目中生产数字高程模型使用了哪两项资料？
2. 简述制作真彩色数字正射影像图（DOM）的基本过程。
3. 简述本案例中空间参考系和影像质量检查的内容。

参考答案

1. 说明本项目中生产数字高程模型使用了哪两项资料？

本项目中生产数字高程模型使用了以下资料：

① 该县航空摄影数据，摄影时间为 2011 年 11 月，摄影比例尺为 1∶25 000，分辨率为 1m。

② 该县 2012 年 5 月完成的该航摄数据的空三加密成果，成果为 2000 国家大地坐标系，1985 国家高程基准。

利用航空摄影数据和空三加密成果建立像对模型，然后进行地貌特征点、线数据采集，匹配编辑，构造 TIN，内插生成 DEM 数据。

2. 简述制作真彩色数字正射影像图（DOM）的基本过程。

制作真彩色数字正射影像图（DOM）的基本过程如下：资料准备、技术路线设定、定向建模、影像纠正、色彩调整、影像融合、影像镶嵌、图幅裁切、质量检查及成果提交等过程。

3. 简述本案例中空间参考系和影像质量检查的内容。

本案例中空间参考系和影像质量检查的内容如下：

① 空间参考系：包括大地基准、高程基准和地图投影等方面。大地基准主要检查平面坐标系统是否符合要求；高程基准主要检查高程基准是否使用正确；地图投影主要检查地图投影参数是否正确；DOM 分幅和内图廓信息是否正确和完整；比例尺是否正确。

② 影像质量：检查 DOM 地面分辨率、DOM 图幅裁切范围、色彩质量、影像噪声、影像信息丢失等。整幅图影像清晰，色调均衡一致，视觉效果良好。图面整饰应完整、正确无误。

第三题（20分）：

某测绘单位承担了某测区基础控制测量工作，测区面积约1 800km^2，地势平坦，无CORS网络覆盖。工作内容包括10个GPS C级点联测，三等水准联测及建立测区高程异常拟合模型，测量基准采用2000国家大地坐标系（CGCS2000）及1985国家高程基准。

测区已有资料包括：测区周边均匀分布有3个国家GPS B级框架点，一条二等水准线路经过测区。

观测设备采用经检验合格的双频GPS接收机（5mm+1ppm）3台套，DS1水准仪一套。

技术要求：GPS C级网按同步环边连接式布网观测；按照三等水准联测GPS C级点；采用函数$f(x, y) = a_0 + a_1x + a_2y + a_3x^2 + a_4y^2 + a_5xy$计算测区高程异常拟合模型。

经GPS观测、水准联测及数据平差处理，获取了各GPS C级点的CGCS2000坐标及1985高程成果。某GPS三边同步环各坐标分量情况统计见表3。

表3

分量 / 基线	ΔX（m）	ΔY（m）	ΔZ（m）
1	14 876. 383	2 631. 812	8 104. 319
2	−7 285. 821	14 546. 403	−15 378. 581
3	−7 590. 560	−17 178. 218	7 274. 257

拟合方法：利用GPS C级点成果计算测区高程异常拟合模型。经检验，拟合精度为±0. 5cm。

问　题

1. 本案例中，采用边连接布网时的同步环最少个数为多少？独立基线数为多少？

2. 计算案例中GPS三边同步环各坐标分量闭合差（W_X、W_Y、W_Z）以及独立环闭合差。

3. 结合水准测量，简述建立测区高程异常拟合模型的基本步骤。

参考答案

1. 本案例中，采用边连接布网时的同步环最少个数为多少？独立基线数为多少？

（1）同步环计算：

最少同步图形数＝1+int（n−N）/（N−相邻同步图共点数）

设C为观测时段数，n为网点数；m为每点的平均设站次数；N为接收机数。

同步环个数计算：

对于此题相邻同步图共点数为 2，所以

最少同步图形数=1+int（13-3）/（3-2）=11

（2）独立基线数计算：

首先确定时段数，同步图形数 11，3 台仪器观测 11 个时段，

重复设站数=11×3/13=2.54>2，所以观测时段数为 11。

独立基线数为 $J_{独}=C\cdot(N-1)=11\times(3-1)=22$

2. 计算案例中 GPS 三边同步环各坐标分量闭合差（W_X、W_Y、W_Z）以及独立环闭合差。

分量坐标闭合计算如下：

$$W_X=\sum\Delta X=14\ 876.383-7\ 285.821-7\ 590.560=2\ \text{mm};$$

$$W_Y=\sum\Delta Y=2\ 631.812+14\ 546.403-17\ 178.218=-3\ \text{mm};$$

$$W_Z=\sum\Delta Z=8\ 104.319-15\ 378.581+7\ 274.257=-5\ \text{mm};$$

独立环闭合差计算如下：

$$W_s=\sqrt{W_X^2+W_Y^2+W_Z^2}=\sqrt{4+9+25}\approx 6.2\ \text{mm}。$$

3. 结合水准测量，简述建立测区高程异常拟合模型的基本步骤。

根据题意，建立测区高程异常拟合模型的基本步骤如下：

① 将测区内 C 级点与 GPS 国家 B 级点联测得到各 GPS 点的坐标和大地高；

② 将测区内的 GPS 点与二等水准点联测，得到 GPS 点的 1985 高程值；

③ 计算公共点（同时具有二等水准高程 h 和 GPS 大地高 H 的点）高程异常；

$$\xi_i=H_i-h_i$$

④ 选取 n 个（n 一般要求大于待估参数的个数）在测区内分布合适的公共点建立误差方程：

$$v_i=a_0+a_1x_i+a_2y_i+a_3x_i^2+a_4y_i^2+a_5x_iy_1-\xi_i$$

根据最小二乘原理，求得参数的最佳估值 $\hat{a}_i(i=0,1,\cdots,5)$。

⑤ 建立拟合模型，测区待定点 k 的高程异常按以下公式计算：

$$\xi_i=\hat{a}_0+\hat{a}_1x_i+\hat{a}_2y_i+\hat{a}_3x_i^2+\hat{a}_4y_i^2+\hat{a}_5x_iy_i$$

拟合的水准高程为

$$h_i=H_i-\xi_i$$

⑥ 按高程异常模型计算各检验点高程异常 ξ_i，与其实测值 $\tilde{\xi}_i$ 比较，得到不符值 $\Delta_i=\tilde{\xi}_i-\xi_i$，计算高程异常不符值中误差，作出模型精度评价。

第四题（20 分）：

某水电站大坝长约 500m、坝高约 85m。在大坝相应位置安置了相关的仪器设备，主要包括引张线、正垂线/倒垂线、静力水准仪和测量机器人等四类设备，以便于对大坝进行变形监测，保证大坝运行安全。

设备的安置情况如下：

① 在大坝不同高程的廊道内布设了若干条引张线；

② 在坝段不同位置布设了若干个正垂线和倒垂线；

③ 在坝段不同位置安置了若干台静力水准仪；

④ 现场安置了一套测量机器人自动监测系统。

在坝体下游400m处的左右两岸各有一已知坐标的基岩GPS控制点，控制点上有强制对中盘，在左岸基岩GPS控制点A上架设一台测量机器人（测角精度为0.5″，测距精度为0.5mm+1ppm，单棱镜测程为1km），在右岸基岩GPS控制点B上安置一圆棱镜。为了使用测量机器人自动监测大坝变形，在大坝下游一侧的坝体不同高程面上安置了一批圆棱镜作为变形监测的观测目标。系统自动监测前首先进行学习测量，然后按设定的周期自动观测，并实时将测量结果传输到变形监测管理系统。在每个周期测量中，各测回都首先自动照准B点，并获取距离、水平度盘和垂直度盘读数。

问题

1. 安置于大坝上的四类设备的观测结果分别是什么？

2. 在每个测量周期中，各测回为什么都要首先自动照准B点，并获取距离、水平度盘和垂直度盘读数？

3. 测量机器人学习测量的目的是什么？说明学习测量的详细步骤。

参考答案

1. 安置于大坝上的四类设备的观测结果分别是什么？

根据案例中测量设备的安装情况可知：

① 引张线测量的结果是大坝目标点水平位移观测值（位移观测）。

② 正垂线/倒垂线测量的结果是坝体不同位置的水平位移观测值，正垂线测量的是相对水平位移，倒垂线测量的是绝对水平位移，用以计算坝体水平或者竖直方向的弯曲度（挠度观测）。

③ 静力水准仪测量的结果是大坝目标点的垂直位移观测值（沉降观测）。

④ 测量机器人自动监测系统的测量结果是获得大坝目标点的观测角度、距离、三维坐标以及相关影像信息等。

2. 在每个测量周期中，各测回为什么都要首先自动照准B点，并获取距离、水平度盘和垂直度盘读数？

在每个测量周期中，各测回都要首先自动照准B点，其理由是：照准B点用来作为各期监测的初始角度、高程定向；获取的距离用来与A、B两点的理论距离相比较，用以判断和评价基准的稳定性；获取水平度盘读数是用以计算各监测目标圆棱镜至仪器中心连接线的方位角，借助水平距离即可按极坐标法计算点平面坐标；获取垂直度盘读数是用来计算A、B两点的高差，与初始高差相比较，可以评价和判断A、B两点在高程方向上的相对稳定性。

3. 测量机器人学习测量的目的是什么？说明学习测量的详细步骤。

通过初始的半测回学习，学习测量获取目标概略空间位置信息，以便在每个目标概略位置一定的视场范围内，计算机能控制测量机器人自动搜寻目标，顺利完成自动测量。

具体学习步骤如下：首先进行测量机器人的检校，主要有 $2C$ 互差、指标差和自动目标识别照准差的校正等；进行测站控制限差的设置，如归零差、$2C$ 互差、方向值较差等，校正和设置好参数后，按下列步骤操作：

① 单击“学习测量”按钮，启动仪器测量监测点数据；

② 输入监测点基本信息，如点名、备注等（输入任意两点）；

③ 单击“保存结果”按钮将监测点初始测量数据保存。

完成限差、测站设置并定向后，即可进行自动测量。

第五题（20 分）：

某单位在紧邻其围墙的旁边征用了一块土地，新建了一幢 3 层办公楼及附属设施，改建了单位内部道路、绿地等。建设完工后，因土地权属变更登记和新建房屋产权登记的需要，某测绘单位承接了有关的变更地籍测量和房产测量任务。

已有测绘资料包括：城市高精度 GPS 平面控制网及 CORS 服务系统，高程控制网及似大地水准面模型。

执行的相关标准有：

①《地籍调查规程》（GB/T 42547）；

②《房产测量规范 第 1 单元：房产测量规定》（GB/T 17986. 1—2000）；

③《城市测量规范》（CJJ/T 8—2011）。

测绘单位现有测量仪器设备：GPS 接收机、全站仪、手持测距仪、自动安平水准仪等。

变更地籍测量进行了权属调查、界址点测量、地籍图测量等工作。其中，地籍图测量采集了地籍要素和地形要素等内容；界址点测量采用全野外测量方法，现场可直接进行角度观测和距离测量。

房产测量实测了新建成办公楼的有关数据，包括隔层的外墙尺寸、一层的大厅尺寸、二层大厅挑空尺寸和三层阳台的外围尺寸，所有尺寸不考虑墙厚，详见图 3（单位：m）。

问　题

1. 简述该项目界址点测量可采用的测量方法和使用的仪器设备。
2. 简述该项目变更地籍测量中地籍要素和地形要素的主要内容。
3. 根据图中所给尺寸计算办公楼的建筑面积。（列出计算过程，结果保留两位小数。）

参考答案

1. 简述该项目界址点测量可采用的测量方法和使用的仪器设备。

根据案例所给条件，本项目界址点测量宜采用解析法测量方法，地籍图根控制点及以

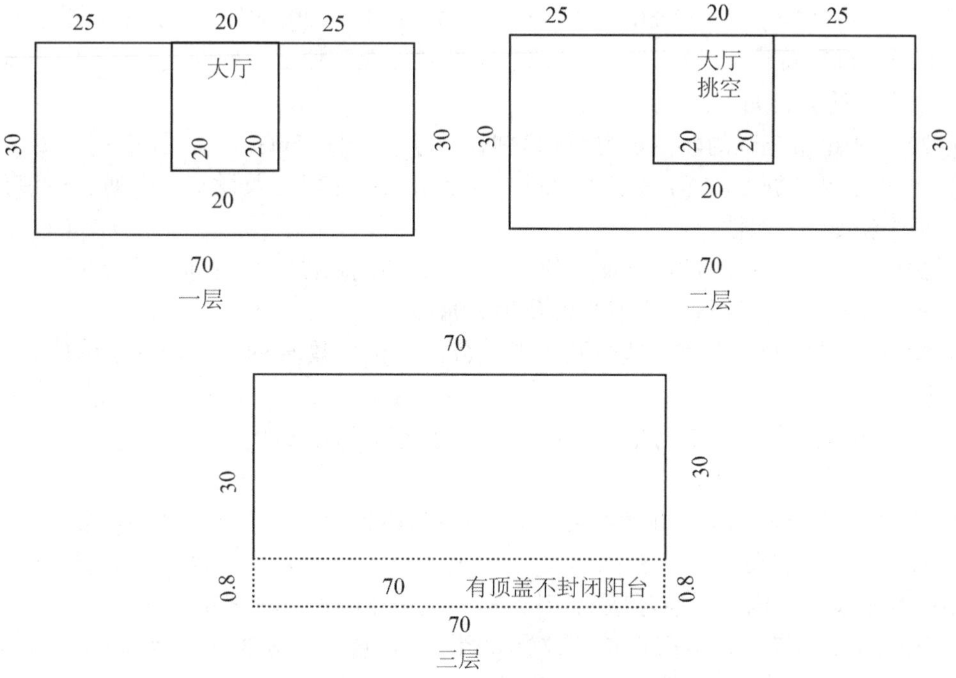

图 3

上等级的控制点均可作为界址点坐标的起算点。可采用极坐标法、正交法、截距法、距离交会法等方法实测界址点与控制点或界址点与界址点之间的几何关系元素，按相应的数学公式求得界址点坐标。所使用的主体测量仪器可以是手持测距仪、全站型仪、GPS 接收机等。

2. 简述该项目变更地籍测量中地籍要素和地形要素的主要内容。

本项目变更地籍测量中的地籍要素和地形要素如下：

① 地籍要素：地籍区与地籍子区界，宗地界址点与界址线，地籍号注记，宗地坐落，门牌，结构，产权，土地利用分类代码注记，土地权属主名称，土地等级。

② 地形要素：各级行政境界，围墙，办公楼及其附属设施，内部道路，绿地等。

3. 根据图中所给尺寸计算办公楼的建筑面积。(列出计算过程，结果保留两位小数。)

根据图 3，办公楼的建筑面积计算过程如下：

一层建筑面积：$30\times70=2\ 100\text{m}^2$；

二层建筑面积：$30\times70-（20\times20）=1\ 700\text{m}^2$；

三层建筑面积：$30\times70+1/2（70\times0.8）=2\ 128\text{m}^2$；

办公楼的建筑面积为

$30\times70+30\times70-(20\times20)+30\times70+1/2\times(70\times0.8)=5\ 928.00\text{m}^2$。

第六题（20 分）：

某地级市决定编制一幅全市地理挂图，要求充分利用现有最新的测绘地理信息数据成果，以普通地图表现形式，反映自然和社会经济要素的基本特征及分布。某测绘单位承接了该任务。该市地处东经 120°50′~124°00′，北纬 28°45′~30°30′，中心城区东西宽12km，南北长 8km。近年新建了一些高铁、公路、市政道路及工业区，同时进行了旧城改造。

1. 收集到的资料如下：

① 2013 年全市范围的航空正射影像数据，分辨率为 0.5m；

② 2010 年更新的 1∶5 万数字线划图，包括水系、居民地及设施、交通、地貌、境界与政区等要素及相关属性；

③ 2011 年更新的中心城区 $96km^2$ 的 1∶1 万数字线划图，包括水系、居民地及设施、交通、境界与政区、植被与土质等要素及相关属性；

④ 2013 年采集的全市范围地名及兴趣点数据，包括政府机关、企事业单位、住宅小区、旅游点等；

⑤ 2009 年至 2013 年 12 月期间行政区划及地名等变更文件。

2. 编制挂图的部分要求如下：

① 挂图采用 2000 国家大地坐标系，高斯-克吕格投影，投影变形相对合理；

② 挂图采用全开纸张，主图比例尺为 1∶9.5 万。图上县级（含）以上居民地采用街区式图形符号表示（内置政府驻地），其余居民地采用圈形符号表示；

③ 图幅左下角插一幅该市中心城区放大图，内图廓尺寸为 310mm×200mm。其中，表示的居民地及设施要素包括街区、政府机关、企事业单位、住宅小区、旅游点；

④ 主图和插图应相互协调；

⑤ 挂图要素的现势性达到 2013 年。

问题

1. 说明主图的地图投影宜采用 3°分带还是 6°分带的理由，计算确定宜选择的中央经线。

2. 计算确定中心城区放大图的比例尺。

3. 说明收集到的各种资料在编绘主图或插图中的用途。

4. 简述对挂图中居民地及设施要素编绘质量进行检查的工作内容。

参考答案

1. 说明主图的地图投影宜采用 3°分带还是 6°分带的理由，计算确定宜选择的中央经线。

因该市地处东经 120°50′~124°00′，北纬 28°45~30°30′。东西经差为 3°10′>3°，主图的地图投影宜用 6°分带，采用 2000 国家大地坐标系，高斯-克吕格投影。

图幅的中央经线应是靠近图幅中间位置的整数位的经线，位于图纸的中间，其余经纬线网格以它为对称轴分列两侧，所以应选择经线中央位置为宜。中央经线应为

$$\varphi = \frac{\varphi_1 + \varphi_2}{2} = \frac{120°50' + 124°00}{2} = 122°25'。$$

由于该市地处东经 120°50′~124°00′，处于 6°分带的 21 带，中央经线为

$$6°×21-3°=123°$$

为了省去对制图资料数据进行换带的步骤，直接使用编图资料数据，确定 123°为主图的中央经线比较合适。

2. 计算确定中心城区放大图的比例尺。

用实地大小和内图廓尺寸分别相比，将数值较大的数取整，得到地图比例尺分母。

中心城区东西宽 12km，南北长 8km。中心城区放大图东西宽方向比例尺分母为

$$12×10^6÷310=3.871×10^4$$

中心城区放大图南北长方向比例尺分母为

$$8×10^6÷200=4.0×10^4$$

因为

$$3.871×10^4<4.0×10^4$$

所以，中心城区放大图比例尺宜为 1∶40 000。

3. 说明收集到的各种资料在编绘主图或插图中的用途。

① 2013 年全市范围分辨率为 0.5m 的航空正射影像数据，作为全市地理挂图编图的补充资料，用于居民地、高铁、公路、市政道路及工业区数据更新；

② 2010 年更新的 1∶5 万数字线划图，作为全市地理挂图编图的基本资料，用于主图的底图数据编制；

③ 2011 年更新的中心城区 96km^2 1∶1 万数字线划图，作为该市中心城区放大图编图的基本资料，用于插图的底图数据编制；

④ 2013 年采集的全市范围地名及兴趣点数据，包括政府机关、企事业单位、住宅小区、旅游点等，作为全市地理挂图编图时全市范围地名及兴趣点数据进行更新的资料数据；

⑤ 2009 年至 2013 年 12 月期间行政区划及地名等变更文件，作为编图时对行政区划及地名名称进行更新的资料数据。

4. 简述对挂图中居民地及设施要素编绘质量进行检查的工作内容。

该市地理挂图居民地应正确表示居民地及设施的位置、行政意义和名称，反映居民地及设施的类型、分布特征以及其他要素的关系。

挂图的居民地及设施要素编绘质量检查内容分别如下：

① 检查是否利用最新资料数据对居民地及设施进行全面更新，包括居民地平面图形、名称等。

② 检查县级（含以上）居民地：是否采用街区式图形符号表示，图形综合是否正确，名称注记有无错漏。街区内置的政府驻地及名称注记表示有无错漏。

③ 检查其余居民地：是否采用圈形符号表示，和其他要素的关系（如相切、相割、相离）是否准确，名称注记是否有错漏。

④ 检查按选取指标需要表示的企事业单位、住宅小区、旅游点：位置是否准确，名称注记有无错漏。

⑤ 检查各级居民地名称注记：应配置适当，指示明确，并避免注记压盖居民地出入口、道路交叉口及其他重要地物。

⑥ 检查主图和中心城区放大图的居民地及设施表示是否一致，主图表示的居民地及设施，中心城区放大图一定要表示，表示方法也要基本一致。

第七题（20分）：

某测绘单位承接了某市市政管理数据库建设任务，包括收集整合已有的大比例尺基础数据、市政管理专题数据等，建立市政管理数据库，并开发市政管理信息系统，为市政管理工作服务。

1. 已收集的数据：

① 中心城区（500km^2）2010年1∶2 000地形图，包括房屋、交通、水系、植被、地貌、管线等要素，2000国家大地坐标系（CGCS2000），高斯-克吕格投影。

② 中心城区2013年地名地址点数据，包括坐标（x，y）、门牌号、名称等属性信息，1980西安坐标系。

③ 中心城区2010年市政专题空间数据，包括路灯、雨水井盖、污水井盖、自来水井盖、煤气井盖、电杆、变压器等不同类型的点状要素，CGCS2000。

④ 中心城区2013年表格形式的垃圾转运站、公共厕所，及其附近的门牌地址等市政专题数据。

⑤ 全市域（8 000km^2）2013年导航电子地图数据中的道路网和兴趣点信息，WGS-84坐标系。

2. 需完成的工作：

① 从已收集的数据中选取房屋、交通、水系、地名地址、兴趣点等要素进行整合处理，形成中心城区范围的基础要素图层，坐标系与1∶2 000地形图一致。

② 对表格形式的市政专题数据进行处理，形成空间数据图层，并与已有的市政专题空间数据一同建库。

③ 对市政管理专题要素图层进行更新，涉及路灯、雨水井盖、污水井盖、自来水井盖、煤气井盖、电杆、变压器、垃圾转运站、公共厕所等，要求现势性达到2014年6月。

④ 将市政管理专题要素与最近的兴趣点进行关联，并将该兴趣点的名称转存入该市政要素的属性字段。

⑤ 开发市政管理信息系统，实现市政管理基础要素图层、市政管理专题要素图层的管理，进行分层叠加、查询、统计、分析等操作。

问 题

1. 简述对表格形式的市政专题数据进行处理建库的过程。

2. 简述市政管理专题要素更新的技术流程。

3. 简述市政管理专题要素与最近的兴趣点进行关联和属性转存的方法及过程。

4. 简述采用GIS空间分析方法统计某兴趣点周边500m范围内各种类型的市政要素数量的过程。

参考答案

1. 简述对表格形式的市政专题数据进行处理建库的过程。

表格形式的市政专题数据进行处理建库的过程如下：

① 收集处理已有表格数据：a. 中心城区 2013 年地名地址点数据，包括坐标（x，y）、门牌号、名称等属性信息，1980 西安坐标系；b. 中心城区 2013 年表格形式的垃圾转运站、公共厕所，及其附近的门牌地址等市政专题数据。设定元数据和数据字典，为具体建库做准备。

② 检查地名地址点数据中坐标数据，将其转换到 CGCS2000 坐标系统。

③ 表格形式的垃圾转运站、公共厕所，根据类型分为 2 个表格，分别转换成 Excel 表格或 Access 格式。

④ 根据垃圾转运站、公共厕所附近的门牌地址，与地名地址点中坐标数据相关联，确定表格中 x，y 字段的内容。

⑤ 根据要素坐标字段中坐标信息将垃圾转运站、公共厕所数据导入空间数据库。

⑥ 对建成数据库、图层表进行检查和验收。

2. 简述市政管理专题要素更新的技术流程。

市政管理专题要素更新的技术流程如下：

① 对收集各项数据进行坐标转换处理，全部数据统一到 2000 国家大地坐标系上。

② 采用 2010 年 1∶2 000 地形图作为基础底图数据，用 2010 年市政专题空间数据作为专题要素基础数据。

③ 利用垃圾转运站、公共厕所的表格形式数据入库，对垃圾转运站、公共厕所数据进行更新。

④ 其他新增专题要素以及 2013 年以后新增的垃圾转运站、公共厕所，需要外业调绘、补测采集数据进行更新。

3. 简述市政管理专题要素与最近的兴趣点进行关联和属性转存的方法及过程。

市政管理专题要素与最近的兴趣点进行关联和属性转存的方法及过程如下：

① 将 2013 年导航电子地图数据中的道路网和兴趣点信息进行坐标转换至 2000 国家大地坐标系；

② 提取兴趣点信息，形成一个数据层；

③ 将各专题要素层和兴趣点层进行检查、编辑，确定有唯一值字段；

④ 在专题要素层建立市政要素属性字段；

⑤ 将专题要素与最近的兴趣点进行空间链接，每个要素点都有最近的兴趣点与之匹配；

⑥ 根据匹配将兴趣点名称字段赋予新建的市政要素属性字段中，使得市政要素属性字段值等于兴趣点名称。

4. 简述采用 GIS 空间分析方法统计某兴趣点周边 500m 范围内各种类型的市政要素数量的过程。

采用 GIS 空间分析方法统计某兴趣点周边 500m 范围内各种类型的市政要素数量的过程：

① 选择待分析的某兴趣点；
② 以该点为圆心，500m 为半径，建立一个缓冲圆范围，进行缓冲区分析；
③ 将缓冲区（圆）与市政要素图层进行叠置分析；
④ 统计缓冲区范围内的各要素层中市政要素数据量。

（三）2015 年注册测绘师资格考试测绘案例分析仿真试卷与参考答案

第一题（20 分）：

某测绘公司承接了某城市新区内 1∶500 数字线划图（DLG）的修测任务，有关情况如下：

1. 新区概况：

新区面积约 $8km^2$，对原有的一些主要建筑物、道路和公园绿地进行了保留和整治，同时新建了大量的高层写字楼、住宅小区及道路交通设施等。

2. 已有资料情况：

3 个月前完成的全市范围内 0.2m 分辨率彩色数码航摄，满足相应比例尺测图要求，2013 年测制的 1∶500 地形图数据，覆盖全市范围的高精度卫星定位服务系统（CORS）及拟大地水准面精化模型等。

3. 公司拥有的测绘仪器和设备：

主要有经纬仪、测距仪、全站仪、双频 GPS 接收机、手持 GPS 接收机、数字摄影测量工作站，地理信息系统，Photoshop 图像处理软件等。

4. 修测要求：

内容及精度满足 1∶500 地形图测图相关规范的要求，现势性达到作业的当时，同时充分利用已有数据资料和仪器设备，合理设计作业方法和流程，尽可能减少工作量。

问　题

1. 简述该项目修测 1∶500 DLG 数据应采用的作业方法及理由。
2. 简述修测 1∶500 DLG 数据的主要工作步骤。
3. 说明在内业如何发现 1∶500 DLG 数据中不需更新的要素。
4. 指出本项目最适合采用的仪器设备及其用途。

参考答案

1. 简述该项目修测 1∶500 DLG 数据应采用的作业方法及理由。

该项目修测 1∶500 DLG 数据应采用全站仪配合双频 GPS 接收机进行全野外数据采集的作业方法。

因为测区范围内新建了大量的高层写字楼、住宅小区及道路交通设施，且 3 个月前完成的全市范围内 0.2m 分辨率彩色数码航摄满足不了 1∶500 DLG 的修测精度。

2. 简述修测 1：500 DLG 数据的主要工作步骤。

修测 1：500 DLG 数据的主要工作步骤如下：资料收集、技术设计书编写、利用 0.2m 分辨率的彩色数码航摄成果发现需要修测的范围和要素、野外变化要素测量、内业数据处理（要素更新）、质量检核、成果整理与上交。其中，内业数据处理包括：修测范围确定、数据采集与属性录入、图形数据和属性数据编辑与接边。

3. 说明在内业如何发现 1：500 DLG 数据中不需更新的要素。

在内业中发现 1：500 DLG 数据中不需要更新的要素的方法如下：利用完成的全市范围内 0.2m 分辨率的彩色数码航摄成果，叠加套合 2013 年测制的 1：500 地形图进行对比。如影像和地形图保持一致的，即为不需更新要素，否则为需更新要素，用特殊颜色的笔标明以便更新。

4. 指出本项目最适合采用的仪器设备及其用途。

该项目最适合采用的仪器设备及其用途分别是：

① 全站仪：用于更新变化要素测量；

② 双频 GPS：用于控制测量和变化要素测量；

③ 地理信息系统软件：用于内业地形图更新数据编辑处理；

④ 数字摄影测量工作站：利用彩色数码航摄数据制作 DOM 数据，用于发现变化要素；

⑤ Photoshop 图像处理软件：用于彩色数码航摄数据拼接和色彩调整。

第二题（20 分）：

某市国土资源管理部门委托某测绘单位承担某城镇的土地权属变更调查工作。

1. 收集资料情况

（1）2007 年全野外实测的 1：500 比例尺数字化城镇地籍图，以及宗地图、界址点坐标成果等地籍调查成果；

（2）截至调查前的全部土地审批、转让、勘测定界、地籍调查表以及权属界线协议等资料；

（3）任务区内等级控制成果，能较好满足碎步测量需要。

2. 仪器设备

经检定合格的全站仪、GPS、手持测距仪、30m 钢卷尺等。

3. 主要工作内容

利用收集的资料，对所有宗地变化情况进行检查，对丢失损失的界标进行恢复，对变更宗地的界址点进行放样和测量，同时测量地形要素以及进行宗地面积量算等工作（解析法量算面积允许误差计算公式为：$m_p = \pm(0.04\sqrt{p} + 0.003p)$，$p$ 为宗地面积，单位：m^2）。

测区内原有一宗地，大致为矩形，长约 300m，宽约 250m，通过解析法量算的面积为 75 200m^2，调查发现该宗地被分割为两宗地，将临街部分（长约 300m，宽约 70m）用于商业开发，建成一幢 20 层的商住两用楼。利用全站仪采用极坐标法对分宗后的界址点进行了测量定位，分宗后利用解析法计算两宗地面积分别为 54 046m^2，21 018m^2。

问　题

1. 说明具有图解坐标的界址点损坏后的恢复方法。

2. 结合测区实际，简述利用极坐标法放样新界址点的作业流程。

3. 判断该宗地分割前后面积差值是否超限，并计算分割后的两宗地最后确权面积，精确到 $1m^2$。

参考答案

1. 说明具有图解坐标的界址点损坏后的恢复方法。

图解坐标界址点损坏后的恢复方法：只有图解坐标的，不得通过界址放样恢复界址点位置，应根据任务区内等级控制成果（图根控制点或基础控制点）、1∶500 比例尺数字化城镇地籍图、宗地图、界址点坐标成果等资料，利用全站仪采用放样、勘丈等方法进行复位、重新设立界标。

2. 结合测区实际，简述利用极坐标法放样新界址点的作业流程。

利用极坐标法放样新界址点的作业流程如下：

① 将仪器架设在已知的控制点上，进行定向；

② 计算界址点放样元素（距离和方位或点的坐标）；

③ 在实地用仪器放样界址点距离和方向；

④ 用钢尺等勘丈工具进行检核或者检查，直到放样位置正确为止。

3. 判断该宗地分割前后面积差值是否超限，并计算分割后的两宗地最后确权面积，精确到 $1m^2$。

根据解析法量算面积允许误差计算公式

$$m_p = \pm(0.04\sqrt{p} + 0.003p)$$

将 $p=75\ 200$，代入计算得允许误差

$$m_p = 236m^2$$

实际误差为

$$75\ 200m^2 - (\text{两小块宗地的面积和}) = 136m^2$$

因为

$$136m^2 < 236m^2$$

所以该宗地分割前后面积差值不超限。

采用解析法进行地籍测绘时，各宗地面积之和与总宗地面积误差小于 1/200 时，需将误差按面积分配到各宗地，进而计算得出平差后的各宗地面积。因此：

$p_1 =$（第一块宗地面积）+136×（第一块宗地面积）/75 200=54 144m^2

$p_2 =$（第二块宗地面积）+136×（第二块宗地面积）/75 200=21 056m^2

其中：第一块宗地面积为 54 046m^2，第二块宗地面积为 21 018m^2。

第三题（20 分）：

某测绘单位开展了沿海某岛屿的陆岛 GPS 联测及区域似大地水准面精化工作，分级布设了若干 GPS B、C 级控制点，以及高程异常控制点（又称 GPS 水准点）和二、三等水准点，辅以全站仪等常规方法建立了 D 级测图控制网，并对海岛及附近海域施测了1：2 000地形图，测量采用 2000 国家大地坐标系，3°高斯-克吕格投影，1985 国家高程基准。

1. 按照国家二等水准测量规范，在大陆沿海岸线布设了 300km 长的二等水准附合路线，在编算概略高程表时，对各测段观测的高差进行了水准标尺长度改正、水准标尺温度改正、重力异常改正和固体潮改正，计算发现附合路线的高差闭合差超限。

2. 测图控制网中有一条电磁波测距边 MN 的斜距观测值 $D=2\ 469.386\text{m}$，M、N 两点的平均高程 $h_m=30\text{m}$，高差 $\Delta h=5\text{m}$。在经过归化投影后，通过 M、N 两点的高斯平面直角坐标计算得到的边长 $D'=2\ 469.381\text{m}$，两点的平均横坐标 $y_m=20\text{km}$。

3. 水下地形采用单波束测深。在水深测量开始之前，利用新建海岛验潮站一个月的观测资料，计算得到了当地临时平均海面和临时深度基准面，埋设了水准点 P，测得 P 点基于临时平均海面的高程 $h_p=5.381\text{m}$。测量结束后，利用海岛验潮站连续 12 个月的观测资料及沿岸长期验潮站资料，重新计算了当地平均海面和深度基准面，并对测深成果进行了改正。新的平均海面比临时平均海面低 3cm，比 1985 国家高程基准面高出 20cm，GPS 联测得到了 P 点的三维大地坐标，其大地高 $H_p=5.892\text{m}$。

问　题

1. 本项目不同等级、不同用途的 GPS 点应分别选择埋设什么类型的标石？

2. 二等水准附合路线高差闭合差超限，最有可能是对观测高差没有进行什么改正引起的？这项改正与水准测量路线的哪些要素相关？

3. MN 测距边从斜距 D 到高斯平面边长 D' 经过了哪些归化投影计算？它们分别有怎样的缩放规律？

4. 计算 P 点基于 1985 国家高程基准的高程 h'_p 和高程异常 ξ_p。

参考答案

1. 本项目不同等级、不同用途的 GPS 点应分别选择埋设什么类型的标石？

① 项目中 B 级点应埋设基岩 GPS、水准共用标石；

② C 级点可埋设基岩 GPS、水准共用标石以及土层 GPS（土层经过一个雨季）、水准共用标石；

③ 高程异常控制点采用天线墩、水准共用标石。

2. 二等水准附合路线高差闭合差超限，最有可能是对观测高差没有进行什么改正引起的？这项改正与水准测量路线的哪些要素相关？

二等水准附合路线高差闭合差超限，最有可能是对观测高差没有进行正常水准面不平行改正引起的。由于水准面的不平行性，使得两固定点间的高差沿不同的测量路线所测得的结果不一致而产生多值性，为了使点的高程有唯一确定的数值，得到精确的水准点间高差，必须进行的改正即正常水准面不平行改正。

该项改正与水准路线所在的纬度、测段始末点的近似平均高程、正常水准面不平行改正数的系数 A，以及重力值有关。

3. MN 测距边从斜距 D 到高斯平面边长 D' 经过了哪些归化投影计算？它们分别有怎样的缩放规律？

MN 测距边从斜距 D 到高斯平面边长 D'，分别经过了方向和边长观测值归化改正和投影改正。归化改正是将地面的方向和边长化至参考椭球面的改正。将方向观测值归算到参考椭球面的改正有三差改正，将边长观测值归算到参考椭球面的改正称为边长归化改正，它与测区的平均高程面到参考椭球面的大地高有关。

大地高一般为正值，该值越大，边长观测值的归化改正值越大，且与大地高反符号，一般为负值。投影改正与测区到中央子午线的远近有关，测区离中央子午线越远，方向和边长的投影改正值越大。

4. 计算 P 点基于1985国家高程基准的高程 h'_P 和高程异常 ξ_P。

P 点基于1985国家高程基准的高程 h'_P 和高程异常 ξ_P 的计算如图4所示。

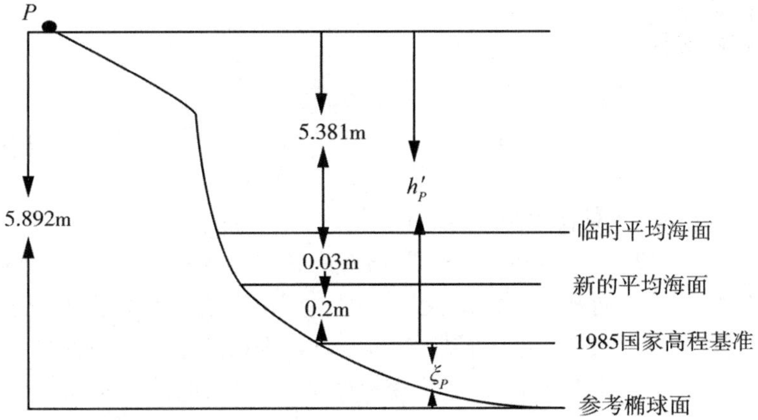

图4　P 点空间结构示意图

$$h'_p = 5.381 + 0.03 + 0.2 = 5.611\text{m}$$
$$\xi_p = H - h' = 5.892 - 5.611 = 0.281\text{m}$$

第四题（20分）：

某测量单位承担某厂房内大型设备的安装测量任务，要求安装后设备的中轴线与厂房的中轴线重合，安装的点位精度达到±5mm。

① 考虑到施工程序、方法、场地情况以及使用的方便性，布设了14个施工控制网点，都为带强制对中装置的观测墩。其中 A、B 两点位于厂房的中轴线上，且和厂房外的

测图控制点通视；

② 使用0.5s精度全站仪进行施工控制测量。各测站上同时获得观测点的斜距、水平角、天顶距等观测值，并记录测量时的温度和气压，经过三维网平差获得施工控制网点的三维坐标（X、Y、Z）；

③ 按照“忽略不计原则”（控制点误差对放样点位不发生显著影响）确定施工控制网点的点位允许误差，并将它与三维网平差的点位精度比较，判定施工控制网成果能否满足施工放样的要求；

④ 使用1s精度的全站仪按坐标法进行施工放样。事先将放样点的设计坐标输入全站仪中，测量时将现场的温度和气压输入，让全站仪自动进行气象改正。

问　题

1. 建立施工控制网时，坐标轴的方向如何确定？
2. 简述提高施工控制网高程测量精度的措施。
3. 按照“忽略不计原则”，施工控制点的点位允许误差应为多少？
4. 简述将施工控制网坐标转化到测图控制网的作业流程。

参考答案

1. 建立施工控制网时，坐标轴的方向如何确定？

建立施工控制网时，坐标轴方向与厂房轴线平行。其中坐标横轴宜选在A、B两点的连接线上，坐标纵轴垂直于横轴，其交点选在对施工影响小的地方。

2. 简述提高施工控制网高程测量精度的措施。

提高施工控制网高程精度的措施有：严格对中整平，采用强制对中观测墩，选择有利的观测时间，同时采用对向观测，提高视线高度，利用短边传算高程等措施方法。

3. 按照“忽略不计原则”，施工控制点的点位允许误差应为多少？

根据题意，设控制点误差为m_1，放样误差为m_2，安装误差为m_3。

按照“忽略不计原则”，可知

$$m_2 = 3m_1$$

由于

$$m_3^2 = m_1^2 + m_2^2 = m_1^2 + (3m_1)^2 = 10m_1^2$$

有

$$m_1^2 = m_3^2/10$$

可得出控制点误差

$$m_1 = \sqrt{25/10} = 1.58\text{mm}$$

施工控制点的点位允许误差应为中误差的2倍，所以允许误差为

$$1.58 \times 2 = 3.16\text{mm}$$

4. 简述将施工控制网坐标转化到测图控制网的作业流程。

施工控制网坐标转化到测图控制网的作业流程如下：收集建筑场地的测量控制网资

料、施工坐标和测量坐标系统的换算数据，建筑物的平面位置采用施工坐标系统的坐标表示，坐标轴的方向与主建筑物的轴线方向相平行，坐标原点应虚设在总平面图的西南角上，使得所有建筑物的坐标均为正值。如图 5 所示，假设其中：*YOX* 为 *SOM* 测量坐标系；*AO′B* 为施工坐标系。则 *P* 点在两个系统内的坐标，*Y*、*X* 和 *A*、*B* 的关系式为

$$\begin{cases} Y = a + A\cos\alpha + B\sin\alpha \\ X = b - B\cos\alpha + A\sin\alpha A\sin\alpha \end{cases}$$

$$\begin{cases} A = (Y - a)\cos\alpha + (X - b)\sin\alpha \\ B = -(X - b)\cos\alpha + (Y - a)\sin\alpha \end{cases}$$

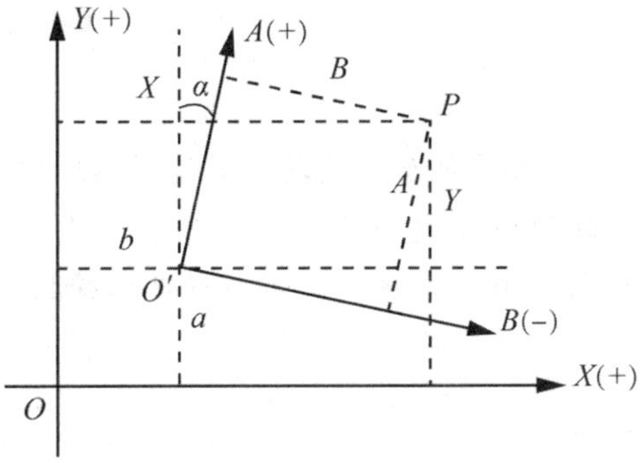

图 5　坐标值换算示意图

计算坐标转换参数，实现坐标换算，从而使得坐标系统统一。

第五题（20 分）：

某测绘单位承担某测区 1∶5 000 数字线划图（DLG）、数字高程模型（DEM）、数字正射影像（DOM）航摄成图中的像片控制点布测任务。

1. 测区概况：

测区以丘陵为主，分布有河流、湖泊和水库，交通发达，公路、乡村路纵横交错，测区内耕地比较多，水田以梯地为主，山坡多旱地，山丘上植被茂盛。

2. 航摄资料情况：

2014 年航空摄影的 23cm×23cm 影像，沿东西方向航摄。航向重叠度一般为 67%左右，最小为 53%，旁向重叠度一般在 36%左右，摄区共有 20 条航带。

3. 像片控制点布测方案：

（1）平面高程均采用区域网布点，示意图如图 6 所示。

平高控制点航向基线跨度不大于 9 条基线，旁向相邻航线最大跨度不大于 3 条基线。

（2）像片控制点尽可能选择像片上的明显目标点，便于正确地相互转点和立体观测时辨认点位。

（3）像片控制点利用测区已有的卫星导航定位服务系统（CORS）联测平面位置，并用似大地水准面精化模型进行高程改正。

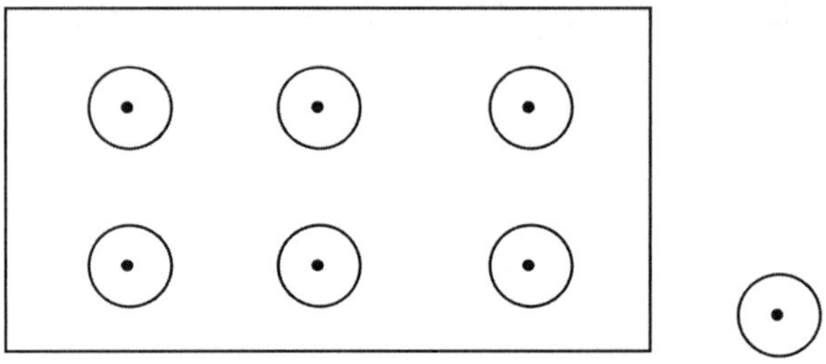

图 6

问 题

1. 列举本测区中作为像片控制点的优选地物，并说明林地中控制点的选取方法。
2. 结合本测区摄影资料的规格和重叠度，说明像片控制点在像片上的位置要求。
3. 根据本测区像片控制点的施测方法，说明在野外选择控制点的点位应考虑的因素。

参考答案

1. 列举本测区中作为像片控制点的优选地物，并说明林地中控制点的选取方法。

本测区像片控制点的优选地物为：道路交叉点、河流交汇点、线状地物交角、水田拐角、小于 0.3mm 的点状地物中心。

林区的点位应尽量选在林间空间的明显点上，如选不出来时，可选在相邻航线、左右立体像对都清晰的树顶上。

2. 结合本测区摄影资料的规格和重叠度，说明像片控制点在像片上的位置要求。

像片控制点在像片上的位置要求：

① 像片控制点目标应清晰易判别；

② 布设的控制点宜能公用，一般布设在航向及旁向 6 片或 5 片重叠范围内；

③ 像片控制点距像片边缘不小于 1~1.5cm，数字影像距边缘不小于 0.5cm；

④ 控制点距像片的各类标志大于 1mm；

⑤ 每个像对四个基本定向点离通过像主点且垂直于方位线的直线不超过 1cm，最大不超过 1.5cm；

⑥ 控制点应选在旁向重叠中线附近，位于自由图边、待成图边以及其他方法成图的图边控制点一律布设在图廓线外。

3. 根据本测区像片控制点的施测方法，说明在野外选择控制点的点位应考虑的因素。

应考虑的因素包括：

① 刺点的位置应避免在高层建筑的楼角，因为高层建筑与地面的高差较大，影响 GPS 高程精度。平高点应尽量刺在矮墙、低房和平地上。高程点应刺在空旷的平地上，以便于观测和提高点位高程精度。

② 刺点的点位应避开高大的楼群、高压电线、高频发射塔和高大树木和对 GPS 信号

接收有影响的障碍物。

③ 点的位置应有利于交通，便于人行走与仪器的接送。

第六题（20 分）：

某测绘单位承接了南方某地级市 1∶5 万比例尺普通图挂图的编制任务。该市位于平原向丘陵过渡地带，区域内河网水系密集，道路纵横交错，居住人口密集。市区和城镇主要分布在河流两岸和交通要道两旁，村庄农舍散列于田野和山坡。2011 年以来，该市城镇化建设较快，市区和一些城镇周边挖山填壑扩大了城区范围，新修了一些水库和水利设施，整治了湖泊、河渠，同时调整了部分乡镇和行政村的行政区划等。

1. 收集到的资料：

（1）2005 年编制出版的 1∶5 万比例尺全市挂图。县级（含）以上居民地以真型符号表示，其余居民地以圈形符号表示，地形地貌以彩色晕渲表示，1980 西安坐标系，等角圆锥投影。

（2）2010 年更新生产的 1∶5 万 DLG，等高距为 10m，1980 西安坐标系，高斯投影。

（3）2013 年所摄的 0.5m 分辨率航摄资料。

（4）2014 年更新生产的 1∶1 万 DLG，等高距为 2.5m，2000 国家大地坐标系，高斯投影。

（5）2014 年省行政区划简册，包含市、县（区）、镇（乡、街道）、行政村名称。

（6）2014 年测绘生产的市区 1∶500 地形图数据。

2. 主要编绘要求：

（1）现势性达到 2014 年，平面精度与 1∶5 万地形图基本相当，表示的要素内容与 1∶5万地形图比较，应做适当的删减、类别合并及图形综合等。

（2）表示市界、县界、县镇界及行政区划信息。

（3）县乡道（含）以上公路全部表示，其他乡村道路适当取舍。

（4）行政村（含）以上居民地全部表示，自然村适当选取。图上面积 $9mm^2$ 以上的城镇和集团式农村居民地以多边形表示，其他居民地以圈形符号表示，分散独立房屋不表示。

（5）图上长度 3cm 以上的河流和干渠全部表示，其他可取舍；图上宽度 0.5mm 以上的河流用多边形表示，其他用单线表示；水库全部表示，坑塘选取图上面积 $10mm^2$ 以上的表示。

（6）以等高线和分层设色表示地貌，等高距为 50m。

问题

1. 指出本项目编图主要使用哪几种资料，并说明其用途。
2. 结合本项目指出等高线编绘可选的两种作业方式，并说明其优缺点。
3. 简述本项目如何编绘居民地要素。
4. 简述本项目如何进行道路选取。

参考答案

1. 指出本项目编图主要使用哪几种资料，并说明其用途。

本项目编图主要使用以下资料及其用途：

（1）2010 年更新生产的 1∶5 万 DLG 作为编图的基本资料。

（2）2014 年更新生产的 1∶1 万 DLG 作为用于更新 2011 年以来因城镇化建设较快引起的市区和城镇周边以及一些水利设施的建设变化信息。

（3）2005 年编制出版的 1∶5 万比例尺全市挂图，作为编图的地图要素的表示方法和地图制图综合参考资料。

（4）2014 年省行政区划简册，作为编图的参考资料，用于更新因城市化建设引起的部分乡镇和行政村的行政区划和名称的调整。

（5）2014 年测绘生产的市区 1∶500 地形图数据，作为更新市区要素变化资料数据。

（6）2013 年所摄的 0.5m 分辨率航摄资料可作为发现地图要素变化信息用。

2. 结合本项目指出等高线编绘可选的两种作业方式，并说明其优缺点。

本项目等高线编绘可选的两种方法及其优缺点如下：

（1）利用 2010 年更新生产的 1∶5 万 DLG 进行编绘。优点是编绘的工作量小，制图综合难度小；缺点是现势性不够好，且为 1980 西安坐标系，还需进行坐标转换。

（2）利用 2014 年更新生产的 1∶1 万 DLG。优点是现势性强，且为 2000 国家大地坐标系；缺点是等高线缩编和制图综合工作量大。

3. 简述本项目如何编绘居民地要素。

本项目居民地编绘方法和步骤如下：

（1）利用收集的各项资料对居民地要素进行全面的更新。

（2）选取行政村以上居民地，自然村适当选取。

（3）面积 $9mm^2$ 以上的城镇和集团式农村居民地以平面图形表示，其他居民地以圈形符号表示，并注意圈形符号位置的正确合理性，删去全部独立房屋。

（4）对居民地平面图形进行化简，应正确反映居民地外围轮廓形状和内部结构特征。

（5）凡选取的居民地均应注记名称，并用字体、字大正确表示其行政等级。

4. 简述本项目如何进行道路选取。

本项目道路选取如下：

（1）利用收集的各项资料对道路要素进行全面的更新；

（2）选取高速、国省、县、乡道（含）以上所有全部公路；

（3）选取能够使道路构成网的其他乡村道路；

（4）选取与居民地唯一相连的其他乡村道路。

第七题（20 分）：

某测绘单位承担了某市工商企业管理地理信息系统建设任务，包括整合处理已有的基础地理数据，加工制作空间化的工商企业数据，根据业务需要建立数据库并开发工商企业管理功能。

1. 已有基础地理数据：

（1）2014年1：2 000地形图数据，包括交通、居民地、水系、植被、地貌、管线、境界、地名等要素，还有分幅数据、城市坐标系。

（2）2013年县（区）级行政区划数据，城市独立坐标系。

（3）2013年0.5m分辨率卫星遥感正射影像数据，城市独立坐标系。

2. 收集到的资料：

（1）2015年该市行政区划简册及2013—2015年行政区划调整相关资料。

（2）2015年GPS采集的地名地址点数据，属性包括名称、门牌地址、经纬度（B、L）坐标系、WGS-84坐标系。

（3）工商企业登记数据，文本格式，包括企业名称、工商登记证号、企业类型、门牌地址等信息。

（4）企业税务数据，文本格式，包括企业名称、税务登记号、门牌地址、应缴税额等信息。

3. 数据建库与系统开发要求：

（1）对基础地理数据进行整合处理，建成的数据库全市范围连续无缝，按数据类型和要素层进行组织，统一采用城市独立坐标系，并在内业对地名及行政区划进行更新。

（2）利用本项目中的数据，制作生成全市工商企业空间分布数据，并将收集到的文本格式的工商企业登记及税务信息存储到属性中。

（3）按照工商管理工作要求，开发B/S体系结构的工商企业管理系统，对全市基础地理数据、地名地址数据、空间化的工商企业数据、行政区划数据、卫星遥感正射影像进行建库，并按照OGC的WFS和WMS服务标准进行处理发布，实现叠加显示、地名地址定位、企业查询统计等功能。

（4）应用信息系统按照行政区统计各类型的企业数据和缴纳税额，为工商管理提供数据支持。

问 题

1. 本项目对基础地理数据整合处理的工作主要包括哪些？

2. 指出制作生成工商企业空间分布数据的作业步骤。

3. 简述采用GIS空间分析方法统计各区县企业数量和纳税额的步骤和方法。

4. 说明系统中哪些数据适宜处理为WMS、WFS服务。

参考答案

1. 本项目对基础地理数据整合处理的工作主要包括哪些？

本项目中基础地理数据整合处理主要工作如下：

（1）数据格式转换：将原数据格式转换为数据处理软件所支持的格式，以便进行数据处理，包括图形要素处理、要素属性处理和代码转换。

（2）坐标系统转换：将所有数据的 WGS-84 坐标系，经纬度（B，L）坐标系统统一转换到城市独立坐标系，统一采用城市独立坐标系。

（3）图形要素处理：按照项目对基础地理数据规范要求，对原始数据中采集方式不符合要求、拓扑关系处理不严格（如境界线未连续采集、植被点采集、水系线面不吻合、道路悬挂点等）的图面要素进行处理。

（4）利用 2015 年 GPS 采集的地名地址点数据对基础数据地名进行更新。

（5）2015 年该市行政区划简册及 2013—2015 年行政区划调整相关资料对基础数据行政区划进行更新。

（6）要素属性处理和代码转换：对要素代码进行检查，并按照《基础地理信息要素分类与代码》进行代码转换，对属性不全或属性有误要素，收集资料进行补充修改，如道路分级、居民地分级、等高距一致性处理等。

（7）数据分层调整：按照项目要求的基础地理数据规范对资料数据进行要素分层的调整。

（8）数据接边和检查：检查数据接边（图幅之间或者作业区之间）情况，包括图形和属性的接边，对不符合要求的进行修改。数据检查包括对空间参考系、位置精度、属性精度、接边精度、完整性、逻辑一致性等的检查。

（9）元数据加工：按照项目要求的基础地理数据规范填写元数据。

2. 指出制作生成工商企业空间分布数据的作业步骤。

制作生成工商企业空间分布数据的步骤：

（1）检查 2015 年 GPS 采集的地名地址点中坐标数据，将其转换至城市独立坐标系。

（2）文本格式的工商企业登记数据转换成 Excel 表格或 Access 格式。

（3）根据企业门牌地址等信息，与地名地址点中坐标数据相关联，确定表格中（x，y）字段的内容。

（4）根据要素坐标字段中坐标信息，将工商企业登记数据导入空间数据库，生成工商企业空间分布数据。

（5）对建成数据库、图层表进行检查和验收。

3. 简述采用 GIS 空间分析方法统计各区县企业数量和纳税额的步骤和方法。

采用叠加分析方法，步骤如下：

（1）提取各区县行政区划数据层；

（2）将行政区划数据层与工商企业空间分布数据层进行叠加分析；

（3）统计出各区县全市工商企业数量和纳税额。

4. 说明系统中哪些数据适宜处理为 WMS、WFS 服务。

（1）适宜处理为 WMS（Web Map Services，网络地图服务）的数据：全市 1∶2 000地形图数据，0. 5m 分辨率卫星遥感正射影像数据，行政区划数据。

（2）适宜处理为 WFS（Web Feature Services，网络要素服务）的数据：地名地址数据、空间化的工商企业分布数据。

（四）2016 年注册测绘师资格考试测绘案例分析仿真试卷与参考答案

第一题（20 分）：

某测绘单位承接了某湖区生态环境信息数据库建设任务。该湖区近几年开展了生态环境整治，对荒山进行种草植树，将沿湖一些地势低洼的耕地改造为地面或湿地，新修了部分道路、建筑物和管护设施等。

1. 已有资料：

（1）2010 年测绘的 1∶10 000 地形图数据，包括水系、交通、境界、管线、居民地、土质植被、地貌、地名等要素，矢量数据，1980 西安坐标系；

（2）2015 年 12 月获取的 0.5m 分辨率彩色卫星影像数据；

（3）已建成覆盖全区范围的卫星导航定位服务系统（又称 CORS），实时提供 2000 国家大地坐标系下的亚米级卫星定位服务；

（4）2016 年初全区企业单位名录及排污信息报表数据。

2. 拥有的主要仪器和软件：

（1）GNSS 测量型接收机；

（2）全站仪及测图软件；

（3）数字摄影测量工作站；

（4）遥感图像处理系统；

（5）地理信息系统软件等。

3. 工作内容及要求：

利用已有资料和仪器设备，采集和处理有关数据，现势性要求至少达到 2015 年底，采用 2000 国家大地坐标系，平面精度达到 1∶10 000 地形图要求。其中，部分数据层如下：

（1）水体数据层：多边形数据，包括湖泊、水库、河渠、湿地等要素及其属性；

（2）植被数据层：多边形数据，包括林地、草地等；

（3）排污企业空间数据层：包括单位的位置定位点，以及名称、地址、排污类型等相关属性；

（4）交通数据层：包括公路、铁路、城市道路、水运等要素及其属性；

（5）居民地数据层：包括全部城镇、主要农村居民地以及相应的地名等；

（6）行政区划数据层：县以上境界及政区信息；

（7）正射影像数据：0.5m 分辨率真彩色，按 1∶10 000 地形图分幅。

问　题

1. 简述制作排污企业空间数据层的主要工作内容。
2. 简述制作水系数据层的主要工作步骤。
3. 简述生产该区 0.5m 分辨率正射影像数据的过程。

参考答案

1. 制作排污企业空间数据层的主要工作内容。

（1）资料利用与处理：2010 年测绘的 1∶10 000 地形图数据、2015 年 12 月获取的 0.5m 分辨率彩色卫星影像数据、已建成覆盖全区范围的卫星导航定位服务系统、2016 年初全区企业单位名录及排污信息报表数据，并对 1∶10 000 地形图数据进行坐标系转换处理，转换成 2000 国家大地坐标系。

（2）数据层制作：在地理信息系统软件中用 1∶10 000 地形图数据，参照 2016 年初全区企业单位名录及排污信息报表数据，确定单位和排污类型；根据单位名称在 1∶10 000地形图数据中查找，确定单位的位置定位点和地址。如果地形图上查找不到，对照卫星影像数据，用 GNSS 测量型接收机在 CORS 系统下查找外业测量单位位置坐标，从而获取单位的位置定位点，调绘名称、地址、排污类型等相关属性，再根据上述数据制作排污企业空间数据层。

（3）质量检查和成果提交：对数据层进行整理和质量检查，验收合格后提交成果数据。

2. 制作水系数据层的主要工作步骤。

（1）资料利用分析：2010 年测绘的 1∶10 000 地形图数据、2015 年 12 月获取的 0.5m 分辨率彩色卫星影像数据、已建成覆盖全区范围的卫星导航定位服务系统、2016 年初全区企业单位名录及排污信息报表数据。

（2）数据层制作：以 1∶10 000 地形图数据为基础数据，确定湖泊、水库、河渠、湿地等要素及其属性；用遥感图像处理系统对卫星影像数据进行处理，采集将沿湖一些地势低洼的耕地改造为湿地的图形，对卫星影像不能采集的生态环境整治后的湿地等进行外业测量，从而获取新增水体数据的要素及其属性，再根据上述数据制作水体数据层。

（3）质量检查和成果提交：对数据层进行质量检查，确认无误后提交成果数据。

3. 生产该区 0.5m 分辨率正射影像数据的过程。

（1）资料利用分析：2010 年测绘的 1∶10 000 地形图数据、2015 年 12 月获取的 0.5m 分辨率彩色卫星影像数据、已建成覆盖全区范围的卫星导航定位服务系统、2016 年初全区企业单位名录及排污信息报表数据。

（2）地图修测：利用已有资料和仪器设备，采集和处理有关数据，利用数字摄影测量工作站和遥感图像处理系统由内业立体采集获取对荒山进行种草植树，将沿湖一些地势低洼的耕地改造为地面或湿地，新修的部分道路、建筑物和管护设施的图形数据，外业对内业立体采集的地物要素属性进行调绘，并利用 GNSS 测量型接收机和全站仪及测图软件补测内业立体采集不到和变化的地物，更新得到该区 2015 年底的1∶10 000地形图数据。

（3）DEM制作：利用更新后的1∶10 000地形图数据，生成DEM，并对DEM进行编辑处理，从而得到该区的DEM数据。

（4）影像纠正：根据0.5m分辨率彩色卫星影像数据和对应的DEM数据，采用数字纠正的方法，生成正射影像数据。

（5）影像镶嵌和裁切：对生成的正射影像数据进行匀光匀色和影像接边，得到无缝镶嵌的影像数据，再进行分幅裁切。

（6）质量检查和成果提交：对生产的该区0.5m分辨率正射影像数据进行质量检查，验收合格后提交成果数据。

第二题（20分）：

某甲级测绘单位承担一室内大型设备组装的放样任务，设备长21m，宽10m，高3m，组装设备厂房四面墙皆为钢筋水泥浇注，长30m，宽20m，高10m，要求组装后的设备主轴线与厂房主轴线重合；设备组装的点位误差优于±1.5mm。

1. 测量设备：

（1）测量机器人一台，测角精度0.5″，测距精度0.6mm+1ppm；

（2）原装高精度圆棱镜20只；

（3）能安置棱镜的“L”形墙标20个，带“+”字刻画的测量标志2个；

（4）含球形棱镜的专用测量工件一套；

（5）30m钢卷尺一把；

2. 作业流程：

（1）厂房主轴线确定。在厂房长对称轴端点内侧1m位置的A、B点上，埋设带“+”字刻画的测量标志，A、B的连线即为厂房主轴线；

（2）控制点埋设。在每面墙上埋设4~5个“L”形标志，所有的标志在水平面上大致均匀分布，在高度上错落有致，“L”形标志上安置棱镜作为控制点；

（3）控制点测量。利用测量机器人自动测量3个控制点三维坐标，观测8测回；

（4）坐标变换。根据组装要求，选择合适的方向作为施工坐标系X轴，将控制点坐标转换到施工坐标系中；

（5）自由设站。在适合位置安装测量机器人，选取适当的控制点，按自由设站法测定仪器坐标，并检查自由设站的精度；

（6）坐标放样；

（7）重复（5）~（6）步骤；

3. 放样质量检测。重点检查安装设备上点与点、点与线、点与面之间的相对关系，对大型圆孔检测圆心的位置及圆心到轴线的距离。

问题

1. 如何建立施工坐标系？简述坐标变换的目的和作业流程。

2. 自由设站对控制点的数量和点位分布有什么要求？如何检查自由设站成果的可

用性。

3. 简述检测圆心平面坐标的作业方法与流程。

参考答案

1. 如何建立施工坐标系？简述坐标变换的目的和作业流程。

（1）施工坐标系，其坐标轴应与主要建筑物主轴线平行或垂直，以便用直角坐标法进行建筑物的放样。应以 A、B 的连线即厂房主轴线为 X 轴，以垂直于 A、B 连线的轴线为 Y 轴，以 A 点或 B 点作为坐标系原点。

（2）坐标系转换的目的：为了便于坐标计算和施工放样，控制网的坐标系应与施工坐标系一致。

（3）坐标系转换流程：

① 收集资料，确定至少 2 个重合点；

② 联测厂内的 A、B 两点；

③ 由坐标转换公式，计算重合点坐标（测图坐标系）；

④ 计算转换参数（x，y，a），换算之前先计算出转角；

⑤ 检核换算的正确性，分别用控制网坐标和施工坐标系来计算 A、B 点之间的距离，若距离相等，说明换算正确；

⑥ 最后计算需要施工放样的各轴线点坐标。

2. 自由设站对控制点的数量和点位分布有什么要求？如何检查自由设站成果的可用性。

采用自由设站法测量时，观测的已知控制点不应少于两个。所有水平角、距离各观测一测回，其半测回较差不应大于 30″，测距读数较差不应大于 20mm。实际工作通常选取 3 个控制点以上，根据方向观测值和边长观测值建立方向误差方程式与边长误差方程式，然后按最小二乘原理计算待定点的坐标。选取控制点是应使得其与设站点所成交会角大于 30°并小于 150°，并避开 3 个点构成危险圆的情况。通过实际工程数据，采用自由设站法进行施工放样，需要考虑其工作效率，精度是否可靠，是否能满足工程需要，同时应遵循由高级到低级，先控制后碎部的原则。

3. 简述检测圆心平面坐标的作业方法与流程。

（1）检测圆心平面坐标的作业基本方法：

① 放样数据的检查；

② 利用给定的不同设备仪器放样；

③ 利用不同的控制点放样；

④ 利用不同的方法放样；

⑤ 放样点（圆心坐标）位相互关系检核。

（2）作业流程：在大型圆孔圆心的位置上架设原装高精度圆棱镜，并由测量机器人测定其坐标数值，计算相互间距离，然后采用钢卷尺量距，若计算所得距离与钢卷尺所量距离一样，则放样质量合格。

第三题（20分）：

某测绘单位承接一个海岛的跨海高程传递测量任务，采用测距三角高程测量与同步验潮联测的方法进行，主要工作内容包括跨海观测点的选定、埋设、观测和数据处理等。海岛距陆地的跨距为9 000m，陆地沿岸地区地势起伏较大。有关情况如下：

1. 跨海观测点选定：

为选定合适的跨海观测点位置，在陆地沿岸和海岛进行了实地勘察，现场地质条件稳定，通视良好，其中，在陆地沿岸初选了*A*、*B*和*C*（见图7）三点，同时在跨海两边的观测点附近选定临时验潮站址及辅助水准点站址。

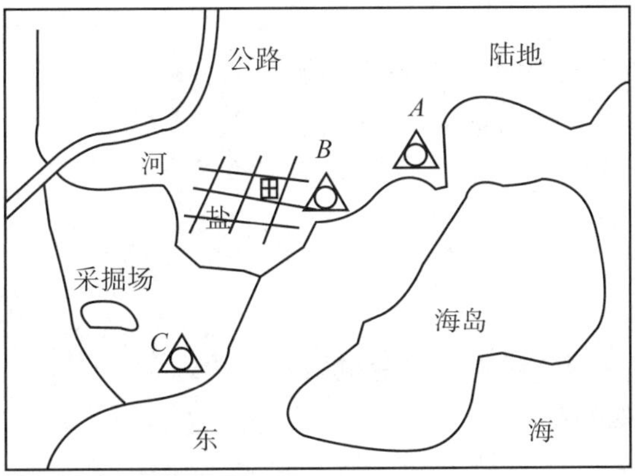

图7

2. 跨海观测点埋设：

跨海观测点选定后，依据任务要求绘制了跨海观测断面示意图（见图8）。在选定的地点进行跨海观测点的埋设，建造跨海观测墩及辅助水准点。

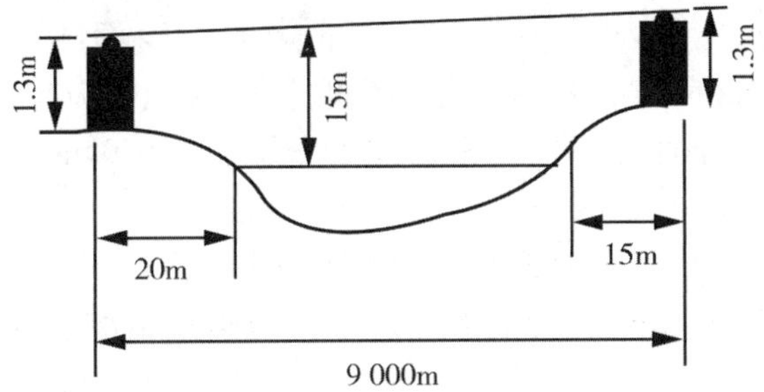

图8

3. 测量基准：

采用2000国家大地坐标系和1985国家高程基准，深度基准面采用当地理论最低潮面。

4. 跨海观测：

跨海观测墩建成后经过一个雨季，进行跨海观测。跨海观测点之间垂直角使用0.5″精度的全站仪同时对向观测，距离使用双频大地型GNSS接收机测量。

跨海两边临时验潮站进行同步验潮观测，对陆地沿岸临时验潮站与水准点进行水准联测，测得辅助水准高程点为6.406m，验潮站水尺零点与辅助水准点高差为11.806m。该地区的平均海面与似大地水准面重合，理论深度基准面在平均海面下1.93m。

5. 数据处理：

利用上述观测数据进行跨海距离换算、跨海观测高差计算、平差处理和同步验潮观测数据处理后，获得跨海观测点的高程成果。

问　题

1. A、B、C哪个地点适合建立跨海观测墩？说明理由。
2. 说明跨海视线距离海水高潮面的高度是否满足要求。
3. 当验潮水尺读数为6.27m时，水位改正数为多少？

参考答案

1. A、B、C哪个地点适合建立跨海观测墩？说明理由。

A点最适合做跨海观测点。

跨海观测墩既要符合水准观测要求，也要符合GPS观测要求，点位选定应满足以下要求：

（1）点位的基础应坚实稳定，并有利于安全作业，交通应便于作业；

（2）应避开易于发生土崩、滑坡、沉陷、隆起等地面局部变形的地方；

综上，B点位于盐田附近，C点位于采掘场附近，均不利于稳定性，故A点最适合做跨海观测点。

2. 说明跨海视线距离海水高潮面的高度是否满足要求。

进行跨海水准观测时，两岸仪器视线距水面的高度应大致相等（测距三角高程法除外），当跨距长度大于500m时，视线高度应不低于$4\sqrt{S}$m（S为跨海视线长度千米数，水位受潮汐影响时，按最高潮位计算），根据图8所示，S为9km，所以视线高度为12m，小于图8所示视线高15m，符合要求。

3. 当验潮水尺读数为6.27m时，水位改正数为多少？

测得辅助水准点H=6.406m，验潮点水尺零点与辅助水准点高差ΔH =11.806m，人工观测水位时，水尺设置零点要求位于最低潮面，可知验潮点水尺零点高程H=−5.4m。

因为该地区的平均海面与似大地水准面重合，① H高程基准面−1.93m=深度基准面；② 验潮水尺读数（6.27m）=瞬时海面水位高程（相对于高程基准面）+水尺零点高程（−5.4m）；计算得瞬时海面水位高程H=0.87m，而水位改正数即将瞬时海面所测高程归算至深度基准面的深度数值。

综上所述，由① ②得出瞬时海面高程至深度基准面的水位改正数为−H=−（0.87+

1.93）= −2.80m。

第四题（20分）：

某测绘单位承担了某市航测生产1∶5 000数字地形图（DLG）的任务。

1. 测区概括：

测区面积约3 600km^2（60km×60km），海拔最低300m/最高600m：测区内多山，地形起伏较大；市区房屋密集，高层建筑物较多；测区全年大部分时间天气晴好、能见度高。

2. 资料条件：

（1）覆盖全测区的1∶5 000地形图；

（2）测区有可利用的CORS系统；

（3）测区似大地水准面精化成果，精度优于10m；

（4）测区内均分布有9个高精度的平高控制点。

3. 主要设备：

框幅式数字航摄仪，有焦距分别为50mm和120mm的两个镜头备选，像元大小为9μm；定位定姿系统（POS）；数字摄影测量工作站；集群式摄像处理系统等。

4. 作业要求：

（1）航空摄影要求航向重叠度65%左右，旁向重叠度30%左右，影像地面分辨率0.3m。

（2）充分利用已有条件，不再布设像控点。

（3）DLG生产采用“先内后外”的方式。地物、地貌要素均由内业立体采集获取；外业对内业立体采集的地物要素属性进行调绘，并补测内业立体采集不到和变化的地物；最后内业编辑成图。作业期间地貌变化不予考虑。

（4）内业立体测图与外业调绘、补测尽可能并行作业，以缩短生产周期。

问题

1. 选择合适焦距的航摄仪镜头并说明理由：计算最小航向重叠度、最小旁向重叠度。
2. 本项目空中三角测量作业时需要哪些数据？简述其作业流程。
3. 简述合理的DLG作业方案。

参考答案

1. 选择合适焦距的航摄仪镜头并说明理由：计算最小航向重叠度、最小旁向重叠度。

由于测区内多山，地形起伏较大；市区房屋密集，高层建筑物较多；为有效减小投影差，可选用长焦距的镜头，故选择焦距为120mm的镜头。

因为像元大小为9μm，作业要求影像地面分辨率为0.3m，则

平均海拔=（最低海拔+最高海拔）/2=（300+600）/2=450m；

最小摄影测量比例尺=1/（0.3/（9×10^{-6}））=1/33 000；

相对航高 $=f/m=0.12/(1/33\,000)\approx 4\,000$；

则最小航向重叠度=航向重叠度+（平均海拔-最高海拔）/相对航高×（1-航向重叠度）$=0.65+(450-600)/4\,000\times 0.35\approx 63.7\%$；

最小旁向重叠度=旁向重叠度+（平均海拔-最高海拔）/相对航高×（1-旁向重叠度）$=0.3+(450-600)/4\,000\times 0.7\approx 27.4\%$。

2. 本项目空中三角测量作业时需要哪些数据？简述其作业流程。

（1）本项目空中三角测量（以下简称空三）作业时需要的数据：

① 地面分辨率 0.3m 影像数据；

② 用定位定姿系统（POS）求出航摄影像、框幅式数字航摄仪的内定向参数；

③ 用测区内均分布的 9 个高精度的平高控制点作为平面和高程控制。

（2）作业流程包括：

① 采用数字摄影测量工作站，通过内定向、相对定向、绝对定向，最终获取框标点量测坐标、像点量测坐标、空三加密点大地坐标以及像片的外方位元素；

② 按设计及规范要求选择好区域网单元及参与平差的定向点，利用的 CORS 系统和似大地水准面精化成果测量参与平差的定向点坐标，区域网空三加密，区域网接边；

③ 质量检查验收、成果整理与提交。

3. 简述合理的 DLG 作业方案。

DLG 生产采用“先内后外”的方式，作业方案为：

（1）数据资料准备：空三成果、航摄影像和模型像对数据等。

（2）利用集群式摄像处理系统对航摄影像数据（0.3m 分辨率）进行处理，采用数字摄影测量工作站根据空三成果恢复立体模型并进行立体测图。

（3）由内业立体采集获取测区的地物、地貌要素；内业对有把握并能够判断准确的地物、地貌元素，按图式符号直接采集；对无把握判断准确的（包括隐蔽地区、阴影部分和较小的独立地物以及无法确定性质的实体元素）尽量采集，并作出标记由外业实地进行精确定位和补调。

（4）利用覆盖全测区的 1∶5 000 地形图对自然村、重要企事业单位、道路 、河流名称进行地图注记，添加境界要素。

（5）外业对内业立体采集的地物要素属性进行调绘，例如，自然村、重要企事业单位、道路（等级、材质）、河流名称、电力线、码头、水系、地类，并补测内业立体采集不到和变化的地物。

（6）最后内业编辑成图。同时，内业立体测图与外业调绘、补测尽可能并行作业，以缩短生产周期。

（7）质量检查：对 DLG 数据进行接边，并检查 DLG 数据成果质量。

（8）成果整理和提交：DLG 数据成果质量验收合格后提交成果数据。

第五题（20 分）：

某市地势较平坦，水网密集。高程在 28~30m，雨季农村地区洪水频发。现委托某测绘单位开展防洪处理和分析工作，包括制作处理防洪专题数据、开展洪水风险模拟分析，为防灾减灾提供信息支撑。

1. 已有数据：

(1) 2015 年 1∶10 000 分幅地形图数据，包括居民地、道路、河流、湖泊、植被等，1980 西安坐标系。

(2) 2015 年 0.5m 分辨率 DOM，2000 国家大地坐标系（CGCS2000）。

(3) 2015 年 1∶10 000 DEM，5m 格网，CGCS2000 坐标系。

(4) 2015 年县（区）级行政区划数据，包括行政代码、行政区名、辖区面积等属性，1980 西安坐标系。

(5) 2015 年 GPS 采集的重要公共场所点状数据，如学校、医院、车站等，属性包括名称、类型、门牌地址等，WGS-84 坐标系。

(6) 2015 年 GPS 采集的应急救援物资存放点数据，属性包括类型、地址、管理人、联系电话等，WGS-84 坐标系。

(7) 2015 年的居民点数据，包括名称、所属行政区名称、人口数、户数等属性，WGS-84 坐标系。

2. 数据处理及统计分析要求：

(1) 对已有数据进行处理，然后进行空间统计分析，全部采用 CGCS2000 坐标系。

(2) 采用 GIS 空间分析方法，进行洪水淹没模拟分析。假设洪水达到某水位高度时，分析可能出现的受灾范围、面积、居民点个数、人口数和户数等；寻找离受灾居民点最近的应急救援物资存放点以及最佳调运路线等。

(3) 编写分析统计报告，制作防洪预案。

问 题

1. 在空间分析时，上述已有数据中哪些需要进行坐标系转换？

2. 采用空间分析方法查找离每一个受灾居民点最近的应急救援物资存放点，请简述作业步骤。

3. 简述在模拟分析洪水位到达 20m 时，按县（区）统计可能淹没的村庄数量及户数的过程。

参考答案

1. 在空间分析时，上述已有数据中哪些需要进行坐标系转换？

在空间分析时，对已有数据进行处理，全部采用 CGCS2000 坐标系。

已有数据是：

(1) 2015 年 1∶10 000 分幅地形图数据；

(2) 2015 年县（区）级行政区划数据；

(3) 2015 年 GPS 采集的重要公共场所点状数据；

(4) 2015 年 GPS 采集的应急救援物资存放点数据；

(5) 2015 年的居民点数据；

这些数据都需要进行坐标系转换。

2. 采用空间分析方法查找离每一个受灾居民点最近的应急救援物资存放点，请简述作业步骤。

采用叠置分析和网络分析的空间分析方法查找离每一个受灾居民点最近的应急救援物资存放点，步骤如下：

（1）数据调用：调用2015年的居民点数据，GPS采集的应急救援物资存放点数据，县（区）级行政区划数据，1∶10 000分幅地形图数据和0.5m分辨率DOM等数据。

（2）网络分析：根据居民点的名称和所属行政区名称确定该居民点在地形图上的对应位置，以该居民点为起点，依次计算该居民点到应急救援物资存放点的交通距离，距离最小者即为离该受灾居民点最近的应急救援物资存放点。

3. 简述在模拟分析洪水位到达20m时，按县（区）统计可能淹没的村庄数量及户数的过程。

模拟分析过程如下：

（1）数据调用：调用2015年1∶10 000地形图数据，0.5m分辨率DOM，1∶10 000 DEM，县（区）级行政区划数据，2015年的居民点数据等。

（2）三维地形空间分析：以1∶10 000 DEM为基础，根据洪水位到达20m，计算出高程小于20m的DEM范围，即可能淹没范围。

（3）叠置分析：以地形图数据叠加DOM作为底图数据，将淹没范围数据、居民点数据、县行政区划数据和地形图数据做叠置分析，按县（区）统计得到可能淹没的村庄数量及户数。

第六题（20分）：

2015年某市完成了城镇地籍总调查工作，总调查工作以“权属合法、界址清楚、面积准确”为原则，充分利用了现有成果，以高分辨率航空正射影像为基础，查清了每宗地的权属、界址、面积和用途。测绘出全市地籍图，建立了地籍数据库。

1. 利用的资料：

（1）该市CORS系统及拟大地水准面精化模型；

（2）2014年底0.2m分辨率航空正射影像数据；

（3）2015年初0.5m分辨率卫星正射影像数据；

（4）行政界线、地籍区和地籍子区界线数据；

（5）地籍权属来源资料（纸质）；

（6）有效使用权宗地（地块）及权属界线数据；

（7）城市规划数据；

（8）房产测量数据。

2. 某处地籍发生了变化，由地块一和地块二合并形成了一个新地块，如图9所示。有相应的合法手续，调查时采用全站仪按照一类界址点要求测量了界址点坐标（见表4）。

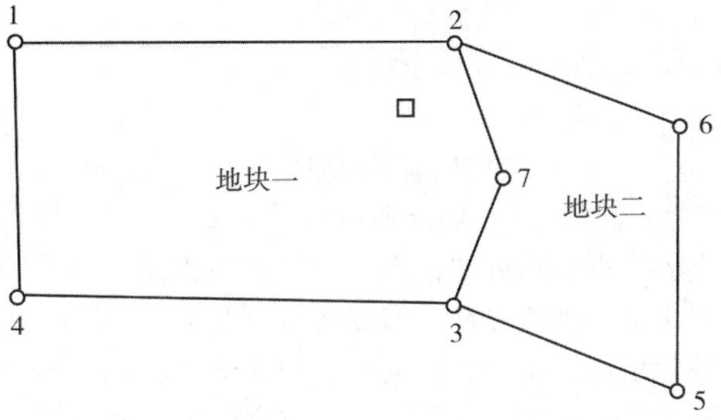

图 9

表 4 **界址点新旧坐标比较表** （单位：m）

界址点号	原 X	原 Y	新测 X	新测 Y	DX	DY	DS
1	47 567.371	95 366.546	47 567.382	95 366.559	0.011	0.013	0.017
2	47 568.434	95 976.095	47 568.421	95 976.111	0.013	0.016	0.021
3	47 184.699	95 988.861	47 184.729	95 988.859	0.030	0.002	0.030
4	47 182.573	95 370.801	47 182.569	95 370.825	−0.004	0.024	0.024
5	47 137.928	96 238.850	47 137.901	96 238.858	−0.027	0.008	0.028
6	47 444.065	96 239.914	47 444.081	95 239.351	0.016	−0.563	0.563
7	47 359.027	96 020.774	47 359.031	96 020.764	0.004	−0.010	0.011

3. 成果验收时，专家查阅了监理检查记录，检查记录中对某地块的工作情况概述如下："指界时，调查员、本宗地指界人及社区工作人员同时到现场进行指界，由调查员在地籍调查表、土地权属界线协议书或土地权属争议书上签字盖章确认，由于界址点标石没有按时搬运到现场，调查员对指界人指定的界址点现场设置标石，为方便起见，根据指界结果做好标记，进行事后补设。"

问 题

1. 本次地籍总调查外业调查工作底图应采用哪些资料？
2. 列表表示合宗后地块界址点点号及坐标值。
3. 根据检查记录，你认为作业人员操作是否有误？如是，请说明原因。

参考答案

1. 本次地籍总调查外业调查工作底图应采用哪些资料？

本次地籍总调查外业调查工作底图应采用的资料有：

① 2014 年底 0.2m 分辨率航空正射影像数据；
② 2015 年初 0.5m 分辨率卫星正射影像数据；
③ 行政界线、地籍区和地籍子区界线数据；
④ 地籍权属来源资料（纸质）；
⑤ 有效使用权宗地（地块）及权属界线数据。

2. 列表表示合宗后地块界址点点号及坐标值。

如表 4 所示，一类界址点对临近图根点点位误差不大于 5cm，6 号界址点超限，需重新测定，采用新界址点坐标，其他界址点精度均符合要求，采用原坐标，其中原 7 号界址点废止。界址点以宗地为单位，统一自西向东，自南向北，由“1”开始顺时针编号；未废弃的界址点使用原编号，废弃的界址点编号不重复使用，遵循新增界址点编号在最大界址点后续编的原则。

合宗后地块界址点点号及坐标值见表 5。

表 5　　合宗后地块界址点点号及坐标值

界址点号	X	Y
1	47 567.371	95 366.546
2	47 568.434	95 976.095
5	47 137.928	96 238.850
6	47 444.081	95 239.351
3	47 184.699	95 988.861
4	47 182.573	95 370.801

3. 根据检查记录，你认为作业人员操作是否有误？如是，请说明原因。

根据检查记录，作业人员操作有误，指界时，调查员、本宗地指界人及相邻宗地指界人员同时到现场进行指界，指界完成后，应当由指界人在地籍调查表或土地权属界线上签字盖章。因各种原因不能完成指界签字的，按照初始权属调查指界的有关要求处理。调查员不应现场指界埋石，事后补设。

第七题（20 分）：

某测绘单位承接了某区域交通挂图的编制任务，该区域位于中纬度地区，区域范围东西向经差约 22°，南北向纬差约 16°。区域地表复杂，类型多样，山脉、河流、沼泽、沙漠、绿洲等都有分布。

该区域矿产资源丰富，旅游景点众多。2015 年以来，新修二级及以上公路通车里程约 600km，新建铁路通车里程达 300km，矿产资源开发力度较大，边境口岸贸易活跃，经济发展迅速。

1. 收集到的资料

（1）2014 年底更新完成的 1：100 万本区域全要素地形图（DLG）数据，该数据中居民地、交通和旅游等要素内容详细，分级合理；

（2）2015年底更新完成的1∶25万本区域全要素地形图（DLG）数据；

（3）2016年交通部门编制出版的1∶320万《区域交通图》（对开幅面）；

（4）2016年旅游部门编制出版的1∶320万《区域旅游图》（对开幅面）；

（5）2015年10月成像的15m分辨率卫星影像；

（6）2016年区域行政区划简册，包含市、县（区）和乡镇等；

（7）2016年初出版的区域市县挂图系列（全开幅面）。

2. 编制要求

（1）挂图幅面为双全开，比例尺1∶160万；

（2）挂图内容以交通为主，兼顾行政区划、地名和旅游等其他地理要素；道路按高速铁路、铁路、高速公路、国道、省道、县乡道及以下等6类表示；居民地按行政等级分省级行政中心、地级市行政中心、县级行政中心、乡镇及以下4级表示；旅游要素分类分级表示；水系、沙漠、山脉和山峰等地理要素择要表示；

（3）挂图采用双标准纬线等角圆锥地图投影；

（4）挂图的现势性截至2015年12月。

问题

1. 指出哪种素材最适合选为基本资料，简述其理由。

2. 简述此挂图居民地、道路和旅游这三种要素的编绘作业步骤。

3. 简述此挂图生产中道路的制图综合处理要点。

参考答案

1. 指出哪种素材最适合选为基本资料，简述其理由。

2014年底更新完成的1∶100万本区域全要素地形图（DLG）数据与新编制挂图的比例尺最为接近，且要素齐全，居民地、交通和旅游等要素内容详细，分级合理，编制成新挂图制图综合难度小，地图数据编辑工作量小，故为新编制挂图的基本资料。

2. 简述此挂图居民地、道路和旅游等要素的编绘作业步骤。

（1）用15m分辨率卫星影像对照1∶100万地形图（DLG）寻找发现有变化的居民地、道路和旅游等要素信息；

（2）用1∶25万地形图（DLG）依据有变化的地方，更新1∶100万地形图（DLG）居民地、道路和旅游等要素数据；

（3）用2016年初出版的区域市县挂图系列再更新一次1∶100万地形图（DLG）居民地、道路和旅游等要素数据；

（4）以2016年交通部门编制出版的1∶320万《区域交通图》（对开幅面）作为道路要素的更新参考数据，对道路要素，特别是新修的二级及以上公路和新建铁路的更新；

（5）以2016年旅游部门编制出版的1∶320万《区域旅游图》（对开幅面）作为旅游要素的更新参考数据，对旅游要素更新；

（6）利用2016年区域行政区划简册，对变化的行政区划界线和变化的市、县（区）和乡镇居民地等级和名称进行更新；

（7）地图缩编。对比例尺为1∶100万的地图进行缩编处理，制图综合，地图符号和注记配置，得到1∶160万挂图上居民地、道路和旅游等要素成果数据。

3. 简述此挂图生产中道路的制图综合处理要点。

此挂图生产中道路的制图综合处理要点如下：

（1）高速铁路、铁路、高速公路、国道、省道全部选取表示，对于这些道路的短小岔道可以删除。县、乡道及以下等6类表示道路，新修二级及以上公路和新建铁路也按要求绘出。

（2）县、乡道及以下等级道路，选取连贯性好的，能够构成道路网道路，删除连贯性差、短小道路，居民地没有选取的道路删除，道路网发达地区这些道路少选，道路网密度稀疏地区这些道路应适当多选。

（3）道路要素与其他要素发生矛盾时，按相接、相切和相离关系进行处理。道路要素间发生矛盾时，保持高等级道路要素位置正确，对低等级要素采取移位或者删除的方式处理。

（五）2017 年注册测绘师资格考试测绘案例分析仿真试卷与参考答案

第一题（20 分）：

某单位承接某市范围内地理国情普查任务，主要是地理国情信息采集。该市已建成卫星导航定位服务（CORS）网，实时提供 2000 国家大地坐标系下亚米级定位服务。

1. 已有资料：

（1）覆盖全市的原始卫星影像（时相为 2014 年 2 月，含轨道或 RPC 参数），全色波段影像分辨率为 0.5m，多光谱分辨率为 2.0m；

（2）1∶10 000 的 DEM，格网间距为 5m，现势性为 2013 年；

（3）1∶10 000 的 DLG，现势性为 2013 年；

（4）1∶50 000 的 DLG，现势性为 2014 年；

（5）控制点库；

（6）收集有全市交通图及水利普查资料，第二次土地调查数据，医疗机构信息一览表，学校分布数据表等专业部门资料。

2. 拥有的主要仪器及软件：

（1）GNSS 接收机；

（2）遥感影像处理软件；

（3）地理国情普查内业处理系统；

（4）地理国情普查外业调绘核查软件。

3. 工作的要求：

（1）利用已有资料制作，满足 1∶10 000 精度，0.5m 分辨率，按 1∶25 000 标准分幅的彩色 DOM；

（2）采用内业—外业—内业的作业模式，进行地面覆盖分类（耕地林地草地）和地理国情要素（道路、水域等）的采集。2014 年 8 月到 12 月开展外业调绘核查，对新增和变化的图斑和要素进行补测补调；

（3）2014 年底前完成成果整理，质检工作，验收合格，提交用于标准时点校核。

问 题

1. 简要说明按上述标准制作的彩色 DOM 的工作流程。

2. 简述已有资料在地理国情采集工作中的用途。

3. 简述外业测绘调查中，新增或变化的图斑和要素补调补测可采用的方法。

参考答案

1. 简要说明按上述标准制作的彩色 DOM 的工作流程。

（1）资料准备、技术路线设定：根据已有的资料制定技术路线，采用覆盖全市的原始卫星影像，全色波段影像分辨率为 0.5m，作为基础影像资料。

（2）定向建模、影像纠正：利用 1：10 000 的 DEM 用于正射纠正。作业前对用于纠正的 DEM 数据进行预处理，对分幅 DEM 数据进行拼接，生成大于整景范围的 DEM 数据。跨带卫星影像范围的 DEM 数据进行拼接时应注意换带。利用控制点库作为控制资料提供基本控制点，进行影像纠正。结合地面控制点，对提供轨道数据的影像采用严格轨道模型进行定向参数解算，或根据卫星影像提供的精确 RPC 参数解算外参数，卫星影像纠正的控制点数量大于等于 6。

（3）色彩调整、影像融合处理、图像增强处理：影像色彩调整主要包括影像匀光处理和影像匀色处理。

（4）影像镶嵌和裁切、正射影像接边：按 1：25 000 标准分幅图幅范围选取需要镶嵌的数字正射影像；在相邻数字正射影像之间选绘、编辑镶嵌线；按镶嵌线对所选的单片正射影像进行裁切，完成单片正射影像之间的镶嵌。按照内图廓线对镶嵌好的正射影像数据进行裁切，生成 DOM 成果。生成的 DOM 成果，应附有相关坐标、分辨率等信息参数或文件。

（5）质量检查及成果提交：质量检查主要包括空间参考系、精度、影像质量、逻辑一致性和附件质量的检查等；应提交的成果包括 DOM 数据文件、DOM 定位文件、DOM 数据文件接合表、元数据文件、质量检查记录和报告、技术总结报告。

2. 简述已有资料在地理国情采集工作中的用途。

（1）覆盖全市的原始卫星影像（时相为 2014 年 2 月，含轨道或 RPC 参数），全色波段影像分辨率为 0.5m，多光谱分辨率为 2.0m。作为基础影像资料。

（2）1：10 000 的 DEM，格网间距为 5m，现势性为 2013 年。用于正射影像纠正，按 1：10 000 成图精度要求进行，格网间距和高程精度需满足正射影像纠正精度要求。

（3）1：10 000 的 DLG，现势性为 2013 年；作为基本地理数据资料。

（4）1：50 000 的 DLG，现势性为 2014 年；作为更新居民地、道路和水系等基础地理数据资料。

（5）控制点库，作为控制资料提供基本控制点，对正射影像成果进行精度检测，影像纠正等。

（6）收集有全市交通图及水利普查资料，第二次土地调查数据，医疗机构信息一览表，学校分布数据表等专业部门资料。作为地理国情覆盖分类中铁路与道路、水域、林草覆盖、房屋建筑、种植土地等要素的补充参考资料。

3. 简述外业测绘调查中，新增或变化的图斑和要素补调补测可采用的方法。

对于新增或变化的图斑和要素补调补测可采用的方法有：

（1）在底图影像上可以直接定位的新增或变化的图斑或要素，采用内业图上标绘，但是属性无法确定，可以采用外业补调的方法调查确定新增或变化的图斑或要素属性。

（2）当底图影像上无法对新增或变化的图斑和要素进行准确定位时，可以采用 GNSS 接收机进行实地补测定位，采集变化范围；采用外业补调的方法调查确定新增或变化的图斑或要素属性。

第二题（20 分）：

某测绘单位进行商业楼测绘，商业楼地下三层，-3 层、-2 层为人防和车库，-1 层为设备间和管理用房，地上 32 层，1 到 5 层为商业，6 到 32 层为住宅。

1. 测绘内容：预售测绘、竣工测绘、权属登记测绘。

2. 预售测绘结果：

（1）成套房屋的室内建筑面积和成套房屋的室外部分建筑面积的水平投影面积：套内建筑面积等于套内使用面积加套内墙体加套内阳台面积；套外部分建筑空间水平投影面积包括：电梯井、管道井、楼梯间、变电室、地下车库、设备间、公共门厅、人防面积。

（2）32 层 01 室为复式，顶一房设阁楼。

（3）共有建筑面积汇总时，1 楼大厅的回廊部分（2.6m 高）和连接本楼与楼外电力设备用房之间的无上盖架空通廊部分均未计入建筑面积（见图 10）。

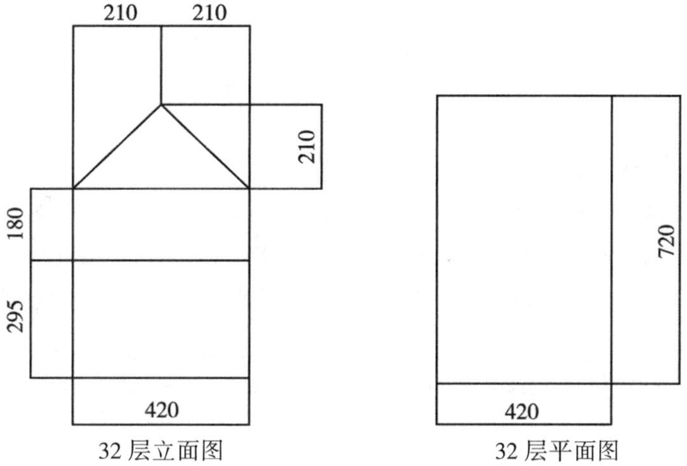

图 10

问题

1. 简述预售测绘成果中不应计入分摊共有建筑面积的内容。

2. 计算 3201 室阁楼的套内使用面积（不考虑特殊情况，不考虑楼板，不考虑墙体）。

3. 一楼大厅回廊部分（高 2.6m）和无上盖架空通廊部分均未计入建筑面积，这种做法对不对？如果不对，应该如何改正？

参考答案

1. 简述预售测绘成果中不应计入分摊共有建筑面积的内容。

作为人防和车库的-3层、-2层，以及作为设备间和管理用房-1层不计入分摊共有建筑面积。

2. 计算3201室阁楼的套内使用面积（不考虑特殊情况，不考虑楼板，不考虑墙体）。

房产测量规范规定：斜面结构屋顶高度在2.20m以上的部位，按其外围水平投影面积计算。

设自中心线至外墙超过2.20m处的阁楼宽度为X，根据相似三角形原理：

$X/2.1=(3.9-2.2)/(3.9-1.8)$，计算得$X=1.7$m。

所以阁楼面积$S=1.7\times2\times7.2=24.48\text{m}^2$。

3. 一楼大厅回廊部分（高2.6m）和无上盖架空通廊部分均未计入建筑面积，这种做法对不对？如果不对，应该如何改正？

房产测绘规范规定：①门厅、大厅内的回廊部分，层高在2.20m以上的，按其水平投影面积计算；②房屋之间无上盖的架空通廊不计算建筑面积。

所以该做法不对，应对超过2.20m的回廊（2.6m），即超过的0.4m部分应参与建筑面积计算。

第三题（20分）：

某区进行1∶2 000航测，生产DEM、DOM、DLG。

1. 测区概况，面积约80km^2，东西约10km，南北约8km，地势低平，地面最低点海拔20m，最高点海拔60m，1 500m以上高空易有大面积云雾，3 000m以上空域管理严格。

2. 航摄要求，影像地面分辨率为0.2m，旁向重叠度为65%，航向重叠度为35%。

3. 主要设备：

（1）大型数码航摄仪UltrcCamXP（焦距为100mm，像元为6μm，像素为17 310×11 310)，带POS系统；

（2）低空数码航摄仪（焦距为36mm，像元为6μm，像素为8 000×7 000)，带POS系统；

（3）数字摄影测量工作站、集群式影像处理系统等内业生产设备；

（4）全站仪、GNSS接收机等外业装备。

要求：

（1）选择合适的航摄仪；

（2）进行外业控制测量；

（3）进行POS辅助空中三角测量；

（4）DLG按先内业后外业的顺序，内业尽可能在DOM基础上采集地物要素。

问 题

1. 计算分析用哪一个航摄仪，说明理由。
2. 简述空中三角测量的步骤。
3. 简述空中三角测量完成后，适用于本项目的 DLG 生产主要流程。

参考答案

1. 计算分析用哪一个航摄仪？说明理由。

因为 1 500m 以上高空易有大面积云雾，3 000m 以上空域管理严格。所以本项目适宜采用低空数字摄影，即相对航高不超过 1 500m。根据公式：

$$H=\frac{f\times GSD}{a}$$

式中，H——摄影行高，单位为米（m）；f——镜头焦距，单位为毫米（mm）；a——像元尺寸，单位为毫米（mm）；GSD——地面分辨率，单位为米（m）。

所以，

$$f=H\times a/GSD=1\ 500\times 6\times 10^{-3}/0.2=45\text{mm}。$$

应采用焦距小于 45mm 的航摄仪。

因此，应采用低空数码航摄仪（焦距为 36mm，像元为 6μm，像素为 8 000×7 000），带 POS 系统。

2. 简述空中三角测量的步骤。

（1）准备工作：包括资料的收集和分析。

（2）内定向：应采用仿射变换进行框标坐标计算。

（3）相对定向：每个像对连接点应分布均匀，每个标准点位区应有连接点。标准点位区落水时，应沿水涯线均匀选择连接点。航向连接点宜 3°重叠，旁向连接点宜 6°重叠。

（4）绝对定向和区域网平差计算：平差计算时对连接点、像片控制点进行粗差检测，剔除或修测检测出的粗差点。采用 POS 辅助空中三角测量，进行区域网平差时，需导入摄站点坐标、像片外方位元素进行联合平差。利用 POS 系统可以在航空摄影过程中直接测定每张像片的 6 个外方位元素，极大地减少测量外业控制点的工作。

（5）区域网接边：根据不同情况考虑接边方法和接边较差。

（6）质量检查：空中三角测量成果检查主要包括外业控制点和检查点成果使用正确性检查、航摄仪检定参数和航摄参数检查、各项平差计算的精度检查和提交成果的完整性检查。

（7）成果整理与提交：按照技术设计要求对空中三角测量成果进行整理和提交。

3. 简述空中三角测量完成后，适用于本项目的 DLG 生产主要流程。

空中三角测量完成后，适用于本项目的 DLG 生产主要流程如下：定向建模、内业矢量数据采集、野外调绘与补测、内业数据编辑、数据质量检查及数据成果提交等。

采用集群式影像处理系统对影像进行处理，在数字摄影测量工作站中恢复立体模型。从 DOM 影像上能准确判绘的水系、交通、居民地及工矿设施、植被等要素，几何位置依据 DOM 影像采集，赋要素代码。不能准确判绘的要素内容（包括图形与属性）如地名、境界、管线等要素以及其他有关的属性进行野外调绘与补测；野外调绘时进行实地自然地理名称的调查，利用 GNSS 等采集境界线和坡坎的比高以及屋檐改正，卫星信号不佳的地方利用全站仪采集，新增的地物应现场采集，灭失的地物应在草图上注明。内业根据外业调绘成果和立体测图数据，对矢量数据进行编辑，然后进行图幅接边、质量检查、成果整理与提交。

第四题（20 分）：

某单位开展实行精准扶贫测量保障工作。

1. 区域情况：该乡属山地区，森林覆盖率 70%，生态美，欠发达，个别自然村未通公路，主要经济来源于耕地果树，养殖猪、牛、羊。乡政府所在地为山间盆地，多为低矮建筑，许多被森林覆盖。

2. 已有资料：

（1）2017 年卫星数据（全色波段分辨率为 1m，多光谱分辨率为 4m）。

（2）2014 年航测成图的 1∶10 000 的 DLG，包括政区、境界、水系、交通、居民地、土质概况、地貌、地名等。

（3）2014 年 1∶10 000 的 DEM，间距为 5m。

（4）全乡可获得亚米级卫星导航定位服务，已建成厘米级似大地水准面。

3. 已有仪器：

无人机航摄仪、测量型 GNSS 接收机、手持 GNSS 接收机、全站仪、水准仪、手持激光测距仪、移动式测量车、数字摄影测量工作站、遥感图像处理系统、地理信息系统、CASS 测图、CAD 软件。

4. 任务：

（1）测制乡政府周边 $1km^2$ 1∶1 000 的 DLG；

（2）全乡 1m 分辨率彩色 DOM；

（3）对已有 1∶10 000 的 DLG 数据中扶贫所需要的数据进行更新，包括境界、水系、居民地、交通、植被、地名等要素，同时对当前已种植的果园、茶园、其他经济作物（面积>2 亩）进行调查采集；

（4）逐户采集全乡范围内的贫困户空间分布信息，包括户主姓名、家庭人口、收入、致贫原因、所属村名、房屋位置。（定位精度为 10m）。

问　题

1. 简述 1∶1 000 的 DLG 数据生产的主要作业环节，以及选用的仪器和软件。

2. 简述 1∶10 000 的 DLG 数据更新宜采用的作业流程。

3. 简述贫困户空间分布信息采集宜使用的两种技术流程。

参考答案

1. 简述 1：1 000 的 DLG 数据生产的主要作业环节，以及选用的仪器和软件。

（1）1：1 000 的 DLG 数据生产的主要作业环节：资料准备、技术路线设定、DLG 数据采集、内业数据编辑与接边、质量检查、成果整理与提交。

（2）选用的仪器和软件：由于乡政府所在地为山间盆地，多为低矮建筑，且许多被森林覆盖。面积小，不宜采用航摄或遥感。因为全乡可获得亚米级卫星导航定位服务，所以可以选用测量型 GNSS 接收机、全站仪等仪器设备进行实地测量；选用 CASS 测图、CAD 软件等进行内业数据编辑和成图。

2. 简述 1：10 000 的 DLG 数据更新宜采用的作业流程。

1：10 000 的 DLG 数据更新宜采用的作业流程：

（1）收集最新资料：2017 年卫星数据（全色波段分辨率为 1m，多光谱分辨率为 4m）；2014 年航测成图的 1：10 000 DLG，包括政区、境界、水系、交通、居民地、土质概况、地貌、地名等；制作测区资料整合图。

（2）以 2014 年航测成图的 1：10 000 的 DLG 作为基础地图数据。

（3）利用 2017 年卫星数据（全色波段分辨率为 1m，多光谱分辨率为 4m）对当前已种植的果园、茶园、其他经济作物（面积>2 亩）进行调查采集，对水系、居民地、交通、植被等要素进行更新。

（4）根据相关资料对地名、境界进行调查更新，完成 1：10 000 的 DLG 数据更新。

3. 简述贫困户空间分布信息采集宜使用的两种技术流程。

贫困户的空间信息包括两种信息：空间地理位置信息和属性信息。

（1）采用测量的方式采集贫困户的空间地理位置信息，实地入户调查获取属性信息。因为贫困户的房屋位置定位精度只需要 10m，使用手持 GPS 采集房屋坐标。实地入户调查获取户主姓名、家庭人口、收入、致贫原因、所属村名等属性信息，信息采集员利用智能手机下载采集系统 App，通过安装、定位、拍照、保存、上传等步骤，传送贫困户的基本信息和房屋坐标。

（2）利用刚测制乡政府周边 1km^2 1：1 000 的 DLG、更新的 1：10 000 的 DLG 和 2017 年卫星数据（全色波段分辨率 1m，多光谱分辨率 4m）等采集贫困户的空间地理位置信息、所属村名等属性信息；实地入户调查获取户主姓名、家庭人口、收入、致贫原因等属性信息，并且对贫困户的所属村名、房屋位置实地确认，如果房屋位置定位有错误，采用手持 GPS 采集房屋坐标进行修正。

第五题（20 分）：

北斗基准站建设，具体工作包括：

1. 基准站建站测试，按有关要求选址建站测试，建造了基准站工作室和观测室，埋设了 GNSS 观测墩、重力观测墩和水准点，然后进行基准站测试，获得了 RIHEX 格式的观测数据的表头文件，见表 6。

表 6

1	1. 3. 02 OBSERVATIONDATA MIXED	RINEXVERSION/TYPE
2	CNVTTORINEX 2. 50 OPR 25-Aug-2016 06：06 UTC	DGM/RUN BY DATA
	……	
11	0. 075 0 0. 000 0 0. 000 0	ANTENNA DELTA H/E/N
12	G 8 c1c c2w c2x c5x l1c l2w l2x l5x	SYS/#/OBSTYPES
13	R 8 c1c c1p c2c c2p l1c l1d 12c l2p	SYS/#/OBSTYPES
14	E8 c1x c5x c7x c8x l1x l5x 17x 18x	SYS/#/OBSTYPES
15	C6 c1i c6i c7i l1i l6i l7i	SYS/#/OBSTYPES
16	2016 3 2 0 0 0. 0000000 GPS	TIME OF FIRST OBS
17	2016 3 2 23 59 0. 0000000 GPS	TIME OF LAST OBS

2. 基准站服务：建立了北斗卫星导航系统定位服务平台，提供了三类技术服务。

（1）桥梁大坝、高层建筑、变形检测；

（2）不动产登记测量、地理国情监测、应急测绘保障、国土资源调查；

（3）社会大众车载导航，共享单车精度定位服务等。

3. 水准联测按二等水准测量规范，与某基准站进行了水准联测，完成基准站高程测定，表 7 中 ε 为准水准面不平行改正，λ 为重力异常场改正，μ 为日月引力改正。

表 7

序号	水准点名	自起点距离	高差中数	ε（mm）	λ（mm）	μ（mm）	平差改正	高程（m）
1	9898 下	0. 0						57. 879
			[1. 023 0]					
	9898 上		−22. 837 3	0. 8	2. 0	0. 1	−0. 3	58. 902
2	II01	4. 6	−17. 618 6	0. 5	1. 6	0. 1	−0. 2	35. 044
3	II02	6. 6	−11. 964 2	0. 2	1. 2	0. 0	−0. 3	
4	II03	9. 7	7. 221 3	−0. 1	−0. 7	−0. 1	−0. 2	5. 465
5	II04	13. 8	−4. 592 0	−0. 1	0. 4	0. 0	−0. 3	
	HLNH	18. 1						8. 093

问 题

1. 简述表 6 中，第一栏第 13、14、15 行第一个字母的含义。
2. 针对三类服务，该平台分别提供什么级别的精度服务？
3. 计算表 7 中 II02、II04 的高程值（要计算过程）。

参考答案

1. 简述表 6 中，第一栏第 13、14、15 行第一个字母的含义。

（1）第 13 行 R 8 c1c c1p c2c c2p l1c l1d 12c l2p，第一个字母 R 代表俄罗斯格洛纳斯卫星导航定位系统。

（2）第 14 行 E8 c1x c5x c7x c8x l1x l5x 17x 18x，第一个字母 E 代表欧盟伽利略卫星导航定位系统。

（3）第 15 行 C6 c1i c6i c7i l1i l6i l7i，第一个字母 C 代表中国北斗卫星导航定位系统。

2. 针对三类服务，该平台分别提供什么级别的精度服务？

（1）针对桥梁大坝、高层建筑等变形检测提供事后毫米级精度位置服务。

（2）针对不动产登记测量、地理国情监测、应急测绘保障、国土资源调查等提供厘米级实时位置服务。

（3）针对社会大众车载导航、共享单车精度定位服务等提供实时米级精度服务。

3. 计算表 7 中 II02，II04 的高程值（要计算过程）。

（1）II02 的高程值计算过程：

5. 465-（-11. 964 2+0. 2/1 000+1. 2/1 000+0-0. 3/1 000）= 17. 428 3m

四舍五入为 17. 428m；

（2）II04 的高程值计算过程：

5. 465+（7. 221 3-0. 1/1 000-0. 7/1 000-0. 1/1 000-0. 2/1 000）= 12. 685 2

四舍五入为 12. 685m。

第六题（20 分）：

地铁施工测量。

1. 地铁东西走向，地铁站采用明挖法进行施工，设计的基坑大小为长 200m，宽 60m，深 30m；区间隧道，采用盾构法进行施工。

2. 已有资料：

（1）地铁沿线按 GNSS C 级网精度要求测试的首级平面控制网点；

（2）沿线按二等水准测量精度测设的水准点。

3. 已有设备：

（1）双频 GNSS 接收机 4 台，标称精度为 5mm+2ppm；

（2）高精度测量机器人 1 台，测角精度为 1s，测距精度为 1mm+1ppm；

（3）DS05 数字水准仪 1 台；

（4）高精度陀螺仪 1 台，精度为 5s。

4. 主要任务：

（1）施工控制网的建立与复测；（2）基坑变形监测；（3）施工放样。

5. 现场作业

为方便施工，在建立地表施工控制网时，沿着基坑边，布设了两个带强制对中装置的

观测墩 A、B 作为施工控制点，以 A、B 为工作基点，进行基坑变形监测和联系测量；为保证地下控制网与地面控制点的坐标系一致，在基坑底面布设了 C、D 两点，作为地下导线控制的起点，CD 距离约为 180m。

问　题

1. 水准仪每千米测量高差中误差。

2. 选用合适的设备和方法，确定 A、B 两点平面坐标和高程，需要写出主要的作业流程。

3. 选用合适的设备和方法，确定 C、D 两点的三维坐标（X_C、Y_C、Z_C）、（X_D、Y_D、Z_D）（写出主要的作业流程），并写出根据坐标计算 CD 边坐标方位角 α_{CD} 的公式。

参考答案

1. 水准仪每千米测量高差中误差。

DS05 数字水准仪每千米测量高差中误差为 0.5mm。

2. 选用合适的设备和方法，确定 A、B 两点平面坐标和高程，需要写出主要的作业流程。

确定 AB 两点平面坐标和高程可以采用的仪器：双频 GNSS 接收机、高精度测量机器人、DS05 数字水准仪。

（1）平面坐标作业流程：① 收集资料；② 编制计划以及任务说明书；③ 准备仪器（双频 GNSS 接收机、高精度测量机器人、DS05 数字水准仪）；④ 平面测量（在高等级控制点以及 AB 两点上架设 GNSS 接收机，采用边连接方式，按 C 级网要求进行观测；⑤ 质量检核（在 AB 任意点上架设高精度测量机器人，通过多次高精度测量对 GNSS 成果进行检查）；⑥成果整理提交。

（2）高程测量作业流程：① 收集资料；② 编制计划以及任务说明书；③ 准备仪器（DS05 数字水准仪）；④ 高程测量（从高等级水准点起，至 AB 两点结束，使用 DS05 数字水准仪按照二等水准测量要求进行测量）；⑤ 质量检查；⑥成果整理提交。

3. 选用合适的设备和方法，确定 C、D 两点的三维坐标（X_C，Y_C，Z_C）、（X_D，Y_D，Z_D）（写出主要的作业流程），并写出根据坐标计算 CD 边坐标方位角 α_{CD} 的公式。

确定 C、D 两点三维坐标可采用仪器：高精度测量机器人、高精度陀螺仪、DS05 数字水准仪。

确定 C、D 两点的三维坐标（X_C，Y_C，Z_C）、（X_D，Y_D，Z_D）的主要作业流程：① 在 A、B 两点上选择可以与 C、D 通视的点安置高精度测量机器人，另一点为后视；如无法通视，则在坑口边选择可以与 C、D 通视位置埋设一个控制点，通过 A、B 两点使用高精度测量机器人测出坐标，使用 DS05 数字水准仪测出高程；② 将架设仪器点位和后视点位三维坐标输入仪器；③ 对后视点进行检查，误差在限差范围内即可进行下一步测量；④ 对 C、D 两点进行多次高精度观测，测出 C、D 两点三维坐标；⑤ 在坑底 C、D 任意点上使用高精度陀螺仪测出 C、D 边方位角；⑥ 质量检核（将陀螺仪测出的方位角与高精度测量机器人测出坐标，通过坐标反算出来方位角进行比较，在限差范围内即为合格；⑦成果整理提交。

根据坐标计算 CD 边坐标方位角 α_{CD}的公式：

（1）方位角计算：根据：$\alpha_{CD象限角} = \arctan\left|\frac{\Delta Y}{\Delta X}\right|$，$\Delta Y = Y_D - Y_C$，$\Delta X = X_D - X_C$ 计算出 $CD_{象限角}$，然后根据 ΔY，ΔX 符号确定象限，再通过表 8 中的公式计算方位角。

（2）根据 ΔY，ΔX 符号确定象限：

表 8

符号 \ 象限	一	二	三	四
ΔY	+	−	−	+
ΔY	+	+	−	−
象限	一	二	三	四
方位角	$\alpha_{方位角} = \alpha_{象限角}$	$\alpha_{方位角} = 180° - \alpha_{象限角}$	$\alpha_{方位角} = 180° + \alpha_{象限角}$	$\alpha_{方位角} = 360° - \alpha_{象限角}$

第七题（20 分）：

林业资源地理信息系统。

1. 已有数据：

（1）2016 年 1∶1 万 DLG，2000 国家大地坐标系；

（2）2010 年地面分辨率为 0.5m 的 1∶10 000 的 DOM，2000 国家大地坐标系；

（3）2010 年 5 月，格网间距 5m 的 DEM，2000 国家大地坐标系；

（4）2010 年，林业小班数据（林业小班，是指按树种等相同属性分类采集的最小林地范围），2000 国家大地坐标系；

（5）2017 年，地面分辨率为 2.5m 的假彩色 DOM，1980 西安坐标系；

（6）林业管理业务数据，包括林业局林业站等空间位置和管理范围，独立坐标系，CAD 的 .dwg 格式。

2. 需要加工的数据：

（1）利用已有数据，采集 2017 年林业小班数据，包括空间位置和属性信息；

（2）编辑处理林业管理数据，生成空间位置和管理范围两个图层。

3. 建库和信息开发要素：

（1）整合上述已有数据和采集加工数据，建立林业资源数据库，坐标全部采用 2000 坐标系统。

（2）信息系统功能包括：信息查询、专题制作、森林覆盖范围及防火瞭望塔辅助选址。其中瞭望塔辅助选址在已有有效距离和不考虑树高影响条件下，采用空间分析提供备选位置，要求地势较高，尽可能观察到较大森林范围，交通相对方便。

问　题

1. 简述采集、编辑处理符合建库要求的 2017 年森林小班数据和林业管理业务数据的主要作业步骤。

2. 用空间分析的方法，如何获取 2017 年该市森林覆盖范围的变化情况？

3. 简述瞭望塔辅助选址需要哪些已有或加工的数据，各类数据发挥什么作用？

参考答案

1. 简述采集、编辑处理符合建库要求的 2017 年森林小班数据和林业管理业务数据的主要作业步骤。

主要作业步骤如下：

（1）将所有的数据资料转换到 2000 国家大地坐标系下。将 2017 年 1980 坐标系下的 DOM 和林业管理业务数据（包括林业局林业站等空间位置和管理范围，独立坐标系）转换到 2000 国家坐标系下。

（2）将林业管理业务数据（包括林业局林业站等空间位置和管理范围）CAD 的 .dwg 格式，转换为林业资源地理信息系统空间数据库所支持的格式，进行数据处理，包括图形要素的处理、要素属性处理和代码转换，生成空间位置和管理范围两个图层。

（3）将 2010 年林业小班数据叠加到 2017 年数据，并转换到 2000 国家坐标系下的 DOM，对 2017 年林业小班数据采集更新，包括空间位置和属性信息的更新。对不能在图上判读的树种的树木图斑，应通过野外调查，确认图斑的树种信息。

（4）按建库要求，对 2017 年森林小班数据和林业管理业务数据进行整理、编辑、检查，并最终提交数据成果。

2. 用空间分析的方法，如何获取 2017 年该市森林覆盖范围的变化情况？

将 2000 国家大地坐标系下 2010 年林业小班数据与 2017 年的林业小班数据，做面与面的叠置，利用空间叠置分析方法，提取更新前后发生变化的森林覆盖范围，从而获得从 2010 年到 2017 年该市森林覆盖范围的变化情况。

3. 简述瞭望塔辅助选址需要哪些已有或加工的数据，各类数据发挥什么作用？

瞭望塔辅助选址需要的数据及其作用包括：

（1）2010 年 5 月格网间距 5m 的 2000 国家大地坐标系 DEM 数据，作为通视（可视域）分析的三维地形数据，用来确定瞭望塔选址位置（要求地势较高，尽可能观察到较大范围）。

（2）2017 年森林小班数据和林业管理业务数据，用来确定瞭望塔对森林的监测覆盖范围，为通视（可视域）分析提供森林分布范围数据支撑。确保瞭望塔选址位置尽可能观察到较大森林范围。

（3）2016 年 1∶10 000 2000 国家大地坐标系 DLG 数据，用于路径分析（网络分析），以确定瞭望塔处于交通相对方便的位置。

第八题（20 分）：

1. 2015 年 6 月，某省完成了全省第一次地理国情普查数据验收，现委托某单位进行编制单张省域地理国情普查成果挂图。该省处于中纬度地区，东西经差 10°，南北纬度差 6°，境内平原广袤，河网密布，素有“鱼米之乡”之称。

2. 已有资料：

（1）2015 年完成全省地理国情普查数据，其中地表覆盖数据共有 10 个一级类，54 个二级类，128 个三级类，以图斑形式呈现；

（2）基于普查成果统计分析形成的多种数据，其中地表覆盖统计数据以地市为单位，按一、二、三级分类统计面积；

（3）2014 年底更新完成的 1∶100 万该省全要素地形图数据 DLG；

（4）2016 年 5 月出版的《中华人民共和国行政区划简册》，包括分地市的人口数据和县级行政区划数据；

（5）2016 年初出版的该省交通旅游图（对开幅面）；

（6）2016 年 1 月获取的 15m 分辨率卫星图像。

3. 编制要求：

（1）挂图为全开幅面，比例尺 1∶130 万，以主附图形式；

（2）根据挂图用途和该省区位置大小和形状，从墨卡托投影、方位投影、高斯投影和圆锥投影等常用地图投影中，为该图选择最合适的地图投影方式；

（3）主图反映全省地理国情现状，除是必要的基础地理信息外，地表覆盖专题要素等细分到二级分布；

（4）附图采用分级统计图叠加饼状专题图表，反映各地市地表总面积、人均种植土地面积和 10 个一级分类专题构成的空间分布；

（5）挂图现势性要求到 2015 年 12 月。

问 题

1. 说明挂图选择最合适的投影方式，简述理由。
2. 说明编制主图所采用的资料和用途。
3. 附图中分级统计图和饼状专题图的设计制作过程。

参考答案

1. 说明挂图选择最合适的投影方式，简述理由。

编制单张省域地理国情普查成果挂图，而且该省处于中纬度地区，东西经差为 10°，南北纬度差为 6°。该制图区域沿东西方向延伸且处于中纬度地区，正轴圆锥投影是最合适的投影方式。这样选择的地图投影图形要素变形小、精度高，能满足编制单张省域地理国情普查成果挂图要求。

如果采用方位投影东西两边缘地区地图图形要素变形很大，因此方位投影不适宜该制图区，而是适宜于具有圆形轮廓的地区。

东西经差10°，超过了标准宽6度°，如果采用高斯投影不但存在跨带和换带问题，而且东西两边缘地区地图图形要素变形很大，因此高斯投影不适合该制图区。

墨卡托投影，是正轴等角圆柱投影，如果在该制图区采用，整个制图区的地图图形要素变形都很大。因此墨卡托投影不适宜该制图区。

2. 说明编制主图所采用的资料和用途。

主图反映全省地理国情现状，除是必要的基础地理信息外，地表覆盖专题要素等细分到二级分布。

（1）采用2014年1∶100万DLG为地理底图资料，为主图提供必要的基础地理信息；

（2）2015年完成全省地理国情普查数据，为主图提供二级以上专题要素的图斑面积，图斑影像和图斑空间位置信息等；

（3）2016年1月获取的15m分辨率卫星图像，对地表覆盖专题要素二级分布图斑进行更新，对地理底图的道路、居民地、水系要素进行更新；

（4）2016年5月的《中华人民共和国行政区划简册》，对主图的行政区划界及居民地名称进行更新；

（5）2016年交通旅游图，对主图的道路、旅游景点和居民地进行更新。

3. 附图中分级统计图和饼状专题图的设计制作过程。

附图采用分级统计图叠加饼状专题图表，反映各地市地表总面积，人均种植土地面积和10个一级分类专题构成的空间分布。

设计制作过程：

（1）地理底图制作：对主图地理底图进行制图综合进一步化简，只保留地级市境界和地级市居民地。

（2）用分级统计图法表示各地市人均种植土地面积，采用科学的分级方法合理分级，用颜色的深浅表示人均种植土地面积多少，颜色越艳越浓表示人均种植土地面积越多，颜色越浅越淡表示人均种植土地面积越少，颜色的级差要明显。

（3）用分区统计图表法表示各地市地表总面积，饼状专题图表的尺寸表示地表总面积多少，饼状专题图表的尺寸越大地表总面积越多，反之亦然。如果各地市地表总面积相差太大，可以采用条件比率符号。饼状专题图表划分成10个部分表示10个一级分类专题构成。饼状专题图表应尽量放置在地级市中心位置。

（六）2018年注册测绘师资格考试测绘案例分析仿真试卷与参考答案

第一题（20分）：

某城镇拟修建一座小型水库为居民供水，某测绘单位承接了该工程的测绘任务。

1. 测区概况：

拟建水库位于该城镇附近的一个丘陵山谷中，沟底和山顶的相对高度在100m之内，沟底比较平坦，分布有耕地、溪流、草地、乡村道路和一些农舍，山坡上有梯田、果园、林地、草地等。

2. 已有资料：

（1）2016年6月测绘的1∶10 000数字线划图（DLG）；

（2）2018年6月获取的0.5m分辨率彩色正射影像数据；

（3）城镇内有若干GNSS等级点、1个二等水准点。

3. 已有仪器设备：

测量型GNSS接收机、全站仪、水准仪、地形图测绘软件、摄影测量工作站等。

4. 任务要求：

充分利用已有资料和仪器设备，设计合理的作业方法，生产测区内1∶500、1∶2 000数字地形图（DLG）。根据水库不同的坝高设计方案，利用项目测绘成果估算水库蓄水量以及可能淹没的耕地面积，并制作库区的三维效果图。

问　题

1. 指出1∶500 DLG生产的主要作业流程。
2. 指出1∶2 000 DLG的生产方式及理由。
3. 简述估算水库蓄水量的作业步骤。
4. 制作三维效果图需使用哪些数据？

参考答案

1. 指出1∶500 DLG生产的主要作业流程。

生产1∶500 DLG应采用全野外数字化测量，主要作业流程有：

① 收集资料和准备仪器设备；② 基础控制测量（采用GNSS和水准仪做基础控制测量，充分利用城镇内有若干GNSS等级点和1个二等水准点）、图根控制测量（采用全站仪）；③ 利用测量型GNSS接收机和全站仪进行野外碎部点采集，采集该丘陵山谷的碎部

点，采集耕地、溪流、草地，乡村道路和一些农舍的碎部点，采集山坡上的梯田、果园、林地、草地等的碎部点；④ 根据 2016 年 6 月测绘的 1∶10 000数字线划图（DLG）对测区地名和境界要素进行野外调查更新；⑤ 内业数据成图，利用地形图测绘软件编辑采集地图要素数据，包括数据编辑、属性编辑与图幅接边；⑥ 质量检查与验收。

2. 指出 1∶2 000 DLG 的生产方式及理由。

生产方式：全野外数字化测量方法得到了 1∶500 DLG 产品，可直接从 1∶500 DLG 缩编得到 1∶2 000 DLG。

理由：因已有资料没有提供测区具有重叠的航空或遥感影像资料，也就不能基于航空遥感像片的立体模型进行 DLG 生产。

3. 简述估算水库蓄水量的作业步骤。

估算水库储水量的作业步骤：①由生产 1∶500 DLG 数字线划图，利用地形图测绘软件提取高程数据；②根据水库不同坝高设计方案，由不同的坝高设计标高作为计算标高，将步骤①提取的高程数据作为原始数据，根据两高程差可以计算出水库储水量。

4. 制作三维效果图需使用哪些数据？

制作三维效果图需要以下数据：①1∶500 DLG 数字线划图的高程数据，即 DEM 数据，用于几何三维建模；②2018 年 6 月获取的 0.5m 分辨率彩色正射影像数据，即 DOM 数据，用于纹理三维建模；③其他数据，包括水库坝高设计标高数据、储水量数据（与可能淹没的耕地面积范围有关）等。

第二题（20 分）：

某测绘单位承担所在城市新建开发区的大比例尺测绘任务，具体内容为利用航空摄影测量方法生产 1∶2 000比例尺数字高程模型（DEM）、数字正射影像图（DOM）和数字线划图（DLG）等产品。

1. 测区概况：

测区地处丘陵地区、东西方向长 9km，南北方向宽 7km。区域内分布有河流、湖泊、公路、铁路、乡村道路、居民地、工矿设施、水田、旱地和草地等。该区域没有高层建筑，低空空域比较容易申请，2 000m 以上空中常有云雾。

2. 已有条件：

（1）适于低空航空摄影的无人机。

（2）带有定位定姿系统（POS）的低空数码航摄仪（焦距为 35mm，像元大小为 6μm，像素数为7 300×5 500）。

（3）摄影测量工作站等用于内业数据处理的软硬件设备。

（4）测区内均匀分布的少量高精度平高控制点。

3. 技术要求：

（1）采用无人机低空摄影，东西方向飞行，航摄仪长边垂直于飞行方向安置。

（2）影像地面分辨率（GSD）为 0.2m，航向重叠度为 65%，旁向重叠度为 35%。

（3）航向超出摄区边界 1 条基线。

（4）利用已有控制点，不再另外进行外业控制测量。

问 题

1. 简述本测区采用无人机低空航摄的优势。
2. 简述航摄东西方向飞行、航摄仪长边垂直于飞行方向安置的理由。
3. 计算航摄的基线长度、航线间隔、航线条数、每条航线的影像数。
4. 简述充分利用已有条件进行空中三角测量作业的关键步骤。

参考答案

1. 简述本测区采用无人机低空航摄的优势。

采用无人机低空航摄的优势有：

（1）最重要的原因或优势在于：测区范围不大（9km× 7km），且区域内没有高层建筑，低空空域比较容易申请，而2 000m 以上空中常有云雾，而低空作业可以避开云雾。另外，测区为新建开发区，居民地较少，无人机低空摄影具有较高的安全性。

（2）无人机具有灵活机动的特点，周期短、效率高，成本相对较低、操作简单。

（3）所获取的影像空间分辨率高，便于影像判读，从而将大量的野外工作转入内业，既能减轻劳动强度，又能提高作业的效率和精度。

（4）测图精度高，测图精度可达 1∶1 000，低空多角度摄影获取建筑物多面高分辨率纹理影像，能够满足城市建设精细测绘的需要。

（5）受空中管制和气候的影响较小，在阴天、薄雾天也能获取合格的影像。

2. 简述航摄东西方向飞行，航摄仪长边垂直于飞行方向安置的理由。

航摄东西方向飞行，航摄仪长边垂直于飞行方向安置的理由如下：

（1）航摄东西方向飞行的理由是：①测区东西方向长 9km，南北方向宽 7km，即东西方向更长；②飞行方向与地球自转方向（东西方向）保持一致，可以克服地球自转的影响，便于使实际飞行方向与设计方向保持一致。

（2）航摄仪长边垂直于飞行方向安置的理由是：①在设计的航向重叠度为 65%，旁向重叠度为 35%的情况下，如此安置相机可以尽可能地减少航线条数，对于数码航空摄影，沿航向多拍摄一些航片非常容易做到（实际作业也是如此），但对于无人机低空摄影，受风的影响较大，要保持航线是比较困难的，故尽可能地减少航线数，以免出现航线之间的重叠度不满足要求的情况；②理论上，航线数越少，对减少测区两端的高程控制点数量越有利。

3. 计算航摄的基线长度、航线间隔、航线条数、每条航线影像数。

像幅长：6μm×7 300＝43. 8mm，像幅宽：6μm×5 500＝33. 0mm。

摄影比例尺：

$$\frac{1}{m}=\frac{6\mu m}{0.2m};\qquad m=33\ 333$$

（1）航摄的基线长度

$$B=L_x\ (1-p_x)\ \cdot m=33.0\times(1-0.65)\times 33\ 333=385m$$

（2）航线间隔

$$D=L_y(1-q_y)\cdot m=43.8\times(1-0.35)\times 33\ 333=949\text{m}$$

（3）航线条数

$$\text{分区宽度/航线间隔}=\frac{7\ 000}{949}=8\ \text{条}$$

（4）每条航线影像数

$$\text{每航线长度/基线长度}=\frac{9\ 000+385+385}{385}=26\ \text{张}$$

题目要求航向方向两端各自都有多飞一条摄影基线，所以航线长度相当于（9 000+385+385）m。

4. 简述充分利用已有条件进行空中三角测量作业的关键步骤。

本项目属于带有定位定姿系统（POS）的辅助空中三角测量，关键步骤为：

（1）将 GNSS 的相位中心换算到摄影中心得到每张影像的 3 个线元素初始值；

（2）将 IMU 的姿态数据作为每张影像角元素的初始值；

（3）利用已知的测区内均匀分布的少量高精度平高控制点进行联合平差，即可解算出每张影像在曝光瞬间的外方位元素和加密点坐标。

第三题（20 分）：

某市位于丘陵地区，地表覆盖和地理国情要素变化较大，属于一类监测区域。某单位承担了该市 2018 年基础性地理国情监测任务，拟对已有的地理国情数据进行更新与变化分析。

1. 已有资料：

（1）全市 2017 版基础性地理国情监测数据（包括地表覆盖分类和地理国情要素两类数据）；

（2）全市 1m 分辨率彩色数字正射影像图（DOM）（精度同 1∶10 000 地形图，现势性为 2017 年 4 月）；

（3）1∶10 000数字高程模型（DEM）（格网间距为 5m，现势性为2018年 1 月）；

（4）2018 年 2 月获取的高分卫星影像（含精确 RPC 参数，全色波段影像地面分辨率为 0.8m，多光谱影像地面分辨率为 3.2m，覆盖范围为全市 90%，其余为漏洞区）；

（5）全市资源三号卫星（ZY-3）影像（含精确 RPC 参数，全色波段影像地面分辨率为 2.1m，多光谱影像地面分辨率为 6m，现势性为 2018 年 3 月）；

（6）实测的像控点数据库；

（7）其他部门提供的行业专题资料（现势性为 2017 年底）。

2. 技术要求：

（1）制作 2018 年彩色 DOM，地面分辨率为 1m，漏洞区地面分辨率为 2m；

（2）对 2017 版基础性地理国情监测数据进行更新，现势性达到 2018 年 6 月 30 日；

（3）利用更新后的 2018 年度地理国情监测成果，开展全市土地复垦情况监测；

（4）充分利用现有资料生产，尽量减少外业工作。

问 题

1. 简述制作全市2018年彩色DOM的作业步骤。
2. 简述地表覆盖分类数据更新的主要技术流程。
3. 简述获得坡度小于等于15°区域内的土地复垦新增耕地面积的作业步骤。

参考答案

1. 简述制作全市2018年彩色DOM的作业步骤。

具体作业步骤如下：

（1）资料准备：以2018年2月获取的高分卫星影像为基础，对于漏洞区则用资源三号卫星（ZY-3）影像代替；包括轨道/RPC参数、控制资料、DEM数据。

（2）外参数解算：根据卫星影像提供的精确RPC参数，结合地面控制点进行。

（3）全色波段和多光谱影像分别纠正：纠正后正射影像分辨率原则上和原始影像地面分辨率保持一致。

（4）多光谱影像与全色波段影像配准融合（彩色合成处理）：目的是得到满足空间分辨率要求的彩色DOM。高分卫星影像只有全色波段影像的地面分辨率为0.8m，能满足DOM制作精度要求，为了得到1m分辨率的彩色DOM，必须对全色和多光谱影像分别制作DOM，然后通过影像融合得到满足精度要求的彩色DOM；融合影像数据源必须是经过正射纠正的数据，二者之间配准的精度不得大于1个像素，从而保证了地面分辨率为1m，漏洞区地面分辨率为2m的精度。

（5）镶嵌和裁切：包括漏洞区两种影像的镶嵌和裁切，应保持景与景之间接边处色彩过渡自然，地物合理接边，无重影和发虚现象。

（6）正射影像接边：接边两侧的色调尽量保持一致，必要时需要进行匀光、匀色处理，图幅间应根据接边精度情况进行接边改正。

（7）正射影像质量检查和成果验收。

2. 简述地表覆盖分类数据更新的主要技术流程。

主要技术流程如下：①数据规整（基础测绘DLG数据）；②数据可利用性分析，以全市2017版基础性地理国情监测数据为基础，全市2018年1m分辨率彩色正射影像作为对比更新数据；③数据结构重组；④矢量参考数据；⑤地表覆盖分类（基础测绘DOM数据）；⑥面向对象的影像分割；⑦影像监督分类；⑧人工解译、必要的野外核查。通过对全市2017年的1m分辨率彩色数字正射影像图和新制作的全市2018年1m分辨率彩色正射影像进行对比（分别进行分割、分类），从中发现变化的区域及变化属性，必要时还需要进行野外核查。特别是对2018年3月至6月30日发生变化的地表覆盖要素，需要进行野外核查并且实测要素变化范围，从而达到地表覆盖分类数据更新的目的。

3. 简述获得坡度小于等于15°区域内的土地复垦新增耕地面积的作业步骤。

获得坡度小于等于15°区域内的土地复垦新增耕地面积的作业步骤如下：

（1）资料准备：全市2017版地表覆盖分类数据，更新后地表覆盖分类数据、

1：10 000数字高程模型（DEM）；

（2）数据处理：统一上述数据的坐标系统和比例尺；

（3）制作坡度图：利用1：10 000数字高程模型（DEM）制作全市坡度图；

（4）数据处理：利用全市2017版地表覆盖分类数据、更新后地表覆盖分类数据、坡度图，三者进行叠置分析，得出重叠部分为坡度小于等于15°的耕地变化范围；

（5）面积计算：扣除耕地变化范围内的沟渠、道路、田坎及零星地物占地面积，得出净面积，即为坡度小于等于15°的土地复垦新增耕地面积；

（6）成果资料质量检查与提交。

第四题（20分）：

某测绘公司承接了新建小区的竣工测绘任务，内容包括：测算小区各幢建筑的基底面积、总建筑面积、各户建筑面积利用现状平面图等。

该小区位于城市居住区，地势平坦，建筑布局均衡，间距适宜，所在城市具有覆盖全市的高精度卫星定位服务系统（CORS）、高程控制网及似大地水准面模型，委托单位提供了小区用地和规划审批文件及各幢建筑的报建建筑施工图。测绘前作业单位搜集到测区附近均匀分布的5个等级平面控制点。

1. 可用仪器设备：全站仪、GNNS接收机、手持测距仪等。

2. 执行技术规范：《房产测量规范》（GB/T 17986. 1—2000）；《国家基本比例尺地图图式　第1部分　1：500、1：1 000、1：2 000地形图图式》（GB/T 20257. 1—2017）；（《城市测量规范》（CJJ/T 8—2011）。

3. 建筑物情况：该小区地上共有5幢建筑，地下为两层各幢连通共用的车库、人防用房。5幢建筑中A幢为公寓住宅综合楼，地上26层，01~26层外轮廓基本一致，01~03层为公寓，04~26层为住宅，出屋面有A幢公共的楼梯间、电梯机房和水箱。01层主入口设有公寓、住宅共用的入户大堂；A幢公共的核心筒楼电梯由01层通往26层，用于进出屋面，每层均开门。经测量计算A幢建筑的整幢共有建筑面积分摊系数为0. 116 666。

该幢楼第26层共四户，01户套内建筑面积为106. 50m²；02户套内建筑面积为96. 00m²；03户套内建筑面积为55. 00m²；04户套内使用面积及套内墙体面积为80. 00m²，该户有两个阳台（一个为水平投影面积为6. 00m²的封闭阳台，另一个为水平投影面积为4. 00m²的未封闭阳台），该层核心筒楼电梯井建筑面积为30. 00m²，A幢公共的半外墙建筑面积为15. 00m²，本层四户共用过道建筑面积为20. 00m²，共有建筑面积全部被分摊，不考虑其他的情况。

问　题

1. 简述采用网络RTK进行图根平面控制测量的施测步骤。

2. A幢建筑进行共有建筑面积分摊时，被分摊的整幢共有建筑面积包括哪些？

3. 把26层作为独立功能区，计算该层共有建筑面积分摊系数及04户的套内建筑面积、建筑面积。（列出计算式，计算过程；面积计算结果保留2位小数，分摊系数计算结果保留6位小数）。

参考答案

1. 简述采用网络RTK进行图根平面控制测量的施测步骤。

采用GPS-RTK进行图根平面控制测量，其主要施测步骤如下：

①收集测区的控制点资料；

②求定测区转换参数；

③野外踏勘、布点；

④架设基准站；

⑤流动站测量图根点坐标。

2. A幢建筑进行共有建筑面积分摊时，被分摊的整幢共有建筑面积包括哪些？

按照谁使用谁分摊的原则，被分摊的整幢共有建筑面积包括：公用的楼梯间、电梯机房、入户大堂、A幢公用的核心筒楼电梯、共有外半墙。

3. 把26层作为独立功能区，计算该层共有建筑面积分摊系数和04户的套内建筑面积、建筑面积。

（1）计算26层共有建筑面积分摊系数：

26层共有建筑面积分摊系数=（分摊到的幢共有面积+本层的共有面积）÷4户的套内建筑面积之和=（42.64+20）÷345.5=0.181 302

具体计算过程如下：

①26层套内建筑面积=01至04套内建筑面积之和

=106.50+96.00+55+80+6+4×0.5=345.50m^2

②分摊到的幢共有面积=26层参与分摊建筑面积×幢分摊系数

=（345.50+20）×0.116 666=42.64m^2

③本层的共有面积=四户共用过道=20m^2

④26层共有建筑面积分摊系数=（42.64+20）÷345.5=0.181 302

（2）04户的套内建筑面积：

04户套内建筑面积=套内使用面积+套内墙体面积+阳台面积（未封闭阳台按照水平投影面积一半计算）=80+6+4/2=88m^2

（3）04户的建筑面积：

04户的建筑面积=该户套内建筑面积+该户套内建筑面积×该层共有面积分摊系数=88+88×0.181 302=103.95m^2。

第五题（20分）：

某测绘生产单位承担某大城市的测绘基准建设工作，内容如下：

1. CORS站选建：为选定合适CORS站位置进行了实地勘选，现初选了三个地点A、B、C，它们的点位环视图如图11所示，图中阴影部分代表有障碍物遮挡，图B中的房屋和图C中的发射塔距离初选点均小于100m。CORS站选定后进行建站工作。

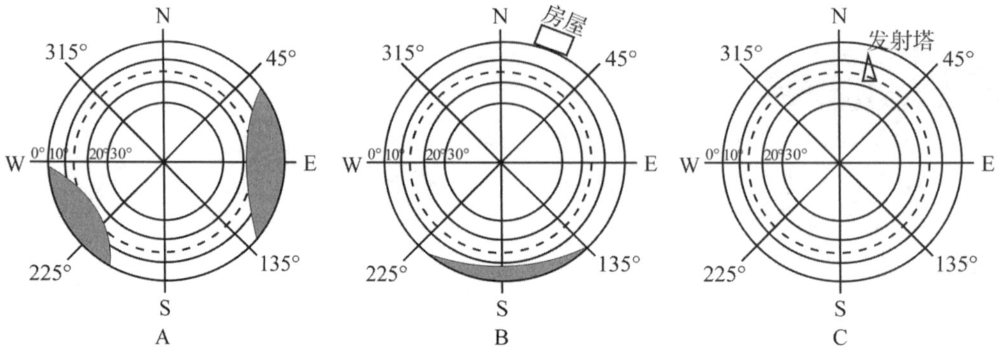

图 11　点位环视图

2. CORS 站与国家控制点坐标统一：利用 CORS 站与已有 2000 国家大地坐标国家控制点的重合点，将 CORS 站 ITRF2008 框架坐标成果转换到 2000 国家大地坐标系。拟选取 5 个重合点进行坐标转换，现已确定 001、009、011、012 四个重合点，全市控制点的分布如图 12 所示。

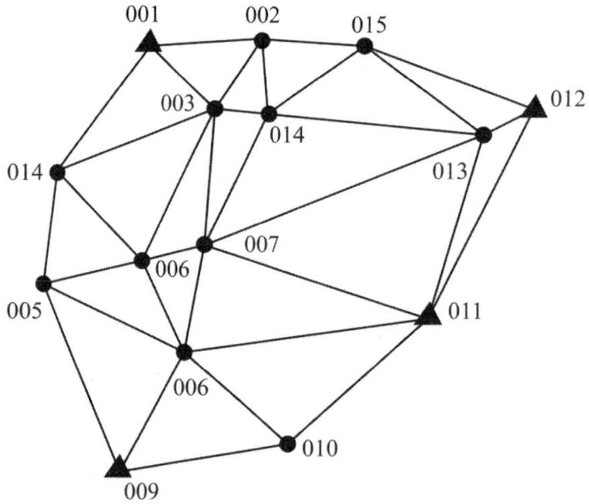

图 12　市控制点分布

3. CORS 系统与似大地水准面集成：利用本市重力资料、地形资料、重力场模型和 GPS 水准成果，完成市似大地水准面计算，并与 CORS 系统集成。在似大地水准面模型检测阶段，发现在区域边界存在一定的服务盲区，解决盲区问题后投入运行。

问　题

1. *A*、*B*、*C* 三个地点中，哪一个适合建站？说明理由。

2. 为满足坐标转换要求，确定最佳的第五个重合点，并说明理由。

3. 利用现有资料，简要说明获得 CORS 站 2000 国家大地坐标的方法及步骤。

4. 提出解决似大地水准面在边界区域盲区问题的思路。

参考答案

1. A、B、C 三个地点中，哪一个适合建站？说明理由。

A、B、C 三个地点中，B 点适合建立 CORS 基准站，理由如下：

（1）A 点环视图显示高度角大于 15°的遮挡障碍物水平投影范围总和超过 30°，故不符合 B 级 GPS 要求。

（2）C 点距强电磁干扰环境（发射塔）小于 100m，故不符合 B 级 GPS 要求。

（3）B 点距可能反射卫星信号的房屋小于 100m，周围无高度角超过 15°的障碍物，相对 A、C 而言，较适合建立 CORS 站。

2. 为满足坐标转换要求，确定最佳的第五个重合点，并说明理由。

为满足坐标转换要求，选定 007 点作为最佳重合点。理由如下：

（1）与已选重合点 001、009、011、012 构成图形结构强度好，东南西北中，分布均匀，覆盖整个转换区域；

（2）点 007 等级高、精度高，可满足项目局部变形小的要求。

3. 利用现有资料，简要说明获得 CORS 站 2000 国家大地坐标的方法及步骤。

CORS 站是 ITRF2000 框架坐标成果，要转换到 2000 国家大地坐标系，需要经过以下三个步骤才能实现：

（1）把当前历元归算到 2000.0 历元；

（2）经板块运动改正。

（3）框架转换：利用选定的 5 个坐标转换重合点，通过布尔莎七参数模型，用最小二乘法求得 3 个平移、3 个旋转和 1 尺度参数，再用未参与模型计算的其他重合点进行检验和精度评定，精度评定合格后，通过布尔莎七参数模型将 CORS 站坐标成果转换到 2000 国家大地坐标系成果，经质量检查后提交成果。

4. 提出解决似大地水准面模型在边界区域盲区问题的思路。

可通过在盲区建立 GNSS 水准高程拟合模型的方法，与本盲区区域似大地水准面模型集成，可很好地解决边界服务盲区问题。具体方法如下：

（1）在盲区选定一定数量，具有代表性，点位分布均匀，且精度满足要求的 CORS 站或其他同时具有大地坐标和 GNSS 水准控制点作为高程异常控制点。

（2）根据高程异常=大地高-正常高，计算各高程异常控制点的高程异常值。

（3）选定一个合适的高程异常拟合函数模型

$$f(x,\ y) = a_0 + a_1x + a_2y + a_3x^2 + a_4y^2 + a_5xy$$

将计算的高程异常值代入模型中，用最小二乘法解算模型系数。

（4）利用未参与计算的其他高程异常控制点对模型进行检验和精度评定。精度合格则获得该盲区的 GNSS 水准拟合模型。

第六题（20分）：

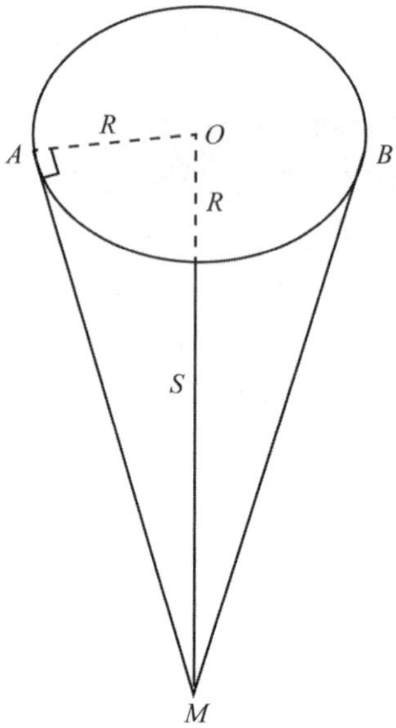

图 13

某测量单位承接一风力发电机塔柱的垂直度检测任务。

待检测的塔柱位于山脊线上，塔柱由一系列水平横截面为圆形、上细下粗的预制件组装而成，塔柱底面直径约7.5m，顶端直径约4.0m，高度40m。由于现场地形条件的限制，只能在塔柱一侧架设测量仪器进行塔柱垂直度的检测工作。

具体作业步骤：

（1）坐标系建立：在距离塔柱约50m的位置选择一点M架设仪器，如图13所示，并作为坐标原点，在塔柱上选择与M点通视的一点N作为定向点，以MN水平方向作为X轴，垂直向上的方向作为Z轴，建立左手坐标系。

（2）测量仪器架设：在M点上架设全站仪（测量精度为1″，无棱镜测程为300m），对中、整平、定向，并量取仪器高。

（3）塔柱下端截面圆心坐标确定：全站仪十字丝中心切准塔柱下端面的左边缘点A水平度盘读数为a、竖盘读数为v；保持竖盘读数不变，旋转仪器，使全站仪十字丝中心切准塔柱的右边缘点B，水平度盘读数为b；保持竖盘读数不变，旋转仪器，把全站仪视准线安置在$\angle AMB$的角平分线上，测量全站仪至塔柱面的斜距S；计算过A点截面圆心O的坐标（X，Y，Z）。

（4）塔柱上端截面圆心坐标确定。

（5）塔柱垂直度计算。

（6）成果检查。

（7）检测报告的撰写与提交。

问　题

1. 当全站仪视准线安置在$\angle AMB$的角平分线上，全站仪水平度盘读数应为多少？（不考虑测量误差）。

2. 简述确定塔柱上端截面圆心坐标的作业流程。

3. 推导计算M点到塔柱下端截面圆心水平距离的公式（仅讨论$b>a$的情况）。

参考答案

1. 当全站仪视准线安置在$\angle AMB$的角平分线上，全站仪水平度盘读数应为多少？（不考虑测量误差）。

全站仪视线在$\angle AMB$的角平分线上的c为

（1）当 $a < b$ 时，$c = a + \frac{b-a}{2}$；

（2）当 $a > b$，$a + b \leqslant 360°$ 时，$c = a + \frac{360° - a + b}{2} = \frac{a+b}{2} + 180°$；

（3）当 $a > b$，$a + b > 360°$ 时，$c = a + \frac{360° - a + b}{2} - 360° = \frac{a+b}{2} - 180°$。

2. 简述确定塔柱上端截面圆心坐标的作业流程。

（1）仪器准备：全站仪鉴定与校正，在距离塔柱约 50m 的位置选择一点 M 架设仪器，并作为坐标原点，在塔柱上选择与 M 点通视的一点 N 作为定向点，以 MN 水平方向作为 X 轴，垂直向上的方向作为 Z 轴，建立左手坐标系。在 M 点上架设全站仪（测量精度为 1″，无棱镜测程为 300m），对中、整平、定向，并量取仪器高；

（2）全站仪十字丝中心切准塔柱上端截面的左边缘点 A'，水平度盘读数为 a'，竖盘读数为 v'；

（3）保持竖盘读数不变，旋转仪器，使全站仪十字丝中心切准塔柱的右边缘点 B'，水平度盘读数为 b'；

（4）保持竖盘读数不变，旋转仪器，把全站仪视准线安置在 $\angle A'MB'$ 的角平分线上，测量全站仪至塔柱面的斜距 S'；

（5）计算过 A 点截面圆心 O' 的坐标（X'，Y'，Z'）。

3. 推导计算 M 点到塔柱下端截面圆心水平距离的公式（仅讨论 $b > a$ 的情况）。

未考虑同垂直角不在同一截面问题，仅讨论 $b > a$ 的情况：

$$D = S\cos v$$

$$\frac{R}{R+D} = \sin\left(\frac{b-a}{2}\right)$$

M 点到塔柱下端截面圆心水平距离 L 为：$L = R + D = R + S\cos v = R/\sin\left(\frac{b-a}{2}\right)$。

第七题（20 分）：

某测绘单位承接了我国中部某省行政区划挂图的编制任务，该省东部地势平缓，沟渠纵横，人口比较密集，村落众多，还有一些历史古村。西部以山地丘陵为主，交通相对落后，居民地比较稀疏。2016 年以来，该省西部发展加快，先后开工建设了多条高等级公路，开展了新农村建设，并对县、乡两级行政区划进行了调整。

1. 已有资料：

（1）2016 年完成的全省标准地名数据库（包括全省各类地理实体的标准名称，地名位置精度同 1∶5 万比例尺地图）。

（2）2015 年更新完成的 1∶100 万比例尺全要素地形图（DLG）。

（3）2017 年出版的各地市行政区划图系列（对开幅面，纸质资料）。

（4）2018 年出版的省级行政区划简册（包括乡镇及乡镇以上级别居民地名称）。

（5）2017 年 12 月获取的 2m 分辨率卫星影像。

（6）发布的 2016—2017 年行政区划变更公告。

2. 技术要求：

（1）采用双全开幅面，比例尺约为 1∶120 万，现势性截至 2017 年 12 月 31 日。

（2）表示全部县级及县级以上行政区域界线。

（3）表示全部乡镇级及乡镇以上级别居民地，其他居民地酌情选取。

（4）表示全部县道及县道以上等级公路，其他道路选取表示。

（5）分地市设色。

（6）选用合适的地图投影类型和变形方式，使各地市行政区行政变形最小。

备选的投影类型有墨卡托投影、高斯投影和圆锥投影等三种，备选的投影变形方式有等角、等面积和等距离。

问　题

1. 确定本挂图最合适的地图投影类型和变形方式，并说明理由。

2. 简述说明已有资料的用途。

3. 简述本挂图中居民地要素的编绘作业步骤。

参考答案

1. 确定本挂图最合适的地图投影类型和变形方式，并说明理由。

我国中部地处中纬度地区，该省选择正轴等面积圆锥投影最为合适。这样选择的地图投影，整个制图区域面积和地图图形要素变形都很小，精度非常高，能满足编制该省行政区划挂图要求。

如果采用高斯投影，该省挂图制图区域东西方向两边缘地区地图图形要素变形很大，高斯投影是等角投影，因此挂图面积变形很大，所以高斯投影不适合该省行政区划挂图。

墨卡托投影是正轴等角圆柱投影，如果采用墨卡托投影，该省挂图地图图形要素变形和面积变形都很大。因此，墨卡托投影不适合该省行政区划挂图。

2. 简述已有资料的用途。

（1）2016 年完成的全省标准地名数据库用于挂图地名更新。

（2）2015 年更新完成的 1∶100 万比例尺全要素地形图（DLG）作为编制挂图的基本资料。

（3）2017 年出版的各地市行政区划图系列，用于更新各地市境界线和道路、水系、居民地等地图要素。

（4）2018 年出版的省级行政区划简册，用于更新该省乡镇及乡镇以上级别居民地等级和名称。

（5）2017 年 12 月获取的 2m 分辨率卫星影像，用于更新发现和更新地图变化要素。

（6）发布的 2016—2017 年行政区划变更公告，用于更新挂图行政区划境界要素参考。

3. 简述本挂图中居民地要素的编绘作业步骤。

（1）从1∶100万比例尺全要素地形图（DLG）中提取居民地要素。

（2）用2016年完成的全省标准地名数据库更新居民地的地名。

（3）用2017年出版的各地市行政区划图系列，更新各地市居民地要素。

（4）用2017年12月的2m分辨率卫星影像对照寻找发现变化的居民地要素，特别是新农村建设发生变化的居民地，并进行更新。

（5）2018年出版的省级行政区划简册，更新乡镇及乡镇以上级别居民地等级和名称。

（6）居民地制图综合：对更新后的居民地要素进行制图综合，选取乡镇级及乡镇以上居民地。再根据居民地密度分布情况，在居民地稠密区酌情多选取其他居民地，保持制图区居民地密度对比；其他居民地应先选取农场、林场、渔场及位于道路交叉口、道路端点、通航起止点、河流交汇处、山隘、渡口、制高点、重要矿产资源地、文物古迹等及有政治、经济、历史和文化意义的居民地。

（7）给选取的居民地配置注记，注记字体字大正确表示其行政等级，得到新编挂图的居民地要素成果数据。

第八题（20分）：

某省拟建生态功能保护区，以下简称（保护区）管理系统，借助地理信息技术手段对生态环境进行科学管理。

1. 已有资料：

（1）全省1∶10 000数字线划图（DLG）和数字正射影像图（DOM）。

（2）全省国家级、省级保护区（Excel表格数据），包括保护区编码、名称、所在县级行政区、保护区类型、概略位置描述，以及禁止开发区和限制开发区范围描述。

其中：保护区类型包括自然保护区、风景名胜区、森林公园、饮用水源保护区等，每个保护区，都由禁止开发区和限制开发区两部分组成，两部分空间上互不交叉，禁止开发区内禁止一切开发活动，限制开发区内，可以开展一些对生态环境影响不大的开发活动。

2. 需采集的数据：

保护区数据包括：保护区精确的空间位置和相应的属性信息，各类保护区中禁止开发区和限制开发区的精确空间位置和属性信息（含保护区编码）。

3. 技术要求：

（1）保护区、禁止开发区、限制开发区分别以单独图层存储，数据精度及坐标系统与DLG一致。

（2）跨县级行政区域的保护区，按行政区域分别表示分界线及公共属性。

（3）信息系统中的数据库存储信息包括全省1∶10 000 DLG和DOM数据，以及采集的数据等。

（4）信息系统应具备选址符合性判断功能，选址符合性判断是指利用空间分析方法，判断新建工程项目的选址是否符合保护区禁止、限制开发区保护的要求。

问　题

1. 简述采集保护区数据的主要步骤。
2. 对采集的数据应进行哪些方面的数据质量检查?
3. 简述选址符合性判断的主要技术流程。

参考答案

1. 简述采集保护区数据的主要步骤。

（1）根据保护区（Excel 表格数据）概略位置描述、DOM 数据和 DLG 数据采集各保护区（含自然保护区、风景名胜区、森林公园、饮用水保护区等）的范围，对新增的和无法判别的空间信息进行外业补测。按保护区的名称，直接赋值给保护区范围图层，如果相同保护区跨县，按行政区域分别表示分界线及公共属性。

（2）将图形数据和表格关联，把表格的各种属性分别赋值给各保护区图层，建立相对应的字段，存储各保护区图层。

（3）根据 Excel 表格数据的禁止开发区和限制开发区范围描述，把各个保护区的范围划分成禁止开发区和限制开发区两部分，并填写相应属性。根据相应的属性，分别存储禁止开发区图层和限制开发区图层。

2. 对采集的数据应进行哪些方面的数据质量检查?

对采集的数据进行坐标系统与 1∶10 000 DLG 一致性检查，数据精度与1∶10 000 DLG 一致性检查。另外，还需要进行数据准确性、逻辑一致性、属性精度、完整性、表征一致性检查。

3. 简述选址符合性判断的主要技术流程。

（1）采用数据：新建工程项目的选址数据、禁止开发区图层和限制开发区图层。

（2）将新建工程项目的选址数据与禁止开发区图层和限制开发区图层进行叠置分析，进行选址符合性判断。如果新建工程项目的选址数据落在禁止开发区图层内，禁止一切开发活动，选址不符合要求；如果新建工程项目的选址数据落在限制开发区图层内，该新建工程项目的选址符合限制开发的要求，可以开展对生态环境影响不大的新建工程项目活动。

（七）2019年注册测绘师资格考试测绘案例分析仿真试卷与参考答案

第一题（20分）：

某测绘单位承接了某城市区域建设状况调查任务。

1. 测区概况：

测区位于该市城乡接合部，地势比较平坦，经济发达，交通便利，山水林田湖及居民地交错分布。近年来，测区内新建了大量建筑物。部分为密集高层建筑，以及一些树木遮挡的低矮建筑。现为了摸清建设现状，查证是否存在违规占用基本农田现象，开展调查工作。

2. 已有资料：

（1）2018年1月1：2 000全要素地形图数据（DLG），采用2000国家大地坐标系、高斯投影；

（2）2018年1月1：10 000 DEM数据，5m格网间距，采用2000国家大地坐标、高斯投影；

（3）2017年12月1：10 000基本农田数据，为基本农田的分布范围及类型的图斑，采用1980西安坐标系、高斯投影；

（4）2019年6月获取的1m分辨率卫星影像数据；

（5）全市卫星导航定位服务系统（CORS），实时定位精度厘米级；

（6）全市平面、高程控制网。

3. 已有设备及软件：

双频GNSS接收机、全站仪、水准仪、遥感影像处理系统、地理信息系统软件、地图制图软件等。

4. 任务要求：

（1）新增建筑物1：2 000矢量图制作。充分利用已有资料，尽量减少外业工作量，测量获得2018年1月以后新建的建筑物范围，精度满足1：2 000成图要求，采用2000国家大地坐标和高斯投影。

（2）全测区占用基本农田建筑物分布图制作。利用已有资料及测量成果，分析并提取占用基本农田的建筑物，制作一幅全测区范围的分布图，比例尺为1：10 000，图上表示占用基本农田的建筑物图斑，以影像为背景，适当选取表示道路、水系、境界、居民地及地名等要素。

问 题

1. 充分利用已有资料、设备和软件，制作新增建筑物1∶2 000矢量图，简述其作业步骤。

2. 简述获取占用基本农田的建筑物图斑数据的作业步骤。

3. 简述制作全测区占用基本农田建筑物分布图的作业步骤。

参考答案

1. 充分利用已有资料、设备和软件，制作新增建筑物1∶2 000矢量图，简述其作业步骤。

（1）采用资料准备：2018年1月1∶2 000全要素地形图数据（DLG）、2019年6月获取的1m分辨率卫星影像数据、2018年1月1∶10 000 DEM数据，5m格网间距。

（2）制作生成1∶2 000 DOM：利用2019年6月获取的1m分辨率卫星影像数据通过色彩处理、DEM采集、影像纠正（融合）、影像镶嵌、图幅裁切等技术环节生成1∶2 000 DOM。

（3）更新1∶2 000全要素地形图数据（DLG）：用1∶2 000 DOM对照1∶2 000全要素地形图数据（DLG），对新增建筑物进行全面更新，对模糊不清和属性不明（如建筑物名称、新建道路名称）的变化信息，标注出变化区域，通过外业双频GNSS接收机（密集高层建筑和一些树木遮挡的低矮建筑等信号不好的地方用全站仪）进行实地补测和（地名）调绘，内业进行图幅更新编辑、接边和裁切。

（4）制作新增建筑物1∶2 000矢量图：在更新后的1∶2 000全要素地形图数据（DLG）上提取新增建筑物图层，保存新增建筑物1∶2 000图层，精度满足成图要求，采用2000国家大地坐标和高斯投影。

（5）质量检查与成果提交。

2. 简述获取占用基本农田的建筑物图斑数据的作业步骤。

（1）采用资料准备：新增建筑物1∶2 000矢量图、2017年12月1∶10 000基本农田数据（1980西安坐标系、高斯投影）。

（2）坐标转换：将2017年12月1∶10 000基本农田数据1980西安坐标系、高斯投影转换到2000国家大地坐标和高斯投影。

（3）叠置分析得到占用基本农田的建筑物图斑数据：将新增建筑物1∶2 000矢量图、2017年12月1∶10 000基本农田数据（2000国家大地坐标系、高斯投影），套合进行叠置分析，提取占用基本农田的建筑物图斑数据，保存结果。

3. 简述制作全测区占用基本农田建筑物分布图的作业步骤。

（1）采用资料准备：占用基本农田的建筑物图斑数据和更新的1∶2 000全要素地形图数据（DLG）。

（2）地理底图制作：对更新后的1∶2 000全要素地形图数据（DLG）进行简化，保留主要河流、道路和居民地及地名等要素。对保留的主要地图要素及地名等的颜色进行淡化，例如，用钢灰色、银灰色表示，使地理底图要素降至第二或第三视觉平面。

（3）制作全测区占用基本农田建筑物分布图：对占用基本农田的建筑物图斑数据用高亮醒目的颜色表示，使全其升至第一视觉平面，与地理底图数据进行套合，得到全测区占用基本农田建筑物分布图。

第二题（20分）：

某测绘公司承担了某市开发区约 $80km^2$ 范围的地形图更新，及其核心区域约 $20km^2$（约 4km×5km）的精细单体化三维建模任务，测区位于丘陵地区，核心区域建筑物较多。

1. 已有资料：

（1）少量均匀分布的地面控制点；

（2）覆盖全测区的 1∶1 000 数字高程模型（DEM），实地地形局部发生了变化；

（3）覆盖全测区的 1∶1 000 数字地形图（DLG），实地地形发生了较大变化。

2. 主要设备：

（1）SWDC-5 倾斜摄影仪（下视镜头焦距 50mm、倾斜镜头焦距 80mm，像元大小 4.6μm，像素数 11 600×8 700，带有定位定姿系统 POS）；

（2）LeicaALS70 机载激光雷达（LiDAR）系统；

（3）地面拍照用高清晰度数字相机；

（4）全站仪、水准仪、GNSS 接收机等常规外业测量设备；

（5）内业数据处理软硬件。

3. 作业要求：

（1）充分利用已有控制点，不再进行外业控制测量；

（2）利用 SWDC-5 倾斜摄影仪进行航空摄影，同时获取下视影像（地面分辨率为 0.1m）和倾斜影像；

（3）采用最优方案对全测区 1∶1 000 DLG 进行现势性更新；

（4）构建核心区域地面分辨率 0.1m 的精细单体化三维模型。

问　题

1. 计算 SWDC-5 倾斜摄影仪航空摄影时的相对航高。
2. 简述本项目空中三角测量需准备的主要数据和关键环节。
3. 简述 1∶1 000 DLG 更新的主要步骤。
4. 基于题设条件，核心区域三维建模有哪几种技术方案？并分析各方案的优缺点。

参考答案

1. 计算 SWDC-5 倾斜摄影仪航空摄影时的相对航高。

本题并未指定摄影比例尺。根据题意，应以下视镜头的垂直摄影情况进行相对航高计算。若用 m 代表摄影比例尺母，f 代表下视摄影机焦距，H 代表摄影相对航高，则有：

$$\frac{1}{m}=\frac{f}{H}=\frac{\text{像元大小}}{\text{地面分辨率}}$$

因此，$H=f\times$地面分辨率/像元大小$=50\text{mm}\times 0.1\text{m}/4.6\mu\text{m}=1\ 086.956\ 5\text{m}$。

2. 简述本项目空中三角测量需准备的主要数据和关键环节。

（1）本项目空中三角测量需准备的主要数据包括：像片索引图、数字航空像片原始数据、航摄仪技术参数资料、飞行记录资料、测区内现有 1∶1 000 比例尺 DEM 和 DLG、少量均匀分布的地面控制点，区域网外业像片控制点点位略图、区域网外业像片控制点成果表、区域网外业像片控制点刺点片等。

（2）本项目空中三角测量关键环节：POS 辅助空中三角测量，可以在航空摄影过程中直接测定每张像片的 6 个外方位元素，不需要测量外业控制点的工作，在进行区域网平差时，需带入摄站点坐标、像片外方位元素进行联合区域网平差，求得待定点的坐标和高程，并利用测区内现有的少量均匀分布的地面控制点作为检查点评定其质量。

3. 简述 1∶1 000 DLG 更新的主要步骤。

（1）资料收集：覆盖全测区的 1∶1 000 数字地形图（DLG）、SWDC-5 倾斜摄影仪进行的航空摄影原始像片、LeicaALS70 机载激光扫描数据，少量均匀分布的地面控制点，航摄仪技术参数资料及其他技术资料等。

（2）分别生成 DEM 和 DOM：将 SWDC-5 倾斜摄影仪获取的航空摄影原始像片、LeicaALS70 机载激光雷达扫描数据，少量均匀分布的地面控制点，航摄仪技术参数资料及其他技术资料等资料导入内业数据处理，通过立体测图、空中三角测量、定向建模、特征点线采集，构建 TIN 并内插生成 DEM，再通过影像处理、DEM 编辑、影像纠正、色彩调整、影像镶嵌等生成 DOM。

（3）更新数据：用步骤（2）生成的 DOM 对 1∶1 000 数字地形图（DLG）变化区域进行全面更新。

（4）图形编辑与接边。

（5）质量检查与成果提交。

4. 基于题设条件，核心区域三维建模有哪几种技术方案？并分析各方案的优缺点。

（1）仅利用 SWDC-5 倾斜摄影测量的方法：优点是三维建模技术成熟，通过倾斜影像可获取建筑物侧面纹理，可通过 DOM 得到建筑物顶部纹理和路面纹理，便于构建三维纹理模型。缺点是几何建模自动化程度低，大多需要人工作业。

（2）仅 LeicaALS70 机载激光雷达扫描的方法：优点是利用所获取的激光点云数据可快速生成 DEM、DSM 和进行三维建模，三维几何建模自动化程度高。缺点是仅利用激光扫描数据无法进行纹理建模。

（3）SWDC-5 倾斜摄影和 LeicaALS70 机载激光雷达扫描两者结合的方法。优点是：可利用激光扫描数据快速进行几何建模，并从倾斜摄影影像上获得纹理信息，最终实现快速构建三维模型的目的。

第三题（20 分）：

某测绘单位承担了某县国土调查任务，采用“内业—外业—内业”的作业模式，已完成了内业信息提取工作，并在此基础上开展外业调查。

1. 测区概况：

该县面积为1 500km^2，西部地区地形以平原为主，今年来部分区域随着开发区的建设，相对密集分布土地利用变化地块，其他区域零散分布少量土地利用变化地块；东部地区地形以山地为主，部分区域因退耕还林土地利用发生变化，但交通不便。

2. 已有数据资料：

（1）2018年遥感正射影像数据，分辨率为1m；

（2）2017年度土地利用变更调查数据，包含土地利用图斑及地类属性；

（3）预判图斑数据，按照国土调查规范要求，基于遥感正射影像内业预判采集的土地利用图斑数据；

（4）不一致图斑数据，预判图斑数据与2017年土地变更数据对比，提取的地类不一致的图斑约3万个；

（5）覆盖测区全域的连续运行基准站系统（CORS）。

3. 已有软硬件设备：

（1）国土调查举证软件系统；

（2）免棱镜全站仪、测距仪、皮尺、高精度GNSS接收机等；

（3）带定位功能、方向传感器和拍照功能的平板电脑；

（4）带定位功能、方向传感器的多旋翼举证专用无人机及软件系统。

4. 任务要求：

（1）外业调查需对预判图斑数据逐一调查核实，查清每一个图斑的土地利用类型。

（2）对实地与预判图斑不一致的地物进行补测补调。如图14所示，地块A为一新增封闭构筑物，地块B为大面积水域。需对该新增地物进行补测，补测地物点平面精度相对于邻近明显地物点距离中误差不大于2. 5m。

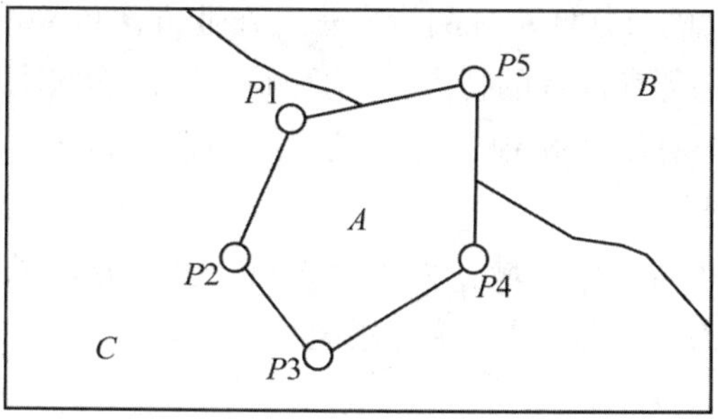

图14

（3）对内业提取的不一致图斑和外业调查新采集图斑进行实地拍照举证，即拍照带有定位坐标和拍摄方向信息的土地利用举证照片。

问 题

1. 简述该县国土调查任务中外业调查的工作流程。

2. 简述实地测量图中 *A* 构筑物各角点坐标所选用的测量设备和作业方法。

3. 分别针对本测区东部和西部的特点，选择哪种设备开展图斑举证？并说明原因。

参考答案

1. 简述该县国土调查任务中外业调查的工作流程。

（1）使用资料准备：2018 年遥感正射影像数据、2017 年度土地利用变更调查数据、预判图斑数据、不一致图斑数据；

（2）外业调查底图制作：按照国土调查规范要求，利用已有资料，在 2018 年遥感正射影像图上叠加预判图斑数据、不一致图斑数据，并标注出不一致图斑，作为外业工作调查底图；

（3）外业调查：认定地类、判定边界范围、地物补测、记录权属和标注等信息；重点是对不一致图斑进行调查。依据影像和实地现状进行图斑综合调绘，要求走到、看到、问到，全面如实记录；

（4）外业调查结果认定：外业调查记录和“互联网+”举证照片是调查结果认定的重要依据。

2. 简述实地测量图中 *A* 构筑物各角点坐标所选用的测量设备和作业方法。

因 *B* 为大面积水域，GPS 易产生多路径效应，故：

（1）*A* 构筑物各角点 *P*1、*P*2、*P*3、*P*4 可用免棱镜全站仪、测距仪、皮尺、高精度 GNSS 接收机等测量设备测量坐标，作业方法可采用全野外解析测量法；

（2）*A* 构筑物角点 *P*5 处于水域，测量人员无法达到，可采用带定位功能、方向传感器的多旋翼举证专用无人机及软件系统测量坐标，作业方法可采用航空摄影测量方法。

3. 分别针对本测区东部和西部的特点，选择哪种设备开展图斑举证？并说明原因。

（1）本测区西部因地块 *C* 为耕地，相对较平坦，故用带定位功能、方向传感器和拍照功能的平板电脑开展图斑举证。

（2）本测区东部因 *B* 为大面水域，为测量人员无法到达，故用带定位功能、方向传感器的多旋翼举证专用无人机及软件系统开展图斑举证。

第四题（20 分）：

某测绘单位接受委托，承接某住宅小区的不动产测绘。

1. 项目概况：

土地面积约为 48 100m^2，且建筑面积约 14 400m^2，共建设若干幢二层独立花园住宅及相应配套设备用房，其中某幢住宅的各层情况汇总见表 9：

表 9

所在层	层高（m）	部　位	说　明
1	2.90	门斗	有双柱
		檐廊	与房屋相连，有上盖无柱
		套内使用空间	除上述部位以外
夹	2.18	整层	
2	2.90	南阳台	未封闭，有上盖，有围护
		北阳台	全封闭
		套内使用空间	除上述部位以外
屋顶		天面花园	

2. 提交成果：

（1）文档成果：包括技术设计书、控制测量成果资料、技术总结、检查验收报告等。

（2）数据成果：包括房屋测算数据、房产分丘图和房产分户图等。其中，分丘图表示的内容有权界线、丘号、界址点点号、房屋产别、房屋层数和四至关系要素；分户图表示的内容有墙体、楼梯、阳台、门斗、檐廊、所在层次、户号和房屋边长要求。

问　题

1. 简述量测该幢住宅外墙及所列各特征部位的测点位置。
2. 分别列出表 9 中计算一半建筑面积和不计算建筑面积的部位。
3. 指出题目中分丘图表示内容中缺少的必要要素。

参考答案

1. 简述量测该幢住宅外墙及所列各特征部位的测点位置。

（1）房屋外围建筑面积应取勒脚以上外墙最外围为准量测。

（2）房屋室内边长及墙体厚度应取未进行装饰贴面的墙体为准量测。

（3）檐廊以外轮廓水平投影为准量测。

（4）门斗以柱外围为准量测。

（5）阳台以围护结构为准量测。

2. 分别列出表 9 中计算一半建筑面积和不计算建筑面积的部位。

（1）计算一半建筑面积：与房屋相连，有上盖无柱的檐廊；未封闭，有上盖，有围护的南阳台。

（2）不计算建筑面积的部位：层高 2.18m 的夹层，屋顶天面花园。

3. 指出题目中分丘图表示内容中缺少的必要要素。

分丘图缺少控制点、境界、房屋附属设施及其围护物、房产区号、房产分区号、丘支号、幢号、房产权号、门牌号、房屋结构、用途和用地分类、与房屋有关的道路、水系等地形要素及注记、窑洞使用范围、挑廊、阳台、建成年份、用地面积、建筑面积、墙体归属等必要要素。

第五题（20 分）：

因城市建设需要，某县级市拟迁建位于该市域内的 1 座 GNSS B 级点、2 座二等水准点。现委托某测绘单位完成此项工作，包括点位选建、外业观测及内业数据处理等。

1. 地理环境及控制网情况：市域地理环境较复杂，植被茂盛，森林覆盖率达 65%，该市及周边均匀分布有 2 个国家基准站、4 个省级基准站和 1 条一等水准路线。

2. 点位选建：国家控制点破坏以后，原则上在原控制点附近就近埋设新的控制点，新点位置需实地踏勘确定。勘选的 GNSS B 级点为 GNSS 水准共用点，待选位置有 3 处，其周边环境测试结果见表 10，表中 MP1，MP2 分别为 L1、L2 载波的多路径效应，P 为数据有效率。

表 10

点位	年积日	采样率（s）	MP1（m）	MP2（m）	P（%）
P_1	213	30	0.75	0.85	80%
P_2	214	30	1.42	1.64	75%
P_3	215	30	0.31	0.37	98%

选建国家二等水准点 2 座，点名分别为 II 测东 22 基，II 测东 23。

3. 外业观测：新建的 GNSS 点及周围控制点分布如图 15 所示。

对新建 GNSS 点采用静态观测模式，共观测 3 个时段，时长为 23.5 小时，并联测周边国家控制点；新建三个点采用二等水准测量方法联测到国家一等水准点。

4. 数据处理：

（1）GNSS 数据处理分三个步骤进行，包括数据准备、基线解算和平差计算，最终求得新建 GNSS 点的坐标。

（2）水准数据处理分三个步骤进行，包括数据整理、高差各项改正计算和平差计算，最终求得新建水准点的高程。

问 题

1. 新建水准点应该埋设什么类型标石？
2. 表 10 中 P_1、P_2、P_3 哪个位置最适合国家 GNSS B 级点建址？说明理由。
3. 简述 007 点坐标解算中数据准备的内容和基线解算的流程。
4. 在进行 GNSS 网平差时，图 15 中哪个基准站最适合作为检核条件？

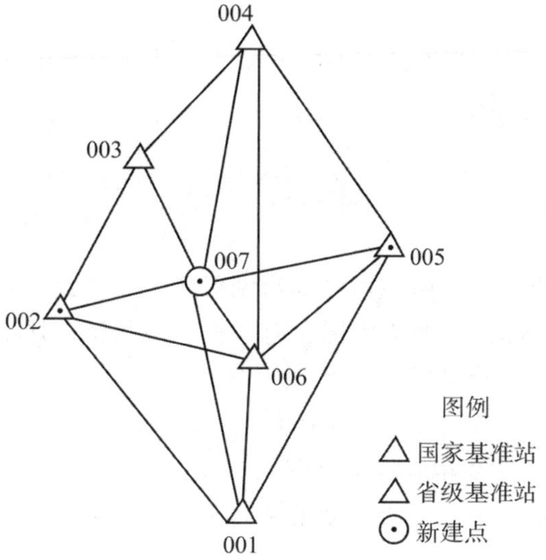

图 15

参考答案

1. 新建水准点应该埋设什么类型标石？

选建国家二等水准点 2 座，点名分别为 II 测东 22 基，II 测东 23，应选用基岩水准点，水准共用标石。

2. 表 10 中 P_1、P_2、P_3 哪个位置最适合国家 GNSS B 级点建址？说明理由。

P_3 点最适合国家 GNSS B 级点建址，理由如下：

（1）L1、L2 频率的多路径效应影响 MP1、MP2 应小于 0. 5m，符合要求；

（2）数据有效率高达 98%（规范要求数据有效率≥85%），符合要求。

3. 简述 007 点坐标解算中数据准备的内容和基线解算的流程。

（1）坐标解算中数据准备的内容：

①至少选择三个已知坐标的基准站控制点（起算点的坐标值）；

②所采用的参考椭球；

③坐标系的中央子午线经度；

④纵、横坐标加常数；

⑤坐标系的投影面高程及测区平均高程异常值。

（2）基线解算的流程：使用 GPS 数据处理软件进行 GPS 网平差，首先提取基线向量；其次，进行三维无约束平差；然后，进行约束平差和联合平差；最后，进行质量分析与控制。

4. 在进行 GNSS 网平差时，图 15 中哪个基准站最适合作为检核条件？

由图可知，选择省级基准站点 001 最为合适，理由如下：

①由新建点 007、国家级基准站点 005、省级基准站点 001 所构成的图形属于锐角三角形，图形结构强度高，基线长度大且精度可靠。

②国家级基准点002、新建点007、国家级基准站点005三点构成的图形接近直线，图形强度不够。

③由新建点007、国家级基准站点005、省级基准站点001所构成的图形内部包含省级基准站点006，可产生多余观测量。

第六题（20分）：

为了城市发展的需要，市政府在城区周边划拨了一块土地，用于建设一大型机械制造厂，该地块最大高差为25m，主要为农田，有一村庄位于该区域的中部。某甲级测绘单位承担该厂建设过程中的全部测量任务。

1. 已收集的资料：

（1）政府土地划拨文件及相应的审批图；

（2）高等级平面控制点6个、高等级高程控制点4个；

（3）厂区规划图；

（4）建设施工图；

（5）大型设备安装施工图；

（6）2017年10月完成该区域1：2 000数字地形图等。

2. 可用的测量设备：

（1）带RTK功能的双频GNSS接收机；

（2）全站仪（测角精度1″，测距精度1mm+2ppm）；

（3）DS05数字水准仪。

3. 新增地物要素：

2017年10月以来，新建了一条南北向的沥青公路作为该村进城的主要通道；在村庄的南面、沥青公路的东面新建了一栋8层的办公楼；办公楼的北面有一个建设沥青公路时新增的四等水准点，点名为BM06，高程为12. 126m；办公楼和沥青路之间是新建的花园。

4. 土石方量计算：

为了满足施工中土方量计算的需求。要求碎部点点间距离不大于25m，地形特征点、特征线必须测量。

问 题

1. 绘制2017年10月以来新增地物要素示意图。

2. 该测绘单位在该项目中应完成哪些测量任务？并简述完成相应任务应使用的测量设备。

3. 已有的1：2 000地形图能否满足土石方量的计算要求？请说明原因。若能满足，说明利用1：2 000地形图计算土石方量的流程；若不能满足，简述最为方便的碎部点采集方法。

参考答案

1. 绘制 2017 年 10 月以来新增地物要素示意图。

根据题意，新增地物要素示意图如图 16 所示：

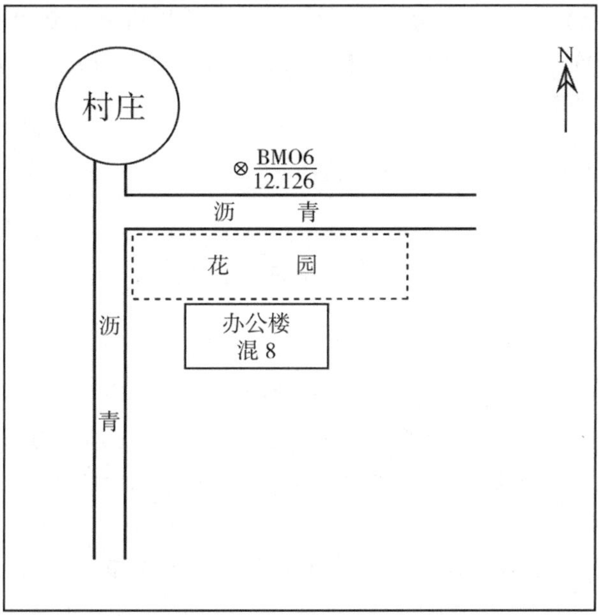

图 16

2. 该测绘单位在该项目中应完成哪些测量任务？并简述完成相应任务应使用的测量设备。

该项目应完成土地地形图测量、厂房施工测量（土石方填挖），机械设备安装测量、厂房竣工测量等。

（1）土地地形图测量主要使用带 RTK 功能的双频 GNSS 接收机进行空旷区域的碎部点采集，建筑物密集地区使用全站仪（测角精度 1″，测距精度 1mm+2ppm）进行碎部点采集。

（2）厂房施工测量使用全站仪（测角精度 1″，测距精度 1mm+2ppm）进行平面施工放样，使用 DS05 数字水准仪进行高程测量，控制土石方填挖线，指导现场施工。

（3）厂区大型设备安装测量，属于精密安装测量，精度要求高，使用全站仪（测角精度 1″，测距精度 1mm+2ppm）控制平面位置和 DS05 数字水准仪控制高程位置。

（4）厂房竣工测量，使用带 RTK 功能的双频 GNSS 接收机补测 2017 年新增的沥青道路、花园、四等水准点等地物地貌要素；使用全站仪（测角精度 1″，测距精度 1mm+2ppm）测量 8 层办公楼平面位置及高程。

3. 已有的 1∶2 000 地形图能否满足土石方量的计算要求？请说明原因。若能满足，说明利用 1∶2 000 地形图计算土石方量的流程；若不能满足，简述最为方便的碎部点采集方法。

（1）已有的1∶2 000地形图能否满足土石方量的计算要求。

该项目在2017年10月以后新建了该厂，新增了地物，地形特征点、特征线有变化，因此2017年10月完成的1∶2 000地形图现势性达不到要求，故不能满足土石方量的计算要求。

（2）最为方便的碎部点采集方法是先进行图根控制测量，即利用带RTK功能的双频GNSS接收机（全站仪）在已知高等级控制点布设、联测图根控制点；然后利用图根点测量所有地形碎部点位置、高程（包括变化的地形特征点、特征线），并满足碎部点点间距离不大于25m的要求。

第七题（20分）：

某市拟整治土地利用规划、城乡规划等各类空间规划，在此基础上建设国土空间规划辅助信息系统。

1. 已有数据：

（1）全市1∶1万DLG（shapefile格式）、DOM数据，均为CGCS2000坐标；

（2）全市国土调查的地类图斑数据（shapefile格式），CGCS2000坐标；

（3）全市土地利用规划数据，数据格式为shapefile，土地用途以图斑属性值表示，西安80坐标；

（4）全市城乡规划数据，数据格式为DWG，土地用途以地块的颜色区分，西安80坐标。

2. 任务和要求：

（1）制作土地利用规划和城乡规划的土地用途分类与国土调查地类分类关系表；

（2）预处理土地利用规划和城乡规划数据，使其符合规划信息数据库建设要求；

（3）在整合预处理全市土地利用规划和城乡规划数据后，分析提取两者土地用途不一致的范围；

（4）建设规划信息数据库，数据包括：1∶1万DLG和DOM数据、国土调查的地类图斑数据、土地利用规划和城乡规划数据等，坐标系统采用CGCS2000，矢量数据采用shapefile格式；

（5）利用已建立的数据库，开发土地用途核查专用App，辅助开展对土地实际用途与土地利用规划不一致的现场核查取证，包括范围和实际用途等，实时上传核查证据。

问　题

1. 为满足规划信息数据库建库要求，对土地利用规划和城乡规划数据的预处理应包括哪些内容？

2. 如何提取国土调查地类图斑中地类与土地利用规划中土地用途不一致的空间位置？简述其技术流程。

3. 土地用途核查专用App至少应具备哪些GIS基本功能？需在线使用数据库的哪些数据？

参考答案

1. 为满足规划信息数据库建库要求，对土地利用规划和城乡规划数据的预处理应包括哪些内容？

为满足规划信息数据库建库要求，对土地利用规划和城乡规划数据的预处理应包括：

（1）使用数据资料准备：将全市土地利用规划数据和全市城乡规划数据导入地理信息系统。

（2）坐标转换：在地理信息系统中将全市土地利用规划数据和全市城乡规划数据西安 80 坐标系转换成满足建库要求的 CGCS2000 坐标。

（3）格式转换：将全市城乡规划数据 DWG 格式转换为 shapefile 格式。

（4）数据预处理：对全市土地利用规划数据和全市城乡规划数据进行数据预处理，即图形要素处理、要素属性处理、代码转换、数据分层处理及接边检查，使其满足建库要求。

2. 如何提取国土调查地类图斑中地类与土地利用规划中土地用途不一致的空间位置？简述其技术流程。

（1）数据调用：1∶1 万 DLG 数据，全市国土调查的地类图斑数据、经预处理后的全市土地利用规划数据和全市城乡规划数据。

（2）将全市国土调查的地类图斑数据、经预处理后的全市土地利用规划数据和全市城乡规划数据进行空间叠置分析，提取国土调查地类图斑中地类与土地利用规划中土地用途不一致的图斑数据。

（3）将提取的图斑数据与 1∶1 万 DLG 数据进行空间叠置分析，得到国土调查地类图斑中地类与土地利用规划中土地用途不一致的空间位置。

3. 土地用途核查专用 App 至少应具备哪些 GIS 基本功能？需在线使用数据库的哪些数据？

（1）土地用途核查专用 App 至少应具备数据采集与输入、编辑与更新、空间查询与分析、图形数据显示与输出等基本功能，辅助开展对土地实际用途与土地利用规划不一致的现场核查取证，包括范围和实际用途等，实时上传核查证据。

（2）需在线使用的数据库数据有：全市 1∶1 万 DLG（shapefile 格式），DOM 数据、全市国土调查的地类图斑数据、全市土地利用规划数据和全市城乡规划数据。

第八题（20 分）：

某测绘单位承接了土地利用挂图的编制任务。

该县级市位于江南丘陵地区，素有“七山二水一分田”之称，人均耕地少。2010 年以来，该地因地制宜，充分利用山坡谷地，大力发展果园和茶园种植。境内此两类园地数量众多，面积大小不一，从几千平方米到几十万平方米不等，其中面积 4 000m^2 以下的园地数量占比 90%以上。2017 年以来，该市还开工建设了多条县级道路。

1. 已有资料：

（1）2018 年 12 月完成的 1∶10 000 全市土地变更调查数据，包括一、二、三级土地利用分类图斑和统计电子表格等，其中一级土地利用分类共 9 个；

（2）2017 年更新完成的 1：50 000 全要素地形图数据，包含有乡镇级界线；

（3）2018 年 12 月获取的 0. 5m 分辨率卫星正射影像；

（4）2019 年 3 月出版的全省行政区划简册（包含有乡镇及以上级别的居民地标准名称），现势性截至 2018 年 12 月 31 日；

（5）2016 年普查完成的全市标准地名数据库，地名位置精度同 1：50 000 地形图。

2. 编制要求：

（1）土地利用挂图为全开幅面，比例尺约为 1：50 000，现势性截至 2018 年 12 月 31 日；

（2）土地利用表示至二级分类，其中该市园地二级分类只有果园和茶园；各地成图图斑最小面积原则上不小于 2mm²，但须反映出全市土地利用特点；

（3）行政村及以上级别居民地全部表示，其他居民地酌情选取表示；

（4）乡镇级及以上行政区域界线全部表示；

（5）反映最新道路信息，其中乡级以上道路全部表示，其他道路酌情选取表示；

（6）设计制作一个专题图表，以附图形式，直观反映该市全部 9 个一级土地利用分类构成，同时要求表示出 9 个一级分类面积数和百分比。

问　题

1. 简述已有资料在编制土地利用挂图中的用途。

2. 简述本挂图中园地要素的编绘要点。

3. 简述一级土地利用分类专题图表设计制作步骤。

参考答案

1. 简述已有资料在编制土地利用挂图中的用途。

（1）2018 年 12 月完成的 1：10 000全市土地变更调查数据是主图，反映土地利用现状的主要资料来源，作为专题要素的基本资料。

（2）2017 年更新完成的 1：50 000全要素地形图数据，包含有乡镇级界线，地图要素齐全，符合编制地图的需要，可作为编制挂图地理底图的基本资料。

（3）2018 年 12 月获取的 0. 5m 分辨率卫星正射影像，对土地利用现状和地理底图的道路、居民地、水系、园地等要素进行更新的补充资料。

（4）2019 年 3 月出版的全省行政区划简册（包含有乡镇及以上级别的居民地标准名称），对主图的行政区划界线及居民地名称进行更新。

（5）2016 年普查完成的全市标准地名数据库，地名位置精度同 1：50 000地形图，用于更新和校正地名。

2. 简述本挂图中园地要素的编绘要点。

（1）用 2018 年 12 月完成的 1：10 000 全市土地更新调查数据更新园地要素。

（2）用 2018 年 12 月的 0. 5m 分辨率卫星正射影像更新调查数据更新园地要素。

（3）园地要素制图综合：土地利用挂图的园地要素数据从1∶10 000缩小到1∶50 000，产生了很多果园和茶园的小图斑，间隔同类小图斑可以进行合并，选取大于$2mm^2$的图斑；该市园地二级分类只有果园和茶园，图斑综合时注意反映全市土地利用特点。

（4）将综合后果园和茶园的图斑进行地图符号注记配置等数据处理，得到符合1∶50 000土地利用挂图要求的园地要素。

3. 简述一级土地利用分类专题图表设计制作步骤。

（1）利用2018年12月完成的1∶10 000全市土地变更调查数据，统计出9个一级土地利用分类的各个分类面积和每个分类面积占总面积的百分比。

（2）采用饼状图表表示一级土地利用分类的各个分类面积和每个分类面积占总面积的百分比。

（3）饼状分类专题图表的每个分类采用土地利用挂图的土地利用分类相同或相近颜色，这样饼状分类专题图表能直观地反映该市一级土地利用分类构成及一级分类面积数和百分比。

（八）2022年注册测绘师资格考试测绘案例分析仿真试卷与参考答案

第一题（20分）：

某测绘单位承担了某区域1∶500数字化地形图测绘任务，测区概况如下：

（1）测区周边有两个高等级控制点，一个在测区东北角，一个在测区西南角，因树林茂密，两点间不通视；

（2）测区长1.8km，宽0.15km，区间内多树林、房屋，有小路、河流等地物；

（3）现有设备：全站仪、棱镜、三脚架。

要求：

（1）布设一定数量的图根控制点，按照每幅图4个，不足一幅图的区域按照一幅图计算；

（2）测设区域内各地物、地形要素并完成数字化地形图测绘任务；

（3）测绘任务完成后，测绘单位派甲、乙两名质量检查人员对测区进行质量检查，其中甲检查了数据质量、属性质量，乙检查其他项目。

问 题

1. 根据题意，最少应布设多少个图根点？
2. 本项目中，简述图根控制测量的方案。
3. 简述全站仪进行野外数字化地形图测绘的过程。
4. 什么是“二级检查，一级验收”？质量检查人员乙应该检查的内容有哪些？

参考答案

1. 根据题意，最少应布设多少个图根点？

根据题意要求，1∶500数字化地形图一幅标准图幅边长为实地250m；由于测区宽度不足一幅图边长，故宽度按一幅图计算，长度为1 800m，故长度为7.2幅，按8幅计算。每幅图图根控制点至少为4个，那么全测区至少为32个。

计算过程：一幅图的实地边长：500×500＝250m；测区宽的图幅数：150m÷250m/幅＝0.6幅，按1幅计算；测区长的图幅数：1 800m÷250m/幅＝7.2幅，按8幅计算。

所以，测区至少图根点数：4×8＝32（个）。

2. 本项目中，简述图根控制测量的方案。

根据题意所给的条件：图根控制测量需规定各类图根点的布设，标志的设置，观测使用的仪器、测量方法和测量限差的要求等。比例尺要求为 1∶500，每幅图图根点个数不少于 4 个，采用全野外数字测绘；同时满足图根点相对于邻近等级控制点的点位中误差不应大于图上 0.1mm，高程中误差不大于基本等高距的 1/10。

3. 简述全站仪进行野外数字化地形图测绘的过程。

全站仪进行野外数字化地形图测绘的步骤如下：

（1）建立坐标系统。进行图根点平面和高程控制测量，确定每个图根点坐标。

（2）作业准备工作。首先对作业范围进行分区，采用检校合格的仪器，设置好相关参数，以及测站定向检查。

（3）进行数据采集。按 1∶500 数字化地形图技术要求进行碎部点（点、线、面）采集，同时注意要素内容的取舍。

（4）数据处理和内业成图。外业数据一般不能随意修改，进行内业图形编辑满足规范要求。

（5）检查验收和资料的归档。

4. 什么是“二级检查，一级验收”？质量检查人员乙应该检查的内容有哪些？

（1）数字测绘产品实行过程检查、最终检查和验收制度，即“二级检查，一级验收”。过程检查由生产单位检查人员承担，最终检查由生产单位的质量管理机构负责实施，验收工作由任务的委托单位组织实施，或由该单位委托的具有验收资格的检验机构验收。

（2）乙需检查的内容包括：空间参考系、位置精度、完整性、逻辑一致性、时间准确度、元数据质量、表征质量和附件质量。

第二题（20 分）：

我国南方某县农业种植以水田为主，其余作物较少，水田种植又分为早稻和晚稻两季，每年的 6 月和 9 月，水稻最为成熟。近年来，该县经济发展较快，城乡建设活动发达，城乡活动中占用耕地的现象屡禁不止，为了提高自然资源管理水平，保证耕地保有量，治理乱占耕地行为，拟针对要完成全县城乡建设占用耕地的情况进行摸底调查，同时估算全县水稻种植面积。

已有资料情况：

（1）2020 年 1∶10 000 比例尺该县全国变更土地调查地类图斑数据库，高斯坐标，数据库中行政界线、道路、旱地、水浇地、农村宅基地、城镇住宅用地、商服用地、工矿用地、水系要素均按图层表示，行政区划界线表示正确。

（2）该县 2020 年获得的 1m 分辨率的 DOM，现势性为 2020 年 9 月。

（3）覆盖全县的 2020 年 10m 分辨率的 DEM 数据。

（4）全县所有控制点资料。

（5）2021 年 6 月和 9 月分别获取的高光谱影像，数据为高分一号，幅宽 800km，高光谱分辨率为 16m，经纬度坐标。

（6）2021 年 12 月获取的 0.5m 分辨率的北京一号卫星影像。

（7）配备航测遥感内业处理软件。

问　题

1. 简单描述项目已有资料的利用情况。
2. 说明 2021 年城乡建设占用耕地情况调查的流程。
3. 简要说明利用已有资料计算 2021 年全县水稻种植面积的流程。

参考答案

1. 简单描述项目已有资料的利用情况。

（1）覆盖全县的 2020 年 10m 分辨率的 DEM 数据，用于后续遥感影像的正射纠正，生产 DOM。

（2）2020 年 1：10 000 比例尺该县全国变更十地调查地类图斑数据库。2021 年 12 月获取的 0.5m 分辨率的北京一号卫星影像，用于分析找到耕地被占用的情况。

（3）2021 年 6 月和 9 月分别获取的高光谱影像，用于估算水稻面积。

2. 说明 2021 年城乡建设占用耕地情况调查的流程。

（1）资料准备，包括覆盖全县的 2020 年 10m 分辨率的 DEM 数据、2020 年1：10 000 比例尺该县全国变更土地调查地类图斑数据库 2021 年 12 月获取的 0.5m 分辨率的北京一号卫星影像。

（2）利用 2020 年 10m 分辨率的 DEM 数据对 2021 年 12 月获取的北京一号卫星影像进行正射纠正，生成 DOM。

（3）提取 2020 年1：10 000比例尺该县全国变更土地调查地类图斑数据库中的旱地、水浇地等耕地信息，并与上一步生成的 2021 年 DOM 进行叠置分析，找出耕地被占用的范围。

（4）统计生成 2021 年城乡建设占用耕地的情况。

（5）质量检查，提交成果。

3. 简要说明利用已有资料计算 2021 年全县水稻种植面积的流程。

（1）资料准备。包括覆盖全县的 2020 年 10m 分辨率的 DEM 数据；2021 年 6 月和 9 月分别获取的高光谱影像，并将其坐标转换至高斯坐标。

（2）利用 2020 年 10m 分辨率的 DEM 数据对 2021 年 6 月和 9 月分别获取的高光谱影像进行正射纠正，分别生成 DOM。

（3）对生成的两套 DOM 影像分别进行分析，找出水稻种植的范围，再叠置分析，得到全部水稻的种植范围。

（4）计算水稻种植的面积，生成统计图表。

（5）质量检查，提交成果。

第三题（20 分）：

某地为拟新建厂房进行选址测量，拟选址地约为 $2km^2$ 的正方形区域，中间区域为平地，最高点高程990m，最低点高程900m。四周多为林地，其中中间区域多乱建的小作坊，区域内有地上河流流经，少量线杆被大树遮挡。

现计划获取航空摄影数据，已有条件如下：

（1）小型航摄仪一台，焦距50.7mm，成像尺寸8 192×5 460，像元大小6μm。

（2）有小型无人机一台，可以搭载上述航摄仪。

（3）区域内低空适合无人机飞行，申请空域手续简单。

（4）已经获取了测区的空三成果。

要求：

（1）航片要求地面分辨率为0.1m。

（2）制作DEM，要求分辨率为100mm×100mm，其中静止的水面格网要有相同值，流动水面要注意上下游赋值，避免“倒流”情况。

（3）对区域内进行1：2 000地形图测绘，等高距0.5m，地物点平面精度为0.6m，高程精度为0.6m，要求各要素均衡表示。

问 题

1. 计算绝对航高。

2. 立体测图时，电力设施应如何采集？

3. 制作DEM格网时，居民地区域和水域区域的格网应注意的事项有哪些？

参考答案

1. 计算绝对航高。

根据《低空数字航空摄影规范》，相对航高的计算公式如下：

$H=\dfrac{f\times \mathrm{GSD}}{a}$，式中，$H$为相对航高，$f$为摄影镜头的焦距，GSD为影像的地面分辨率，$a$为像元尺寸的大小。$H_{相对}=\dfrac{50.7\times 100}{0.006}=845\ 000(\mathrm{mm})$；平均高程面$=\dfrac{990+900}{2}=945$（m），故：$H_{绝对}=945+845=1\ 790$（m）。

2. 立体测图时，电力设施应如何采集？

（1）对于电力设施（电杆、电线塔、电线架）立体影像清晰的，按真实位置采集，不能漏掉。

（2）对于把握不准的被遮挡的电力设施只采集可见部分，未采集或不完整处用红线圈出范围，由外地实地进行定位补调。

3. 制作DEM格网时，居民地区域和水域区域的格网应注意的事项有哪些？

（1）居民地区域采集房屋和街区轮廓时，本题中小作坊等建筑应切准房角或轮廓拐角后打点连线，准确采集外围轮廓，反映建筑结构特征。

（2）采集水库、湖泊、海域等水域的水岸线，赋常水位高程；水岸线高程应与水系上下游及周边等高线、高程点的高程相协调，流动水面要注意上下游赋值，避免“倒流”

情况。

第四题（20分）：

为监测某大型水利工程对周边地区的影响，尤其是对地质构造、山体位移的变化影响，进行精密的变形测量。

该水利工程位于高山峡谷中，地势险要，宽度最宽处为100m，两侧高山高度为300m。在该水利工程的附近布设了11个工作基准点，对基准点展开了为期一年的观测，一年内变形量可以忽略不计。随后计划在该工程坝体的左岸和右岸进行变形观测，根据地质构造以及地区经验，该地区左岸变形量较小，故在右岸布设了36个变形监测点，进行变形监测工作。

前3年，每季度观测1次，3年后每1年观测一次，直到第6年评估变形值后再决定是否继续观测。已知最终年变形量为12mm，第6年后无变形。

所测得的数据经过数据采集、数据预处理、数据自动记录、数据自动计算、自动保存、自动异地备份等步骤，最终提交的变形监测资料中有等位移量变形监测图、位移速率变化图等。

当初观测时，可选用的设备有：

①测量机器人若干（高精度全站仪）；②GNSS测量设备若干。

问　题

1. 本项目中，进行变形监测时选择哪种仪器？
2. 根据所选择的仪器，进行数据预处理工作的内容有哪些？
3. 影响变形监测成果的因素有哪些？如何削弱这些因素的影响？
4. 尝试画出其中一种直方图，并说明横轴和竖轴分别代表什么。

参考答案

1. 本项目中，进行变形监测时选择哪种仪器？

根据题意和条件，本项目中，进行变形监测时选择测量机器人若干（高精度全站仪）。因位于高山峡谷，地势险要，最宽处仅为100m，而两侧山高达300m，故选择测量机器人设备进行监测较为合适。

2. 根据所选择的仪器，进行数据预处理工作的内容有哪些？

精密的变形测量，首先应该有原始观测数据的有效性检核，然后根据气象资料，对观测数据进行大气折光改算（包括水平折光和垂直折光）；对地球曲率影响进行改算。

3. 影响变形监测成果的因素有哪些？如何削弱这些因素的影响？

影响的因素有：气象因素、仪器对中、供电情况以及还受环境因素影响，山区一般植被茂密，树叶遮挡对信号的干扰等。可采取的措施：进行气象改正、工作基点采用强制对中装置、使用不间断电源、点位布设要合理，选择有利的观测时间，必要时清除遮挡信号的树叶。

4. 尝试画出其中一种直方图，并说明横轴和竖轴分别代表什么。

某变形监测的位移速率变化图如图 17 所示。

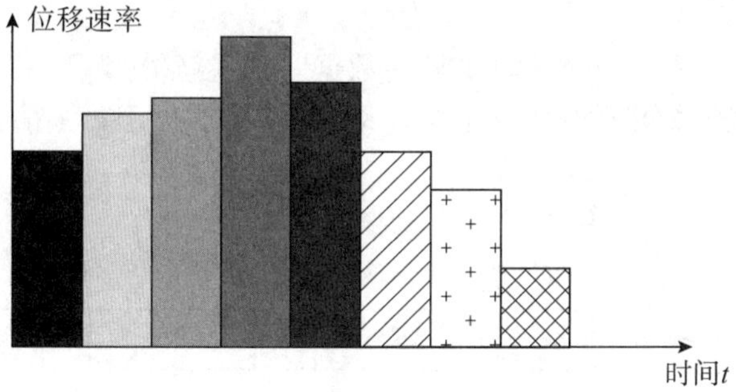

图 17

横轴代表时间（周期）、竖轴代表位移速率。

第五题（20 分）：

为保障某新开采的露天矿区的各项工作顺利开展，拟在其周围布设高等级水准点若干个，2 个 CORS 站点。已知矿区周围有省级 CORS 网点一处，二等水准点 2 个 M 和 N（见图 18）分别位于测区的东南角和西南角 5km 以内。

该矿区位于人烟稀少的地区，远离城市，常年空气质量良好，光照情况较好，CORS 布点时已经远离了矿区拟施工区域，站点附近无高压线，无水域，通信状况良好，有 24 小时电源。

本项目的高等级水准测量施测时，布设了附合水准路线，水准测量时应遵守 $12\sqrt{L}$mm，L 单位为 km，具体布点图以及各站点之间的距离如下：已知 M 点的高程为 1 296. 759m，N 点的高程为1 302. 245m。

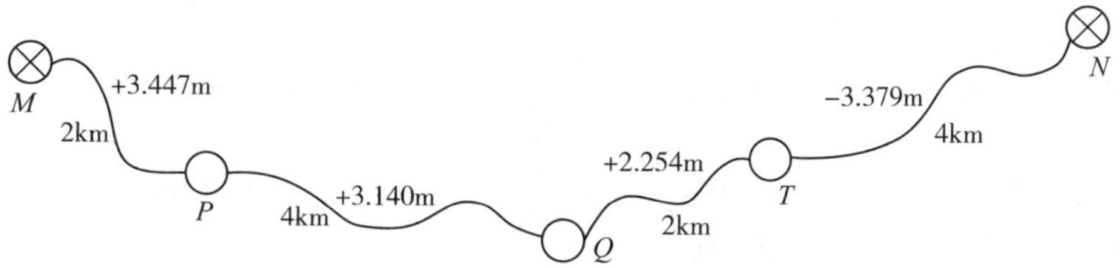

图 18

问题

1. 获取矿区 CORS 站点的坐标需要哪些数据？简述解算过程。
2. 网络 RTK 测量提高测量精度的可行性手段有哪些？

3. 根据题意，判断是否可以计算出水准路线 P、Q、T 三点的高程值，如果可以请计算。

参考答案

1. 获取矿区 CORS 站点的坐标需要哪些数据？简述解算过程。

（1）需要的数据有省级 CORS 点坐标、同步观测时的卫星（精密）星历，标准气象元素，观测值数据。

（2）解算步骤：

2. 网络 RTK 测量提高测量精度的可行性手段有哪些？

网络 RTK 测量提高测量精度的方法：

（1）选择多频或双频的高精度 GNSS 接收机。作业前，实测基准站天线与移动站天线的精确相位图形，可进行测量相位误差改正，减少天线相位中心变化的影响。

（2）控制点的选择。控制点个数至少 3 个以上，分布均匀，能控制覆盖整个测区；测量作业半径距离在一定范围内。

（3）流动站选点时，选择合适的站址；适当延长观测时间；接收机天线的改进；利用信噪比方法等措施减弱多路径效应的影响。

（4）接收机的检测与控制点的检校。比如采集器的反应情况、基线检查等，确保接收机符合标称精度；提高测量的可靠性。

3. 根据题意，判断是否可以计算出水准路线 P、Q、T 三点的高程值，如果可以请计算。

计算过程如下：

$1\,296.759+3.447+3.140+2.254-3.379=1\,302.221$（m）

$1\,302.221-1\,302.245=-0.024$（m）$=-24$mm

$12\sqrt{L}=12\times\sqrt{12}=41.6$mm，24mm < 41.6mm，故该导线未超限，可以计算出 P、Q、T 三点坐标。

由 M 点到 N 点按顺序各段的高差经过闭合差改正后为：+3.451，+3.148，+2.258，−3.371。

P：$1\,296.759+3.451=1\,300.210$（m）；$Q$：$1\,300.210+3.148=1\,303.358$（m）；

T：$1\,303.358+2.258=1\,305.616$（m）。

第六题（20 分）：

在某乡镇区域，有一栋 6 层高的商住两用楼，其中一层为商业，二到六层为住宅，房屋天台上有楼梯用房、专用设备用房、水箱间、凉亭各一处，具体情况见表 11。

表 11

地物名	楼梯用房	专用设备用房	水箱间	凉亭
高　度	4.3m	3.5m	3.00m	3.00m

该高层建筑为此乡镇的最高建筑，视野较好，在楼顶天台上，可以看到周边建筑、图根点、所有界址点、房角点。故某测量单位拟在楼顶天台面上进行地籍测量。

已有资料情况如下：

（1）具有设备：GNSS 测量设备、全站仪、测距仪。

（2）具有该房屋的规划报建批准文件。

（3）具有相应的权属材料。

问　题

1. 在房屋天台面上进行的各项测绘任务，应如何优先选择仪器设备？

2. 简述测量界址点的流程。

3. 用楼顶天台面的房角点绘制该楼房屋是否正确？

4. 测量完成后，对楼顶建筑进行共有面积分摊，仅针对楼上该四项建筑，在没有分摊协议的前提下，应该如何进行分摊？

参考答案

1. 在房屋天台面上进行的各项测绘任务，应如何优先选择仪器设备？

根据题意，在楼顶天台上，可以看到周边建筑、图根点、所有界址点、房角点。选择使用全站仪最为恰当，适当的时候配合使用测距仪。

2. 简述测量界址点的流程：

（1）在房屋天台面上的控制点架设全站仪，对中整平。

（2）选择较远的图根点作为本测站的定向点，施测另一图根点的坐标和高程，作为校核。

（3）检校符合要求后，进行界址点的坐标采集。

3. 用楼顶天台面的房角点绘制该楼房屋是否正确？

不正确。因为楼顶天台面的房角点和该楼房屋水平投影不一定一致，应以水平投影的拐点作为依据绘制楼房平面图。

4. 测量完成后，对楼顶建筑进行共有面积分摊，仅针对楼上该四项建筑，在没有分摊协议的前提下，应该如何进行分摊？

楼梯用房、专用设备用房、水箱间，首先应该在商用功能区和住宅功能区之间进行分摊，然后在各自的功能区再进行分摊；屋面的凉亭不算面积，不参与分摊。

第七题（20 分）：

某县保险公司为农业用地设置了自然灾害险，为避免骗保，尽快出保，拟建立农业承保用地数据库，进行相关应用。

已有资料如下：

（1）该县 2020 年全县域 1∶1 万 DLG 数据，采用高斯坐标系，数据中居民地、农用地、农村道路、县道及以上级别道路、水系、地下管线、各乡级村级界线表示完整。

（2）该县 2021 年 DOM 数据一套，分辨率 0.5m。

（3）该县 2021 年 10m 分辨率的 DEM 一套。

（4）该县所有控制点数据。

（5）该具农业承保用地的信息一套，Excel 格式数据，包括承保人姓名、承保人所属乡镇、行政村、承保人地块面积、承保人联系方式等信息。

（6）该县依据相应法律制定的赔付标准一套，Excel 格式数据，包括风险分级、灾害种类、理赔条件、按面积赔付金额等信息。

数据库应具有的内容：

（1）居民地、DOM、DEM、境界、道路等分层要素；

（2）各要素分层正确；

（3）能够显示承保地信息的功能；

（4）能够实施显示各要素信息。

系统设计内容还包括：

（1）开发移动 App，能够实时去承保地块核实，拍照；

（2）能够实时计算出赔付金额；

（3）将保单集成在系统中，供承包户实时查看；

（4）能够实时定位；

（5）能够实时调用上述数据库全部数据。

问　题

1. 简述题中给的各数据在数据库建设中的利用情况。
2. 数据库功能中的提取地块步骤如何实现？
3. 简述每个乡镇赔付金额计算步骤。

参考答案

1. 简述题中给的各数据在数据库建设中的利用情况。

（1）该县 2020 年全县域 1∶1 万 DLG 数据，提供居民地、境界、道路等要素数据层。

（2）该县 2021 年 DOM 数据一套，提供 DOM 数据层，为更新 1∶1 万 DLG 数据提供依据。

（3）该县 2021 年 10m 分辨率的 DEM 一套，提供 DEM 数据层，显示该县地形地貌。

（4）该县农业承保用地的信息一套，提供承包地的各项属性信息。

（5）该县依据相应法律指定的赔付标准一套，一旦出保，提供赔付的依据，计算赔付金额。

（6）该县所有控制点数据，为实时准确定位提供保障。

2. 数据库功能中的提取地块步骤如何实现？

（1）根据承保人姓名，在该县农业承保用地的信息中检索查找其承保地块的相应信息，其中包括该地块的位置信息。

（2）将该地块的位置信息与 DOM 进行叠置，提取该地块图斑。

（3）确定该承包地的各项属性信息，统计该承保地块面积。

3. 简述每个乡镇赔付金额计算步骤。

（1）确定要统计计算的乡镇。

（2）实地去该乡镇，利用移动 App，去受灾的承保地块核实、拍照并上传。

（3）将上传的受灾地块信息与原承保地信息进行比对：

①确定受灾承保地块所属的承保人姓名、联系方式等。

②确定风险分级、灾害种类，依据相应法律指定的赔付标准，确定赔付单价。

（4）根据每个承保人的承保地块面积，计算得到该承保人的赔付金额。

（5）统计全乡镇的赔付金额，并制作统计图表。

第八题（20 分）：

为了充分体现地理信息服务在土地管理中的作用，我国中部某省自然资源厅要编制该省土地复垦情况专题地图挂图。该省面积约 70% 为山地，其余为丘陵、平原，东西长 960km，南北宽 650km。

现收集资料如下：

（1）该省 2020 年 1∶50 万 DLG，数据中居民地、道路、水系、各行政区界线、植被覆盖情况、地形要素均详细表示，高斯投影；

（2）该省 2020 年 3″×3″的 DEM 一套，经纬度坐标；

（3）该省 2021 年 0.5m 分辨率的全省航空影像一套，高斯投影；

（4）该省 2001—2020 年 20 年土地复垦情况表格，Excel 形式，表格中有土地复垦所属行政区域、复垦面积、复垦情况说明等信息；

（5）该省 2001—2020 年 20 年国家、省级土地复垦项目建设情况。Excel 形式，做有插图格式。

挂图制作要求：

（1）图幅为 781mm 宽，1 086mm 长。以浅色的地貌晕渲，作为该挂图的衬底。

（2）表示该省的土地复垦情况。

（3）以点或面的形式表示国家、省级土地复垦项目。

（4）地图数学基础：2000 国家大地坐标系，双标准纬线等角正轴割圆锥。

问 题

1. 确定专题地图挂图比例尺，并说明理由。

2. 简述国家省级土地复垦项目分布图的编制流程。

3. 国家级的土地复垦项目用分区统计图表法表示，采用（柱状图、饼状图、金字塔图、带状图）哪种图表来表示每5年变化的面积占比？并简述制作流程。

参考答案

1. 确定专题地图挂图比例尺，并说明理由。

用平面图形实地大小和图幅尺寸分别相比，将数值较大的数取整，便得地图比例尺分母。

东西方向

$$960\text{km}\div 1\,086\text{mm}=960\,000\,000\div 1\,086\approx 883\,977.9$$

南北方向

$$650\text{km}\div 781\text{mm}=650\,000\,000\div 781\approx 832\,266.3$$

因为

$$883\,977.9>832\,266.3$$

$$883\,977.9\approx 900\,000$$

所以专题地图挂图宜采用1∶90万比例尺，挂图还有图廓和花边，应选择较小的比例尺。另外比例尺分母应取整数，便于记忆和应用。

2. 简述国家省级土地复垦项目分布图的编制流程。

（1）用1∶50万DLG作为编制挂图地理底图的基本资料，编制挂图底图。

①将DLG数据高斯投影变换为双标准纬线等角正轴割圆锥。

②将该省2021年0.5m分辨率的全省航空影像高斯投影；变换为双标准纬线等角正轴割圆锥。

③利用航空影像对DLG数据居民地、道路、水系、植被等要素进行更新。

④将1∶50万DLG数据缩小到1∶90万，对缩小的DLG数据进行制图综合。水系要素：河流≥10mm选取，主流加注记，要正确反映河流的主支流关系。水库重点表示大型水库，用平面图形加注记表示；其他水库水域面积≥10mm^{2}选取。居民地：只表示县级以上的大居民地，居民地省、市、县政府驻地用符号和注记标明。道路网：铁路、高速公路全部表示，主要公路只选连贯性比较好的表示，其他道路不表示。境界线：只表示省界、地市界、县界；境界线的等级用线划的粗细和形状来区分。

（2）将数据库中的DEM文件格式转换为能够被地貌晕渲例如Atlas3D直接接受的ASC格式的文件，合并、压缩DEM，满足1∶90万底图需要的分辨率即可。投影由经纬度坐标变换成与矢量数据一致的双标准纬线等角正割圆锥投影。自动生成浅色地貌晕渲。

（3）将综合后的底图矢量数据套合在浅色地貌晕渲，完成基础地理底图的制作。

（4）用定位符号法国家省级土地复垦项目分布，根据复垦项目的面积大小，确定符号大小，如果最大和最小数量指标相差极为悬殊时，采用条件比率的方法来解决。符号颜色要鲜艳明亮，突出表示在第一视觉平面。

3. 国家级的土地复垦项目用分区统计图表法表示，采用（柱状图、饼状图、金字塔图、带状图）哪种图表来表示每5年变化的面积占比？并简述制作流程。

（1）全国的复垦用分区统计图表法采用柱状图表示每5年变化的面积占比。

（2）制作流程如下：

①利用前面制作的挂图底图和该省 2001—2020 年 20 年国家级土地复垦项目建设情况数据。

②以每个行政区域（例如县）为单元，统计其每 5 年的复垦耕地面积占比，并生成柱状图（横轴是每 5 年为单位的时间序列，纵轴是复垦耕地面积）。

③4 个柱子 4 种颜色，颜色差别要明显。

④将生成的柱状图置于该行政区域内适当位置，在区域内尽量居中，以较少压盖底图要素为宜。

参考文献

[1] 宁津生，陈俊勇，李德仁，等. 测绘学概论［M］. 3 版 . 武汉：武汉大学出版社，2016.

[2] 郭际明，史俊波，孔祥元，等. 大地测量学基础［M］. 3 版. 武汉：武汉大学出版社，2021.

[3] 徐绍铨，张华海，杨志强，等. GPS 测量原理及应用［M］. 4 版. 武汉：武汉大学出版社，2017.

[4] 刘大杰，施一民，过静珺. 全球定位系统（GPS）的原理与数据处理［M］. 上海：同济大学出版社，1995.

[5] 张正禄. 工程测量学［M］. 3 版 . 武汉：武汉大学出版社，2020.

[6] 邹进贵，冯永玖，王健，等. 数字地形测量学［M］. 3 版. 武汉：武汉大学出版社，2004.

[7] 黄声享，尹晖，蒋征. 变形监测数据处理［M］. 2 版 . 武汉：武汉大学出版社，2019.

[8] 乔瑞亭，孙和利，李欣. 摄影与空中摄影学［M］. 武汉：武汉大学出版社，2008.

[9] 李德仁，王树根，周月琴. 摄影测量与遥感概论［M］. 北京：测绘出版社，2008.

[10] 王树根. 摄影测量原理与应用［M］. 武汉：武汉大学出版社，2009.

[11] 方圣辉，龚龑，孙家抦. 遥感原理与应用［M］. 4 版. 武汉：武汉大学出版社，2024.

[12] 何宗宜，宋鹰，李连营. 地图学［M］. 2 版. 武汉：武汉大学出版社，2023.

[13] 何宗宜，宋鹰. 普通地图编制［M］. 武汉：武汉大学出版社，2015.

[14] 祝国瑞，何宗宜，等. 地图学［M］. 武汉：武汉大学出版社，2004.

[15] 黄仁涛，庞小平，马晨燕. 专题地图编制［M］. 武汉：武汉大学出版社，2003.

[16] 胡鹏，黄杏元，华一新. 地理信息系统教程［M］. 武汉：武汉大学出版社，2002.

[17] 张成才，秦昆，卢艳，等. GIS 空间分析理论与方法［M］. 武汉：武汉大学出版社，2004.

[18] 郑春燕，邱国锋，张正栋，等. 地理信息系统原理、应用与工程［M］. 武汉：武汉大学出版社，2011.

[19] 周学鸣，刘学军. 数字地形分析［M］. 北京：科学出版社，2006.

[20] 邬伦，刘瑜，张晶，等. 地理信息系统原理、方法和应用［M］. 北京：科学出版社，2001.

[21] 陈述彭，鲁学军，周成虎. 地理信息系统导论［M］. 北京：科学出版社，1998.

[22] 詹长根. 地籍调查学［M］. 武汉：武汉大学出版社，2005.

[23] 侯方国，时东玉，王建设. 房产测绘［M］. 郑州：黄河水利出版社，2007.

[24] 蓝悦明，康雄华. 不动产测量与管理 [M]. 武汉：武汉大学出版社，2008.
[25] 吕永江. 房产测量规范与房地产测绘技术 [M]. 北京：中国标准出版社，2001.
[26] 刘权. 房地产测量 [M]. 2 版 . 武汉：武汉大学出版社，2021.
[27] 赵建虎. 现代海洋测绘 [M]. 2 版. 武汉：武汉大学出版社，2023.
[28] 姚鹤岭. GIS Web 服务研究 [M]. 郑州：黄河水利出版社，2007.
[29] 国家测绘地理信息局职业技能鉴定指导中心. 测绘案例分析 [M]. 北京：测绘出版社，2015.